浙江省"十一五"重点教材建设项目
高等职业院校精品教材系列

建筑电气与施工用电

（第2版）

刘　兵　王　强　主　编

胡联红　周巧仪　王三优　苏　山　副主编

孙景芝　徐　燕　主　审

電子工業出版社·

Publishing House of Electronics Industry

北京·BEIJING

内 容 简 介

本书根据全国许多院校广泛使用第 1 版的反馈意见和专家建议,结合教育部最新的职业教育教学改革要求及作者多年的工学结合与校企合作经验进行编写。本书按照实际工程中工作任务的相对独立性划分 7 个学习情境,分别为建筑电气工程技术应用、建筑供配电技术应用、建筑电气照明技术应用、建筑物防雷及安全用电、建筑电气工程识图、建筑施工现场临时用电、建筑弱电技术应用。每个学习情境的内容设置均结合相应的实际工程,融理论教学于实践教学之中,有助于更好地掌握相关的知识点与技能点,方便教师高效率教学和学生快速上岗与就业。

本书为高等职业本专科院校建筑类专业作为相应课程的教材,也可作为开放大学、成人教育、自学考试、中职学校、培训班的教材,以及建筑工程技术人员的自学参考书。

本书配有免费的电子教学课件、习题参考答案,详见前言。

未经许可,不得以任何方式复制或抄袭本书之部分或全部内容。
版权所有,侵权必究。

图书在版编目(CIP)数据

建筑电气与施工用电/刘兵主编. —2 版. —北京:电子工业出版社,2011. 2
全国高等职业院校规划教材·精品与示范系列
ISBN 978-7-121-12895-0

Ⅰ. ①建… Ⅱ. ①刘… Ⅲ. ①房屋建筑设备:电气设备 – 高等学校:技术学校 – 教材 Ⅳ. ①TU85

中国版本图书馆 CIP 数据核字 (2011) 第 017413 号

策划编辑:陈健德 (E-mail:chenjd@ phei. com. cn)
责任编辑:刘真平
印　　刷:北京虎彩文化传播有限公司
装　　订:北京虎彩文化传播有限公司
出版发行:电子工业出版社
　　　　　北京市海淀区万寿路 173 信箱　邮编 100036
开　　本:787×1092　1/16　印张:16.25　字数:415 千字
版　　次:2011 年 2 月第 1 版
印　　次:2022 年 7 月第 14 次印刷
定　　价:49.00 元

凡所购买电子工业出版社图书有缺损问题,请向购买书店调换。若书店售缺,请与本社发行部联系,联系及邮购电话:(010) 88254888,88258888。

质量投诉请发邮件至 zlts@ phei. com. cn,盗版侵权举报请发邮件至 dbqq@ phei. com. cn。

本书咨询联系方式:chenjd@ phei. com. cn。

职业教育　继往开来（序）

自我国经济在新的世纪快速发展以来，各行各业都取得了前所未有的进步。随着我国工业生产规模的扩大和经济发展水平的提高，教育行业受到了各方面的重视。尤其对高等职业教育来说，近几年在教育部和财政部实施的国家示范性院校建设政策鼓舞下，高职院校以服务为宗旨、以就业为导向，开展工学结合与校企合作，进行了较大范围的专业建设和课程改革，涌现出一批示范专业和精品课程。高职教育在为区域经济建设服务的前提下，逐步加大校内生产性实训比例，引入企业参与教学过程和质量评价。在这种开放式人才培养模式下，教学以育人为目标，以掌握知识和技能为根本，克服了以学科体系进行教学的缺点和不足，为学生的顶岗实习和顺利就业创造了条件。

中国电子教育学会立足于电子行业企事业单位，为行业教育事业的改革和发展，为实施"科教兴国"战略做了许多工作。电子工业出版社作为职业教育教材出版大社，具有优秀的编辑人才队伍和丰富的职业教育教材出版经验，有义务和能力与广大的高职院校密切合作，参与创新职业教育的新方法，出版反映最新教学改革成果的新教材。中国电子教育学会经常与电子工业出版社开展交流与合作，在职业教育新的教学模式下，将共同为培养符合当今社会需要的、合格的职业技能人才而提供优质服务。

近期由电子工业出版社组织策划和编辑出版的"全国高职高专院校规划教材·精品与示范系列"，具有以下几个突出特点，特向全国的职业教育院校进行推荐。

（1）本系列教材的课程研究专家和作者主要来自于教育部和各省市评审通过的多所示范院校。他们对教育部倡导的职业教育教学改革精神理解得透彻准确，并且具有多年的职业教育教学经验及工学结合、校企合作经验，能够准确地对职业教育相关专业的知识点和技能点进行横向与纵向设计，能够把握创新型教材的出版方向。

（2）本系列教材的编写以多所示范院校的课程改革成果为基础，体现重点突出、实用为主、够用为度的原则，采用项目驱动的教学方式。学习任务主要以本行业工作岗位群中的典型实例提炼后进行设置，项目实例较多，应用范围较广，图片数量较大，还引入了一些经验性的公式、表格等，文字叙述浅显易懂。增强了教学过程的互动性与趣味性，对全国许多职业教育院校具有较大的适用性，同时对企业技术人员具有可参考性。

（3）根据职业教育的特点，本系列教材在全国独创性地提出"职业导航、教学导航、知识分布网络、知识梳理与总结"及"封面重点知识"等内容，有利于老师选择合适的教材并有重点地开展教学实践，也有利于学生了解该教材相关的职业特点和对教材内容进行高效率的学习与总结。

（4）根据每门课程的内容特点，为方便教学过程对教材配备相应的电子教学课件、习题答案与指导、教学素材资源、程序源代码、教学网站支持等立体化教学资源。

职业教育要不断进行改革，创新型教材建设是一项长期而艰巨的任务。为了使职业教育能够更好地为区域经济和企业服务，我们殷切希望高职高专院校的各位职教专家和老师提出建议，共同努力，为我国的职业教育发展尽自己的责任与义务！

中国电子教育学会

全国高职高专院校土建类专业课程研究专家组

主任委员：

赵　研　　黑龙江建筑职业技术学院院长助理、省现代建筑技术研究中心主任

副主任委员：

危道军　　湖北城市建设职业技术学院副院长

吴明军　　四川建筑职业技术学院副院长

常务委员（排名不分先后）：

王付全　　黄河水利职业技术学院土木工程系主任

许　光　　邢台职业技术学院建筑工程系主任

孙景芝　　黑龙江建筑职业技术学院教授

冯美宇　　山西建筑职业技术学院建筑装饰系主任

沈瑞珠　　深圳职业技术学院建筑与环境工程学院教授

王俊英　　青海建筑职业技术学院建筑系主任

王青山　　辽宁建筑职业技术学院建筑设备系主任

毛桂平　　广东科学技术职业学院广州学院院长

陈益武　　徐州建筑职业技术学院建筑设备与环境工程系副主任

宋喜玲　　内蒙古建筑职业技术学院机电与环境工程系副主任

陈　正　　江西建设职业技术学院教务督学

肖伦斌　　绵阳职业技术学院建筑工程系主任

杨庆丰　　河南建筑职业技术学院工程管理系主任

杨连武　　深圳职业技术学院建筑与环境工程学院教授

李伙穆　　福建泉州黎明职业大学土木建筑工程系主任

张　敏　　昆明冶金高等专科学校建筑系副主任

钟汉华　　湖北水利水电职业技术学院建筑工程系主任

吕宏德　　广州城市职业学院建筑工程系主任

侯洪涛　　山东工程职业技术学院建筑工程系主任

刘晓敏　　湖北黄冈职业技术学院建筑工程系副教授

张国伟　　广西机电职业技术学院建筑工程系副主任

秘书长：

陈健德　　电子工业出版社 职业教育分社 首席策划

如果您有专业与课程改革或教材编写方面的新想法，请及时与我们联系。

电话：010－88254585，电子邮箱：chenjd@phei.com.cn

前　言

　　在广泛的建筑工程领域，电气技术的应用越来越多，技术水平也越来越高，要求建筑类专业的工程技术人员，不仅要有一定的电工理论基础，还应具备足够的实际用电知识，对建筑电气工程有一定的了解，这样才能适应不断发展的建筑施工技术需要，满足我国各类建筑工程快速增长的技能型人才需求。

　　本书集电工学与电气技术在建筑工程中的应用于一体，采用基于工作过程的项目任务为载体，将知识点与实际应用有机结合，使学生通过了解知识的用途，进而掌握知识，并最终形成自己的知识体系。通过本教材的学习，将使建筑类专业的学生具有一定的将电气技术知识应用于本专业的能力，可增强学生处理施工现场及建筑物中的有关电气及电气设备问题的能力，为今后从事建筑施工与管理工作奠定良好的基础。

　　本书根据全国许多院校使用第 1 版的经验和建议，结合教育部最新的职业教育教学改革要求及作者多年的工学结合与校企合作经验进行编写。在修订过程中着重突出其实用性和针对性，并注意贯彻国家和行业的新标准、新规范、新符号。书中所使用的图形、符号均采用新国标，所遵循的规范也是现行规范，避免介绍过时的、已淘汰的产品。为便于读者掌握和理解书中内容，书中增补了许多插图和表格；针对重点与难点内容，通过实例做了阐明。为适应不同学校采用适当的教学方法，配备了多个实训项目方便教师选用。

　　本教材系统地介绍了建筑电气与施工临时用电中所需要的电气基础知识和建筑电气技术等内容。全书共分 7 个学习情境，分别为建筑电气工程技术应用、建筑供配电技术应用、建筑电气照明技术应用、建筑物防雷及安全用电、建筑电气工程识图、建筑施工现场临时用电、建筑弱电技术应用。为巩固所学内容，每个学习情境附有一定数量的练习题。

　　本书由刘兵、王强担任主编，由胡联红、周巧仪、王三优、苏山担任副主编，由孙景芝教授和徐燕注册电气工程师担任主审。其中学习情境 1 由王强编写，学习情境 2 由刘兵编写，学习情境 3 由苏山编写，学习情境 4 由周巧仪编写，学习情境 5 由刘兵和徐燕编写，学习情境 6 由胡联红编写，学习情境 7 由王三优编写。

　　在编写修订过程中，得到了浙江建设职业技术学院熊德敏副教授以及杭州电信规划设计研究院等许多施工单位、生产厂商的大力支持和帮助，他们提出了许多宝贵意见和建议，在此表示衷心的感谢！

　　因为建筑电气包含的内容较多，涉及知识面很广，本书在编写中参考了大量的工程技术书刊和资料，在此谨向这些书刊和资料的作者表示衷心的感谢。

　　由于编者水平有限、时间仓促，书中难免有错漏之处，敬请广大师生和读者批评指正，编者不胜感激。

　　为了方便教师教学，本书配有免费的电子教学课件、习题参考答案，请有此需要的教师登录华信教育资源网（www. hxedu. com. cn）免费注册后进行下载，有问题时请在网站留言板留言或与电子工业出版社联系（E-mail：hxedu@ phei. com. cn）。

编　者

2010 年 12 月

职 业 导 航

职业素质：需要具备职业道德，计算机、外语、物理、数学等相关课程基础

岗位技术：需要学习建筑概论、建筑构造、建筑识图、建筑法规等相关专业技术知识，并具备CAD辅助制图的技能

生产实践：在建筑施工岗位开展实习，熟悉建筑施工工艺、技术标准等专业知识，了解建筑结构、地基基础等知识

课程知识体系

学习情境 1 建筑电气工程技术应用——了解建筑电气工程系统的组成、作用，熟悉电工、电子技术基础等知识，初步具备分析建筑电气系统的能力

学习情境 2 建筑供配电技术应用——通过对建筑供配电系统的分析和学习，熟悉供配电系统的构成、各部分功能、供配电系统中常用高低压设备的功能和用途，掌握负荷计算的方法，具备建筑供配电系统的初步分析和计算能力

学习情境 3 建筑电气照明技术应用——通过对建筑电气工程中照明方式、照明灯具、照度计算等的学习，了解建筑照明工程的组成内容，具备建筑照明系统的初步设计能力

学习情境 4 建筑物防雷及安全用电——通过对建筑物防雷系统的组成、防雷装置的作用、接地装置的构造及做法、安全用电知识的介绍，熟悉不同建筑类型防雷措施，具备建筑防雷措施选择、安全使用电能资源的能力

学习情境 5 建筑电气工程识图——通过一套完整的建筑电气工程图识读，进一步加强对建筑电气照明知识、建筑供配电知识的理解，具备按照建筑电气施工图进行组织施工的能力，并且能够正确处理施工过程中遇到的问题

学习情境 6 建筑施工现场临时用电——通过对建筑施工现场临时用电系统的分析、计算，进一步加强建筑供配电系统规划能力，具备对建筑施工现场临时用电进行规划和管理的能力

学习情境 7 建筑弱电技术应用——通过对建筑物中常用建筑弱电技术的学习，能够识读建筑弱电系统施工图，具备按照建筑弱电施工图进行施工的能力

职业岗位

施工员、监理员、材料员、安全员、资料员、预算员等

目 录

学习情境 1

建筑电气工程技术应用

项目任务	任务 1-1　建筑电气工程认识 任务 1-2　直流电路应用 任务 1-3　交流电路应用 任务 1-4　电子电路应用	学时	6
教学载体	实训中心、教学课件及教材相关内容		
教学目标	知识方面	掌握建筑电气工程内涵，直流电路、交流电路等基本概念、电路分析方法；熟悉建筑物中直流电路、交流电路在工程实际中的具体应用；了解功率因数的含义及提高功率因数的方法，了解常用电子元件及电子电路在工程中的应用	
	技能方面	能够正确运用直流电路、交流电路分析方法解决工程实际中的具体问题	
过程设计	任务布置及知识引导——分组学习、讨论和收集资料——学生编写报告，制作 PPT，集中汇报——教师点评或总结		
教学方法	项目教学法		

任务 1-1 建筑电气工程认识

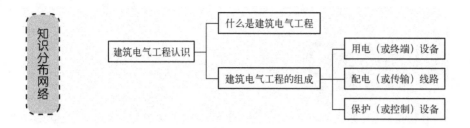

1.1.1 建筑电气工程的概念

利用电气技术、电子技术及近代先进技术与理论，在建筑物内外人为创造并合理保护理想的环境，充分发挥建筑物功能的一切电工、电子设备的系统，统称为建筑电气系统。随着建筑技术的迅速发展和现代化建筑的出现，建筑电气所涉及的范围已由原来单一的供配电、照明、防雷和接地，发展成为近代物理学、电磁学、无线电电子学、机械电子学、光学、声学等理论为基础的应用于建筑工程领域内的一门新兴学科，而且还在逐步应用新的数学和物理知识结合计算机技术向综合应用的方向发展。建筑物包含供配电系统、照明系统、防雷接地系统、通信系统、安防系统，对建筑物内的给水排水系统、空调制冷系统、自动消防系统、安防系统、通信系统、物业管理系统等也要实行最佳控制和最佳管理。因此，现代建筑电气已成为现代化建筑的一个重要标志；而作为一门综合性的技术科学，建筑电气则应建立相应的理念和技术体系，以适应现代建筑设计的需要。

1.1.2 建筑电气工程的组成

各类建筑电气系统虽然作用各不相同，但它们一般都由用电（或终端）设备、配电（或传输）线路、保护（或控制）设备三大基本部分组成，如图1.1所示。

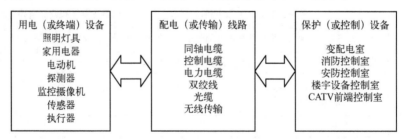

图 1.1　建筑电气工程组成

用电（或终端）设备种类繁多，作用各异，分别体现出各类系统的功能特点。

配电（或传输）线路用于分配电能和传输信号。各类系统的线路均为各种型号的导线或电缆，其安装和敷设方式也都大致相同。

保护（或控制）设备是对相应系统实现保护（或控制）等作用的设备。这些设备常集中安装在一起，组成配电（控制）盘、柜等。若干盘、柜常集中在同一房间中，即形成各种建筑电气专用房间。这些房间均需结合具体功能，在建筑平面设计中统一安排布置。

任务1-2　直流电路应用

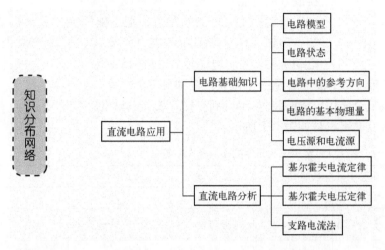

【任务背景】：在日常生活和生产中，我们会接触到各种电气线路，如照明线路、厂矿企业的供配电线路、电视机线路等，我们将这些称为实际电路。实际电路是指由实际元器件和导线组成的线路，如图 1.2（a）所示的手电筒直流电路、图 1.2（b）所示的照明交流电路。它由电池（或交流电源）、灯泡、开关、导线组成。其中，电池称为电源，灯泡称为负载，开关称为控制装置。

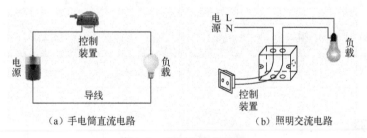

(a) 手电筒直流电路　　　　　　　(b) 照明交流电路

图 1.2　实际电路接线图

图 1.2 所示的实际电路非常简单，分析起来比较容易，如果用实际电路来分析收音机、电视机等复杂电路图，会无从下手，因此，在实际工作中要引入电路模型概念，简称为电路。无论简单电路还是复杂电路，都是由电源、负载、输电导线和控制装置等组成的。对电源来讲，负载、输电导线和控制装置称为外电路，电源内部称为内电路。为了能更好地分析各种复杂电路，需要了解一些电路的基本知识。

1.2.1　电路基础知识

1. 电路模型

电路模型是指用电路符号代替实际元器件画出的图形，上述手电筒电路模型如

图1.3 所示。

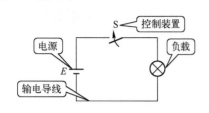

图1.3 手电筒电路模型

电源： 把其他形式的能量转换成电能，并且向电路供应电能的装置，分为交流电源和直流电源。例如，汽轮发电机把机械能转换成交流电能，干电池把化学能转换成直流电能。

负载： 使用电能的装置，把电能转换为其他形式的能。例如，日常照明用的电灯主要将电能转换成光能。电动机主要是将电能转换成机械能。

输电导线：电能的传输途径，把电能从一个位置传输到另一个位置。

控制装置：控制负载是否使用电能的装置。如控制灯亮/灭、电动机启/停的开关。

常用电气元件的图形及文字符号如表1.1所示。

表1.1 常用电气元件的图形及文字符号

名 称	图形符号	文字符号	名 称	图形符号	文字符号
开关		S	电压表		PV
电压源		U_S	电流表		PA
电流源		I_S	接地		
电阻器		R	电池		GB
电容器		C	二极管		VD
电感器、线圈		L	三极管		VT
指示灯		HL	连接导线		
熔断器		FU	不连接导线		

2. 电路状态

电路一般有三种状态，分别是通路、断路和短路状态，如图1.4所示。

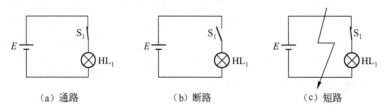

(a) 通路　　　　　(b) 断路　　　　　(c) 短路

图1.4 电路状态

通路： 当电源与负载接通时，电路中就有了电流及能量的输送和转换，电路的这一状态称为通路。通路时，电源向负载输出电功率，电源这时的状态称为有载或称电源处于负载状态。各种电气设备在工作时，其电压、电流和功率都有一定的限额，这些限额是用来表示它

们的正常工作条件和工作能力的，称为电气设备的额定值。

断路：当某一部分电路与电源断开时，该部分电路中没有电流，也无能量的输送和转换，这部分电路所处的状态称为开路。电源既不产生也不输出电功率，电源这时的状态称为空载。开路处的电流等于零，开路处的电压应视电路情况而定。

短路：当某一部分电路的两端用电阻可以忽略不计的导线或开关连接起来时，使得该部分电路中的电流全部被导线或开关所旁路，这一部分电路所处的状态称为短路或短接。短路处的电压等于零，短路处的电流应视电路情况而定。

3. 电路中的参考方向

在进行电路的分析和计算时，需知道电压和电流的方向。在简单直流电路中，可以根据电源的极性判别出电压和电流的实际方向，但在复杂的直流电路中，电压和电流的实际方向往往是无法预知的，且可能是待求的；而在交流电路中，电压和电流的实际方向是随时间不断变化的。因此，这时要给它们假设一个方向作为电路分析和计算时的参考。这些假定的方向称为参考方向或正方向，参考方向与实际方向一致，$U > 0$ 或 $I > 0$；参考方向与实际方向不一致，$U < 0$ 或 $I < 0$。原则上参考方向可任意选择，但在分析某一个电路元件的电压与电流的关系时，为简化分析需要将它们联系起来选择，这样设定的参考方向称为关联参考方向，如图 1.5 所示的电流和电压参考方向即为关联参考方向。

4. 电路的基本物理量

在许多日常生活和生产中电子设备上，为让使用者能够正确使用该设备，都会标有有关的电路参数。如图 1.6 所示为手机电源适配器标牌，会提示使用者应当接入什么样的回路中，可以为什么样的负载提供何种电源等参数。

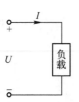

图 1.5　电流和电压关联参考方向　　　　图 1.6　手机电源适配器标牌

电流：单位时间内通过电路某一横截面的电荷［量］称为电流强度，简称电流，单位为安［培］（A）。规定正电荷运动的方向为电流的实际方向，在内电路中由电源负极流向正极，在外电路中由电源的正极流向负极。按照电流的方向和大小可分为两类，一类是方向和大小均不随时间变化的电流，称为直流电流；另一类是方向和大小都随时间变化的电流，称为交流电流。

电压：电场力将单位正电荷从电路的某一点移至另一点时所消耗的电能，即转换成非电形态能量的电能称为这两点间的电压。电压的方向在内电路是由"－"指向"＋"，在外电路是由"＋"指向"－"。在电路分析中必须对电路和元件中两点之间的电压任意假定一个方向为"参考方向"。按照电压的方向和大小可分为两类，一类是方向和大小均不随时间变化的电压，称为直流电压；另一类是方向和大小都随时间变化的电压，称为交流电压。

在电路分析中经常用到电位这一物理量，也可以根据某些点电位的高低直接来分析电路的状态。所谓电位，是指电场力将单位正电荷从电路的某一点移至参考点时所消耗的电能，也就是在移动中转换成非电形态能量的电能。根据定义可知，在电位分析中要指定参考点，原则上参考点可以任意选定，为分析方便我们一般选择大地为参考点，在电路图中用"⏚"表示，机壳需要接地的电子设备，可将机壳选做参考点，机壳不一定接地的设备，可将其中元件汇集的公共端或公共线选做参考点，在电路图中用"⊥"表示。参考点的电位为零。要计算电路中某点的电位，就从该点出发，沿着任意选定的一条路径到零电位点，整个路径上全部电压的代数和就是该点的电位。电路分析参考点确定后，各点电位就有了确定的值，与计算路径无关，也与选择参考点无关。

【例1.1】 在图1.7中假定流过电阻 R 的电流是 2A，电阻为 6Ω，计算 a 点的电位是多少。

解： 设 b 点为参考点，如图1.7所示。

根据题意，可知加在电阻上的电压 $U = 2 \times 6 = 12\text{V}$

则 a 点电位为12V。

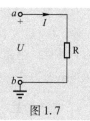

图1.7

功率： 单位时间内所转换的电能称为电功率，简称功率。在电压和电流关联参考方向下，当计算出功率为正时，表明元件是消耗电能的；当计算出功率为负时，表明元件是发出电能的。在直流电路中 $P = UI$。

电能： 在时间 t 内转换的电功率称为电能。在实际应用中，常用千瓦·小时或度表示。在直流电路中电路消耗的电能为：$W = Pt$。

5. 电压源和电流源

电源按其输出参量是否恒定可以分为电压源和电流源两类。电源特性曲线和图形符号如图1.8所示。

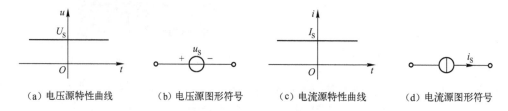

（a）电压源特性曲线　　（b）电压源图形符号　　（c）电流源特性曲线　　（d）电流源图形符号

图1.8　电源特性曲线和图形符号

电压源： 输出电压 u 是由其本身所确定的定值，与输出电流和外电路的情况无关。输出电流 i 不是定值，与输出电压和外电路的情况有关。

电流源： 输出电流 i 是由其本身所确定的定值，与输出电压和外电路的情况无关。输出电压 u 不是定值，与输出电流和外电路的情况有关。

1.2.2　直流电路分析

中学时我们学过运用欧姆定律和电阻串并联公式求解简单的直流电路，但对于如图1.9所示的有多个电源的电路，运用中学的知识已不易求解，需要学习解决复杂电路问题的知识。德国科学家基尔霍夫通过实验在1845年提出的节点电流和回路电压的定律就是解决复杂电路问题最基本的定律之一，除此之外，还有叠加定理、戴维南定理等。

1. 基尔霍夫电流定律（KCL）

基尔霍夫电流定律（KCL）：在任一时刻，流入任一节点的电流之和等于从该节点流出的电流之和，即

$$\sum I_i = \sum I_o$$

定律涉及节点和支路概念，节点是指在电路中有三条或以上支路的连接点，如图1.10中有 a、b 两个节点。支路是指每一段不分支的电路。如图1.10有 acb、adb、aeb 三条支路。其中含有电源的支路称为有源支路，没有电源的称为无源支路。

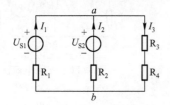

图1.9　两电源电路

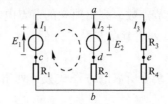

图1.10　标有回路参考方向的两电源电路

【例1.2】　列出图1.10所示电路的电流方程。

解： 假定流入节点的电流前取正号，流出节点的电流前取负号。根据KCL定律有

$$\left.\begin{array}{ll}\text{节点 } a & I_1 + I_2 = I_3 \\ \text{节点 } b & I_1 + I_2 = I_3\end{array}\right\}\ \text{这是一个方程}$$

结论：有两个节点的电路独立的节点电流方程是一个，有 n 个节点的电路独立的节点电流方程是 $n-1$ 个。

基尔霍夫电流定律不仅适用于电路中的任意节点，而且还可以推广应用于电路中任何一个假定的闭合面。

2. 基尔霍夫电压定律（KVL）

在任一时刻，电路中任一闭合回路内电压升的代数和等于电压降的代数和，即

$$\sum U_S = \sum U$$

所谓回路，是指由电路元件组成的闭合路径，图1.10中有 $adbca$、$aebda$ 和 $aebca$ 三个回路。未被其他支路分割的单孔回路称为网孔，图1.10中有 $adbca$、$aebda$ 两个网孔。

对回路 $adbca$，由于电位的单值性，从 a 点出发沿回路环行一周又回到 a 点，电位的变化应为零，$U_{S2} + U_1 = U_{S1} + U_2$。

这里假定与回路环行方向一致的电压前取正号，与回路环行方向相反的电压前取负号。为使所列出的每一方程式是独立的，应使每次所选的回路至少包含一条前面未曾用过的新支路，通常选用网孔列出的回路方程式一定是独立的。

如果回路中理想电压源两端的电压改用电动势表示，电阻元件两端的电压改用电阻与电流的乘积来表示，如图 1.10 所示，则 $\sum RI = \sum E$。与回路环行方向一致的电流、电压和电动势前面取正号，不一致的前面取负号，则对回路 $adbca$，$R_1I_1 - R_2I_2 = E_1 - E_2$。

基尔霍夫电压定律不仅适用于电路中任一闭合的回路，而且还可以推广应用于任何假想闭合的一段电路。

3. 支路电流法

支路电流法是求解复杂电路最基本的方法，它以支路电流为求解对象，直接应用基尔霍夫定律，分别对节点和回路列出所需的电流和电压方程组，然后解出各支路电流。

支路电流法解题的一般步骤如下（以图 1.11 所示为例）。

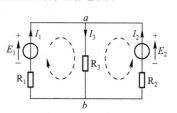

图 1.11　支路电流法

（1）确定支路数，选择各支路电流的参考方向。

（2）确定节点数，列出独立的节点电流方程式。

利用 KCL 列出节点方程式，有

节点 a：　　　　　　　$I_1 + I_2 = I_3$

（3）确定余下所需的方程式数，列出独立的回路电压方程式。

网孔的回路参考方向如图 1.11 所示，列出回路方程式，有

左网孔　　　　　　　　　$R_1I_1 + R_3I_3 = E_1$

右网孔　　　　　　　　　$R_2I_2 + R_3I_3 = E_2$

（4）解联立方程式，求出各支路电流的数值。

解出 I_1、I_2 和 I_3。

任务1-3　交流电路应用

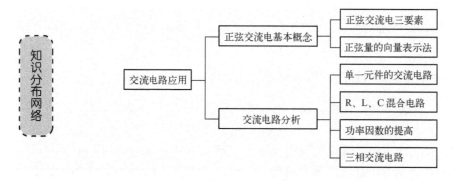

【任务背景】：电有直流电与交流电之分，世界各国的电力系统，从发电、输电到配电，都采用交流电。交流电之所以有极为广泛的应用，是因为它具有许多优点。交流电动机比同

功率的直流电动机结构简单、成本低、工作可靠；交流电可利用变压器很方便地变换电压的大小，从而实现远距离输电和向用户提供各种不同等级的电压。生产和生活中的电灯、电视机、电动机等，一般使用由电网供应的正弦交流电。所谓正弦交流电路，是指电压和电流均按正弦规律变化的电路。

1.3.1　正弦交流电基本概念

1. 正弦交流电的三要素

在正弦交流电路中，电压和电流是按正弦规律变化的，其波形如图 1.12（a）所示。由于正弦电压、电流方向是周期性变化的，在电路图上所标的方向是指它们的正方向，即代表正半周时的方向。在负半周时，由于所标的正方向与实际方向相反，则其值为负。图 1.12（b）中的虚线箭头代表电流的实际方向，"＋"、"－"代表电压的实际方向。

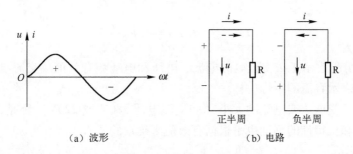

（a）波形　　　　　　　　（b）电路

图 1.12　正弦电压和电流

正弦电压和电流等物理量，常统称为正弦量。正弦量的特征表现在变化的快慢、大小及初始值三个方面，而它们分别由频率（或周期）、幅值（或有效值）和初相位来确定，因此频率、幅值和初相位就成为确定正弦量的三要素，正弦交流电三要素如图 1.13 所示。图中横坐标为电角度 ωt，单位为弧度（rad），正弦交流电流的瞬时值 i 的函数表达式为

$$i = I_{\mathrm{m}}\sin\omega t$$

图 1.13　正弦交流电三要素

1）周期（T）与频率（f）

正弦量变化一次所需的时间称为周期 T。每秒变化的次数称为频率 f，它的单位是赫兹（Hz）。频率与周期之间具有倒数关系，即

$$f = \frac{1}{T} \qquad 或 \qquad T = \frac{1}{f}$$

在我国和其他大多数国家，都采用 50Hz 作为电力标准频率，这种频率在工业上应用广泛，习惯上也称为工频。建筑工地交流电动机和照明负载的电源都是这种频率。

正弦量变化的快慢除了用周期和频率表示外，还可以用角频率 ω 来表示。因为一个周期内经历了 2π 弧度，所以角频率为

$$\omega = \frac{2\pi}{T} = 2\pi f$$

式中，ω 的单位为弧度/秒（rad/s）。

2）幅值（I_m）与有效值

正弦量在任一瞬时的值称为瞬时值，用小写字母表示，如 i、u 及 e 分别表示电流、电压及电动势的瞬时值。瞬时值中最大的称为幅值，用带下标 m 的字母来表示，如 I_m、U_m 及 E_m 分别表示电流、电压及电动势的幅值。

从能量观点来看，运用正弦波的瞬时值、幅值都不能确切反映能量转换的实际效果，因此在实际计算中，引进有效值的概念。交流电的有效值是根据其热效应确定的。就是说，某一周期电流通过电阻 R（如电阻炉）在一个周期内产生的热量，和另一个直流 I 通过同样大小的电阻在相等的时间内产生的热量相等，那么这个直流 I 的数值叫做交流电流 i 的有效值。

经过严格推导，正弦交流电的有效值在数值上等于幅值的 $\frac{1}{\sqrt{2}}$，即

$$I = \frac{I_m}{\sqrt{2}}, \quad U = \frac{U_m}{\sqrt{2}}, \quad E = \frac{E_m}{\sqrt{2}}$$

式中，I、U、E 分别表示正弦交流电的电流、电压和电动势有效值。交流电的有效值都用大写字母表示，和表示直流的字母一样。

一般所讲的正弦电压或电流的大小（如交流电压 380V 或 220V）都是指它们的有效值，一般交流安培计和伏特计的刻度也是根据有效值来确定的。

【例1.3】 已知 $u = U_m \sin\omega t$，$U_m = 310\text{V}$，$f = 50\text{Hz}$，试求有效值 U 和 $t = 0.1\text{s}$ 时的瞬时值。

解：

$$U = \frac{U_m}{\sqrt{2}} = \frac{310}{\sqrt{2}} = 220\text{V}$$

$$u_{t=0.1} = U_m \sin\omega t = U_m \sin 2\pi f t$$

$$= 310 \times \sin(2 \times \pi \times 50 \times 0.1) = 0\text{V}$$

3）初相位（φ）

正弦量是随时间而变化的，对于一个正弦量，所取的计时起点不同，正弦量的初始值（当 $t = 0$ 时的值）就不同，到达幅值或某一特征值的时间也就不同。例如，有两个正弦量

$$i_1 = I_m \sin(\omega t + \varphi_1)$$

$$i_2 = I_m \sin(\omega t + \varphi_2)$$

其中角度（$\omega t + \varphi_1$）和（$\omega t + \varphi_2$）称为正弦量的相位角或相位，它反映出正弦量变化的进程。当相位角随时间连续变化时，正弦量的瞬时值随之连续变化。

$t = 0$ 时的相位角称为初相位角或初相位。当 $t = 0$ 时，i_1 初相位为 φ_1，i_2 初相位为 φ_2。因为，所取计时起点不同，正弦量的初相位不同，其初始值也就不同。两个同频率的正弦量相位角之差称为相位角差或相位差，用 φ 表示。i_1 和 i_2 的相位差为

$$\varphi = (\omega t + \varphi_1) - (\omega t + \varphi_2) = \varphi_1 - \varphi_2$$

当 φ_1 大于（或小于）φ_2 时，我们说 i_1 的变化超前（或滞后）于 i_2；

当 $\varphi_1 - \varphi_2 = 0°$，即 $\varphi = 0°$ 时，i_1 和 i_2 具有相同的初相位，即同相；

当 $\varphi_1 - \varphi_2 = 180°$，即 $\varphi = 180°$ 时，i_1 和 i_2 的相位相反，即反相。

如图 1.14 所示，i_1 和 i_2 具有相同的初相位，相位差为 $0°$；i_1、i_2 与 i_3 反相，相位差为 $180°$。

2. 正弦量的向量表示法

一个正弦量具有幅值、频率及初相位三个特征，而这些特征可以用多种方法表示出来。正弦量的各种表示方法是分析与计算正弦交流电路的基础。

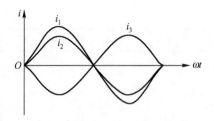

图 1.14　正弦交流电的同相和反相

正弦量可以用三角函数表示，如 $i = I_m \sin\omega t$，这是最基本的表示方法。另外，正弦量还可以用前面提到的正弦波形来表示。此外，正弦量还可以用有向线段来表示。

设有一正弦电压 $u = U_m \sin(\omega t + \varphi)$，其波形如图 1.15 右图所示，左图是直角坐标系中的一个旋转有向线段。有向线段的长度代表正弦量的幅值 U_m，它的初始位置（$t = 0$ 时的位置）与横轴正方向之间的夹角等于正弦量的初相位 φ，并以正弦量的角频率 ω 作逆时针方向旋转。可见，这一旋转有向线段具有正弦量的三个特征，故可以用来表示正弦量。正弦量的某时刻的瞬时值就可以由这个旋转有向线段于该瞬时在纵坐标轴上的投影表示出来。

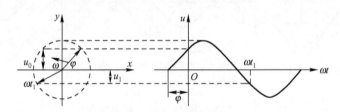

图 1.15　正弦量的向量表示

当 $t = 0$ 时，$u_0 = U_m \sin\omega t$；

当 $t = t_1$ 时，$u_1 = U_m \sin(\omega t_1 + \varphi)$。

由此可见，正弦量可以用旋转的有向线段来表示。用有向线段表示正弦量即是正弦量的向量表示法，除此之外，正弦向量可以用复数表示（有兴趣的同学可参考相关的书籍进行学习，此处不再赘述）。

1.3.2 单一元件的交流电路

电阻元件、电感元件、电容元件都是组成电路模型的理想元件。所谓理想，就是突出其主要性质，而忽略其次要因素。电阻元件具有消耗电能的电阻性，电感元件突出其电感性，电容元件突出其电容性。其中，电阻元件是耗能元件，后两者是储能元件。

在直流电路和交流电路中所发生的现象有着显著的不同。直流电路中所加电压和电路参数不变，电路中的电流、功率及电场和磁场所储存的能量也都不变化。但是在交流电路中则不然，由于所加电压随时间而交变，故电路中的电流、功率及电场和磁场储存的能量也都是随时间而变化的。所以在交流电路中，电感元件中的感应电动势和电容元件中的电流均不为零，但在直流电路稳定状态下，电感元件可视做短路，电容元件可视做开路。

在正弦交流电路中电阻元件、电感元件、电容元件组成的单一参数交流电路的特点如表1.2所示，电压、电流的正方向均如各单一参数电路图所示。

表1.2 单一元件交流电路特性

特 性	电阻电路	电感电路	电容电路
电路图			
向量图	$\dot{U}=\dot{I}R$	$\dot{U}=\mathrm{j}X_\mathrm{L}\dot{I}$	$\dot{U}=\mathrm{j}X_\mathrm{C}\dot{I}$
电流和电压关系	（1）设正弦电流 $i=I_\mathrm{m}\sin\omega t$ 为参考正弦量，则电压也是一个同频率的正弦量，即 $u=\sqrt{2}U\sin\omega t$。 （2）电流和电压同相。 （3）电压和电流用有效值表示时，有 $U=IR$	（1）设正弦电流 $i=I_\mathrm{m}\sin\omega t$ 为参考正弦量，则电压也是一个同频率的正弦量，即 $u=U_\mathrm{m}\sin(\omega t+90°)$ （2）在相位上电流比电压滞后90°。 （3）电感对电流起阻碍作用的物理性质称为感抗，用 X_L 表示，单位为欧姆，即 $X_\mathrm{L}=\omega L=2\pi fL$。 （4）有效值表示时，有 $U=IX_\mathrm{L}$	（1）设正弦电压 $u=U_\mathrm{m}\sin\omega t$ 为参考正弦量，则电流也是一个同频率的正弦量，即 $i=I_\mathrm{m}\sin(\omega t+90°)$ （2）在相位上电压比电流滞后90°。 （3）电容对电流起阻碍作用的物理性质称为容抗，用 X_C 表示，单位为欧姆，即 $X_\mathrm{C}=\dfrac{1}{\omega C}=\dfrac{1}{2\pi fc}$。 （4）有效值表示时，有 $U=IX_\mathrm{C}$
功率关系	（1）瞬时功率 $p=UI(1-\cos2\omega t)$ （2）有功功率 $P=UI=I^2R$ （3）无功功率 $Q=0$	（1）瞬时功率 $p=UI\sin2\omega t$ （2）有功功率 $P=0$ （3）无功功率 $Q=UI=I^2X_\mathrm{L}$	（1）瞬时功率 $p=UI\sin2\omega t$ （2）有功功率 $P=0$ （3）无功功率 $Q=UI=I^2X_\mathrm{C}$
备注	瞬时功率为正，这表明电阻总是吸收功率，并不断地把电能转换为热量	电感元件电路的平均功率为零，即电感元件在交流电路中没有能量消耗，只有电源与电感元件间的能量交换	电容元件电路的平均功率为零，即电容元件在交流电路中没有能量消耗，只有电源与电容元件间的能量交换

在电工技术中通常将在一个周期内的瞬时功率平均值称为平均功率，由于平均功率是实际消耗的功率，故又称为有功功率，也简称为"功率"，用 P 表示，单位为瓦（W）或千瓦（kW）。将反映电感和电容等储能元件与电源交换能量的情况称为无功功率，用 Q 表示，单位是乏（var）或千乏（kvar）。在生活实际中我们常说的功率指有功功率，如灯泡的功率为60W，电炉的功率为 800W 等都是指有功功率。

【例1.4】　一只电熨斗的额定电压 $U_N = 220V$，额定功率 $P_N = 500W$，把它接到 220V 的工频交流电源上工作。求电熨斗这时的电流和电阻值。如果连续使用1h，它所消耗的电能是多少？

解：

$$I_N = \frac{P_N}{U_N} = \frac{500}{220} \approx 2.27A$$

$$R = \frac{U_N}{I_N} \approx \frac{220}{2.27} \approx 96.9\Omega$$

$$W = P_N t = \frac{500 \times 1}{1\,000} = 0.5kW \cdot h$$

【例1.5】　有一线圈电阻很小，可忽略不计。电感 $L = 50mH$，接在 $U = 220V$，$f = 50Hz$ 的交流电路中，电流 I、有功功率 P、无功功率 Q 各是多少？

解：

$$X = 2\pi f L = 2 \times 3.14 \times 50 \times 50 \times 10^{-3} = 15.7\Omega$$

$$I = \frac{U}{X_L} = \frac{220}{15.7} \approx 14A$$

$$P = 0$$

$$Q_L = UI \approx 220 \times 14 = 3\,080V \cdot A$$

1.3.3　R、L、C 混合电路

电阻、电感与电容元件串联的交流电路如图 1.16（a）所示，电路中的各元件通过同一电流，电流与电压的正方向在图中已经标出。根据 KVL 定律可列出

$$u = u_R + u_L + u_C = iR + L\frac{di}{dt} + \frac{1}{C}\int_0^t i dt$$

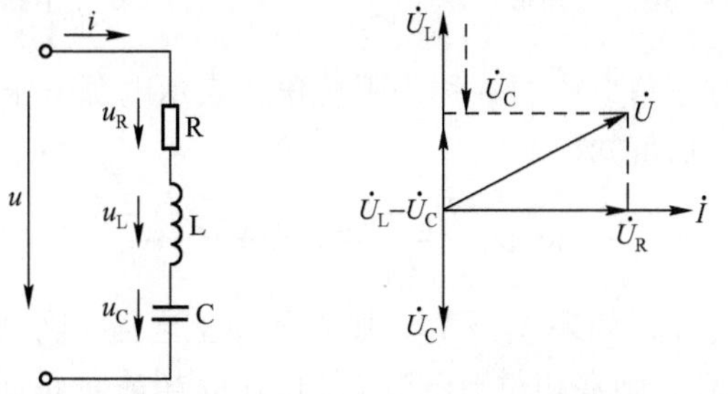

（a）电路图　　　　　（b）向量图

图 1.16　电阻、电感与电容元件串联的交流电路

设电流 $i = I_m \sin\omega t$ 为参考正弦量，则电阻元件上的电压 u_R 与电流同相，即

$$u_R = I_m R \sin\omega t = U_{Rm}\sin\omega t$$

电感元件上的电压 u_L 比电流超前 $90°$，即

$$u_L = I_m \omega L \sin(\omega t + 90°) = U_{Lm}\sin(\omega t + 90°)$$

电容元件上的电压 u_C 比电流滞后 $90°$，即

$$u_C = \frac{I_m}{\omega C}\sin(\omega t - 90°) = U_{Cm}\sin(\omega t - 90°)$$

以上各式中 $\dfrac{U_{Rm}}{I_m} = \dfrac{U_R}{I} = R$，$\dfrac{U_{Lm}}{I_m} = \dfrac{U_L}{I} = \omega L = X_L$，$\dfrac{U_{Cm}}{I_m} = \dfrac{U_C}{I} = \dfrac{1}{\omega C} = X_C$。

同频率的正弦量相加，所得出的仍为同频率的正弦量，所以电源电压为

$$u = u_R + u_L + u_C = U_m\sin(\omega t + \varphi)$$

其幅值为 U_m，电压 u 与电流 i 之间的相位差为 φ。

在向量图上，如果将电压 u_R、u_L、u_C 用向量 $\dot{U}_R$、$\dot{U}_L$、$\dot{U}_C$ 表示，则向量相加即可得出电源电压 u 的向量 $\dot{U}$，如图 1.16（b）所示。由电压向量 $\dot{U}$、$\dot{U}_R$ 及（$\dot{U}_L - \dot{U}_C$）所组成的直角三角形，称为电压三角形，如图 1.17 所示。利用电压三角形，便可求出电源电压的有效值，即

$$U = I\sqrt{R^2 + (X_L - X_C)^2}$$

由式 $U = I\sqrt{R^2 + (X_L - X_C)^2}$ 可见，这种电路中电压与电流的有效值（或幅值）之比为 $\sqrt{R^2 + (X_L - X_C)^2}$，它的单位也是欧姆，具有对电流起阻碍作用的性质，我们称它为电路的阻抗，用 $|Z|$ 表示。可见 $|Z|$、R、（$X_L - X_C$）三者之间的关系也可用直角三角形（称为阻抗三角形）来表示，如图 1.18 所示。利用阻抗三角形，便可求出阻抗，即

$$|Z| = \sqrt{R^2 + (X_L - X_C)^2} = \sqrt{R^2 + \left(\omega L - \frac{1}{\omega C}\right)^2}$$

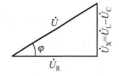

图 1.17　电压三角形

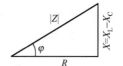

图 1.18　阻抗三角形

在电压三角形和阻抗三角形中的 φ 称为阻抗角，表示电源电压 u 与电流 i 之间的相位差，从电压三角形和阻抗三角形可知

$$\varphi = \arctan\frac{U_L - U_C}{U_R} = \arctan\frac{X_L - X_C}{R}$$

由阻抗角计算公式可知，如果 $X_L > X_C$，则在相位上电流 i 比电压 u 滞后 φ 角，这种电路是电感性的；如果 $X_L < X_C$，则在相位上电流 i 比电压 u 超前 φ 角，这种电路是电容性的；当 $X_L = X_C$，即 $\varphi = 0$ 时，则电流 i 与电压 u 同相，这种电路是呈阻性的。

RLC 串联交流电路中有功功率经过推导为 $P = UI\cos\varphi$，而储能元件与电源之间进行的能量互换，相应的无功功率为 $Q = UI\sin\varphi$。由 R、L、C 混合电路中有功功率和无功功率公式可知，负载取用的功率不仅与发电机的输出电压及输出电流有效值的乘积有关，而且还与阻抗角有关。在交流电路中电压有效值和电流有效值之积可以认为是一种功率，称为视在功率，单位为伏安（V·A），可以表示为 $S = UI$。视在功率、有功功率、无功功率之间的关系构成功率三角形，如图 1.19 所示，利用功率三角形，便可求出视在功率，即

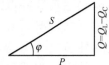

图 1.19　功率三角形

$$S = \sqrt{P^2 + Q^2}$$

1.3.4　功率因数的提高

电工学中将 $P = UI\cos\varphi$ 中的 $\cos\varphi$ 称为功率因数。功率因数是一个重要的量，它影响从电源应该供给回路的电流大小。功率因数最大值为 1，取值在 0 ~ 1 之间，一般用百分数（%）表示。表 1.3 所示为各种常用设备的功率因数。电路的功率因数越小，供给电路又返回的功率部分越多。根据公式 $P = UI\cos\varphi$ 可知，为了供给一定的有功功率 P，$\cos\varphi$ 越低，意味着线路电流 I 要增加，势必增加了供电设备和输电线路的功率损失，同时也会降低供电设备的利用率。

按照供电规则，高压供电的工业企业平均功率因数不低于 0.90。提高功率因数常用的方法就是与电感性负载并联静电电容器（设置在用户或变电所中），其电路图和向量图如图 1.20 所示。

表 1.3　各种常用设备的功率因数

电气设备	功率因数
电热器（电熨斗、电炉）	1
白炽灯、碘钨灯	1
荧光灯	0.55~0.9
电风扇	0.8~0.95
洗衣机	0.8~0.9
电冰箱	0.7~0.8
电视机	0.9~0.95
加湿器	0.7~0.75

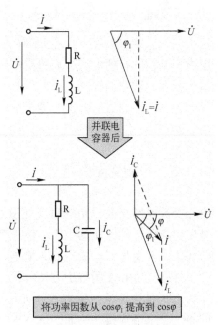

图 1.20　感性负载并联电容提高功率因数

15

并联电容器以后，总电压$\dot{U}$和线路电流$\dot{I}$之间的相位差φ变小了，即$\cos\varphi$变大了。在电感性负载并联电容器以后，减少了电源与负载之间的能量交换。这时感性负载所需的无功功率大部分或全部都由电容器供给，就是说能量交换现在主要或完全发生在电感性负载与电容器之间，因而使电源容量能得到充分利用。其次，从向量图上可见，并联电容器以后，线路电流减小，功率损耗也就降低了。并联电容的大小可由公式决定，即

$$C = P\frac{\tan\varphi_1 - \tan\varphi}{\omega U^2}$$

式中，P为感性负载的有功功率，U为电源电压，ω为角频率，φ_1为感性负载的功率因数角，φ为并联电容后电路功率因数角。现在通过下面的例子，进一步说明功率因数的影响。

【例1.6】 已知一台变压器的次级电压为$U_{2e}=220\text{V}$，电流为$I_{2e}=100\text{A}$，试分析：

（1）当$\cos\varphi=0.6$时，该变压器能带动几台$U_e=220\text{V}$，$P=2.2\text{kW}$的电动机；

（2）当$\cos\varphi=0.9$时，该变压器能带动几台$U_e=220\text{V}$，$P=2.2\text{kW}$的电动机。

解：（1）当$\cos\varphi=0.6$时，每台电动机取用的电流是

$$I = P/(U\cos\varphi) = (2.2\times10^3)/(220\times0.6)\approx16.67\text{A}$$

该变压器能带动的电动机数是

$$I_{2e}/I\approx100/16.67 = 6\text{ 台}$$

（2）当$\cos\varphi=0.9$时，每台电动机取用的电流是

$$I = P/(U\cos\varphi) = (2.2\times10^3)/(220\times0.9)\approx11.11\text{A}$$

该变压器能带动的电动机数是

$$I_{2e}/I\approx100/11.11 = 9\text{ 台}$$

由此可见，同样的电源，通过提高负载的功率因数，可以较大幅度地提高其利用率，减少设备的投入和线路的损耗。

具体提高功率因数的方法主要有：一是使电动机、变压器接近满载运行（电动机空载时，$\cos\varphi=0.2\sim0.3$，满载时$\cos\varphi=0.83\sim0.85$）；二是在感性负载的两端并联电容。

1.3.5 三相交流电路

三相交流电路指由三相电源（如发电机或变压器）供电的网路。它在世界各国的电力系统中被广泛应用，从电能的生产、输送和分配一般采用三相交流电路。这主要基于三相交流发电机体积小、重量轻、成本低，输电线金属的消耗量较低，三相异步电动机结构简单、价格低廉、性能良好和使用维护方便等优点。三相交流电源是由三个同频率、同振幅和初相角依次相差120°的电源按一定方式（如星形）连接而成的。三相电源的星形连接如图1.21所示，即将三个末端连接在一起，这一连接点称为中点或零点，用N表示，这种连接方法称为星形连接。从中点引出的导线称为中线，从始端U_1、V_1、W_1引出的三根导线称为相线或端线，俗称火线。

 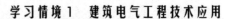

每相始端与末端间的电压，也即火线与中线间的电压，称为相电压，其有效值用 U_{L1}、U_{L2}、U_{L3} 或一般用 U_P 表示。而任意两始端间的电压，也即两火线间的电压，称为线电压，其有效值用 U_{L1L2}、U_{L2L3}、U_{L3L1} 或一般用 U_L 表示。各相电压的正方向选定为自始端指向末端（中点）；线电压的正方向，如 U_{L1L2} 是指 U_1 端指向 V_1 端，即端线 L_1 与 L_2 之间的电压。三相电源的相电压和线电压都是对称的，在相位上相电压超前线电压 30°。线电压和相电压在大小上的关系为

$$U_L = \sqrt{3}\, U_P$$

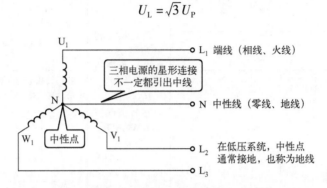

图 1.21 三相电源的星形连接

三相电源的绕组可以连接成星形也可以连接成三角形，在连接成星形时，可引出四根导线（三相四线制），可以给予负载两种电压。通常在低压配电系统中相电压为 220V，线电压为 380V，既可满足动力负载的需要，又可满足照明负载的需要。

生产和生活中使用交流电的负载种类很多，如白炽灯、日光灯、电动机等，这些负载有的需要接入相线之间才能正常工作，有的只需接一根相线和一根中线即可正常工作。负载根据这一特点可分为单相负载和三相负载两大类。

$$\text{负载按其特点分类}\begin{cases} \text{单相负载} & \begin{array}{l}\text{只需一相电源供电}\\ \text{照明灯、单相电动机、电扇等}\end{array}\\ \text{三相负载} & \begin{array}{l}\text{需三相电源同时供电}\\ \text{三相电炉、三相电动机等}\end{array}\end{cases}$$

分别接在各相电路上的三组单相负载也可以组成三相负载。若三相负载的阻抗相同（幅值相等，阻抗角相等），则称为三相对称负载，否则均称为不对称负载。三相负载有两种连接方法，如图 1.22 所示。

在负载的各种连接方式下其电流、电压、相位角、功率等参数各有特点，具体如表 1.4 所示。负载的不同连接方式适用于不同的场合，应注意不要接反，否则会酿成事故。三相负载选择星形接法还是三角形接法是根据电源的电压和负载的额定电压确定的，即必须保证每相负载的相电压等于负载的额定电压，从而保证负载都能正常工作。如民用照明灯具额定电压是 220V，灯具就必须接成星形方式，接到三相四线制电源上。又如电动机额定电压是 220V 时，也必须接成星形方式，不能接成三角形。

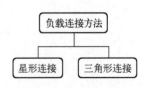

图 1.22 负载连接方法

表1.4 三相负载不同连接方式下的特点

负载连接方式		电 路 图	电 压	电 流	功 率
星形连接	三相对称负载	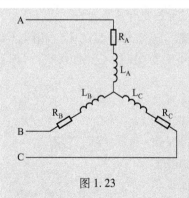	线电压为相电压的 $\sqrt{3}$ 倍，线电压角度超前相电压 30° $U_L = \sqrt{3} U_P$ 在我国低压配电系统中有 $U_A = U_B = U_C$ $= U_P = 220V$ $U_{AB} = U_{BC} = U_{CA}$ $= U_L = 380V$	相电流等于线电流 $I_A = I_B = I_C$ $= I_P = \dfrac{U_P}{\sqrt{R^2 + X^2}}$ $I_N = 0$ $\varphi_A = \varphi_B = \varphi_C$ $= \arctan \dfrac{X}{R}$	无论负载采用星形连接还是三角形连接，也不论是对称负载还是不对称负载，功率计算如下： $P = P_A + P_B + P_C$ $Q = Q_A + Q_B + Q_C$ $S = S_A + S_B + S_C$ 如果负载对称可以简化为 $P = 3P_A = 3U_P I_P \cos\varphi_I$ $= \sqrt{3} U_L I_L \cos\varphi_P$ $Q = 3Q_A = 3U_P I_P \sin\varphi_I$ $= \sqrt{3} U_L I_L \sin\varphi_P$ $S = 3S_A = 3U_P I_P$ $= \sqrt{3} U_L I_L$
	三相不对称负载			各相负载电流和相位角分别计算 $I_A = \dfrac{U_P}{\|Z_A\|}$ $I_B = \dfrac{U_P}{\|Z_B\|}$ $I_C = \dfrac{U_P}{\|Z_C\|}$ $I_N \neq 0$ $\varphi_A = \arccos \dfrac{R_A}{\|Z_A\|}$ $\varphi_B = \arccos \dfrac{R_B}{\|Z_B\|}$ $\varphi_C = \arccos \dfrac{R_C}{\|Z_C\|}$	
三角形连接			相电压等于线电压，在我国低压配电系统中有 $U_{AB} = U_{BC} = U_{CA}$ $= U_L = U_P$ $= 380V$	线电流为相电流的 $\sqrt{3}$ 倍，线电流角度滞后于相应相电流 30° $I_L = \sqrt{3} I_P$	

【例1.7】 如图1.23所示，有三相对称负载，每相负载由电阻 R 和电感 L 构成，$R = 6\Omega$，$L = 25.5\text{mH}$。负载为 Y 形连接，电源的 $U_L = 380V$，$f = 50\text{Hz}$。画出电路图并求每相负载的电流 I_P 和电路取用的总功率 P。

解：如图1.23所示，由线电压和相电压之间的关系得到

$$U_P = U_L / \sqrt{3} = 380 / \sqrt{3} = 220V$$

而阻抗计算为

$$Z_P = \sqrt{(R^2 + X^2)} = \sqrt{R^2 + (2\pi f L)^2} = 10\Omega$$

图1.23

所以

$$I_P = U_P / Z_P = 220 / 10 = 22A$$

又

$$\cos\varphi = R_P/Z_P = 6/10 = 0.6$$

故而

$$P = 3U_P I_P \cos\varphi = 3 \times 220 \times 22 \times 0.6 = 8.712\text{kW}$$

【例 1.8】　如图 1.24 所示，某三相不对称负载做 Y 形连接的电阻电路中，各相电阻分别是 $R_A = R_B = 22\Omega$，$R_C = 11\Omega$。已知电源的线电压为 380V，求相电流、线电流和中线电流。

解： 参见图 1.24（a）所示得到每相所承受的相电压为

$$U_P = U_L/\sqrt{3} = 380/\sqrt{3} = 220\text{V}$$

各相电流为

$$I_A = I_B = U_P/R = 220/22 = 10\text{A}$$

$$I_C = U_P/R_C = 220/11 = 20\text{A}$$

各相的线电流等于同相的相电流。

纯电阻电路的电流和电压同相位，故三相电流之间的相位差依次为 120°。用向量叠加法得到中线电流的值为 10A，相位与 U_C 同，如图 1.24（b）所示。

【例 1.9】　图 1.25 所示为由白炽灯组成的三相不对称负载电路。A 相负载为两个 220V、60W 的灯泡，B 相负载为 6 个 220V、60W 的灯泡。试分析中线断开，C 相负载开路和短路时，A 相和 B 相负载的电压变化情况。

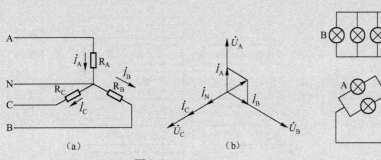

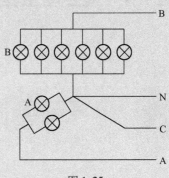

图 1.24　　　　　　　　　　　图 1.25

解： 中线断开，C 相开路时，R_A 和 R_B 串联后接在 U_{AB} 上。

因为

$$\begin{aligned}
U_A &= [R_A/(R_A + R_B)] \times U_{AB} \\
&= [R_A/(R_A + R_A/3)] \times 380 \\
&= 285\text{V}
\end{aligned}$$

所以

$$U_B = 380 - 285 = 95\text{V}$$

A 相负载承受的电压高于额定电压，灯泡很快就会被烧坏。而 B 相负载承受的电压低于额定电压，灯泡不能正常工作。

中线断开，C 相负载短路时，A 相和 B 相分别接到 U_{BC}、U_{CA} 上，均承受 380V 的电压，灯泡很快被烧坏。可见中线一旦断开，线电压虽然仍然对称，但中线电流无法通过，各相

负载所对应的对称相电压受到破坏，强迫负载改变原来工作状态，这样会使负载某一相（或两相）的电压升高，而另两相（或一相）的电压降低。严重时会使电压升高相负载损坏，而电压低的负载不能正常工作。

对于低压配电系统来说，负载对称是特殊情况，而负载不对称是一般情况，所以中性线非常重要。在实际使用中应当将单相负载分成容量大致相等的三份，分别接到三相电源上，尽量保证构成的三相负载相差不大。对于这种电路，需要使用三相四线制，并且保证中线不能断开，需要采用机械强度较高的导线做中线，并且中线上不允许安装熔断器及开关。

【例1.10】 在图1.26中，$R=7\Omega$，$L=30\text{mH}$，$U_\text{L}=380\text{V}$，$f=50\text{Hz}$。求相电流、线电流和总功率。

解： 相电流 $I_\text{P}=U_\text{L}/|Z|=U_\text{L}/\sqrt{R^2+(2\pi fL)^2}$

$$=380/\sqrt{7^2+(2\pi\times50\times30\times10^{-3})^2}$$

$$=32.4\text{A}$$

线电流 $I_\text{L}=\sqrt{3}I_\text{P}=\sqrt{3}\times32.4=56.1\text{A}$

总功率 $P=\sqrt{3}U_\text{L}I_\text{L}\cos\varphi=\sqrt{3}U_\text{L}I_\text{L}R/|Z|=22.05\text{kW}$

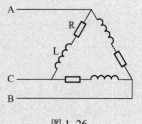

图1.26

任务1-4 电子电路应用

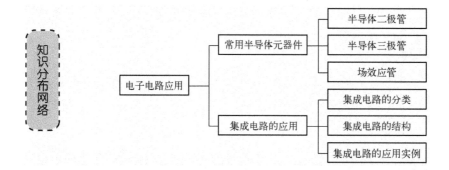

【任务背景】： 生活中，大家都使用过收音机、电视机、计算机等家用电器，收音机、电视机可以通过天线将收到的电信号放大后推动扬声器和显像管工作。在自动测量上，通常将温度、压力信号进行放大处理。这些电气设备中起放大作用的是由晶体管等半导体元件组成的放大电路。为了更好地使用这些电气设备，有必要了解半导体的一些基本知识。

1.4.1 常用半导体元器件

半导体元器件是近代电子学的重要组成部分，它是构成电子电路的基本元件。半导体元器件是由经过特殊加工且性能可控的半导体材料制成的，常用的半导体材料有硅（Si）和锗（Ge），半导体的导电能力介于导体和绝缘体之间。根据往纯净半导体掺入杂质的不同，可分为N型半导体和P型半导体两大类。在生产生活中常用半导体元器件主要有二极管、三极

管、场效应管等。

1. 半导体二极管

1）半导体二极管的结构

半导体二极管简称二极管，是将一个 PN 结用外壳封装起来，并加上电极引线后构成的。由 P 区引出的电极称为二极管的阳极（或正极），由 N 区引出的电极称为二极管的阴极（或负极）。二极管是电子技术中最基本的半导体器件之一，二极管通常用在电子开关、整流电路、限幅电路、稳压电路中。根据其用途分，有检波管、开关管、稳压管和整流管等。

常用二极管结构和图形符号如图 1.27 所示，文字符号用 VD 来表示。点接触型：结面积小，适用于高频检波、脉冲电路及计算机中的开关元件。面接触型：结面积大，适用于低频整流器件。使用二极管时，必须注意极性不能接反，否则电路非但不能正常工作，还有毁坏管子和其他元件的可能。

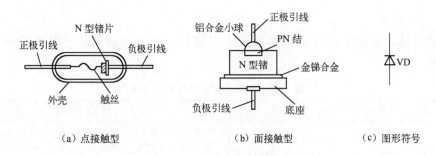

图 1.27 常用二极管结构和图形符号

2）二极管的特性

二极管具有单向导电特性。当二极管外加正向电压达到一定值时，处于导通状态，电路中有电流流过；当二极管加反向电压时，处于截止状态，电路中没有电流流过，如图 1.28 所示。

二极管的外加电压与电流的关系可用伏安特性曲线表示，如图 1.29 所示。当正向电压很低时，正向电流几乎为零，此时二极管呈现高电阻值，基本上还是处在截止的状态。当正向电压超过二极管开启电压 U_{on} 时，二极管呈现低电阻值，处于正向导通的状态。开启电压与二极管的材料和工作温度有关，通常硅管的开启电压为 0.5V，锗管为 0.3V。二极管导通

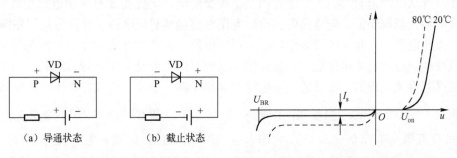

图 1.28 二极管导通和截止示意图　　　图 1.29 二极管伏安特性曲线

后，二极管两端的导通压降很低，硅管为 $0.5 \sim 0.7V$，锗管为 $0.2 \sim 0.3V$。当二极管承受反向电压时，在反向电压小于击穿电压 U_{BR} 时，反向电流极微小且基本保持不变。当反向电压增大到 U_{BR} 时，反向电流突然增大，二极管呈现反向击穿的现象。二极管被反向击穿后，就失去了单向导电性，将引起电路故障，使用时一定要注意避免二极管发生反向击穿的现象。

3）二极管的主要参数

二极管的参数是二极管电性能的指标，是选用二极管的依据，二极管的主要参数有：

最大整流电流 I_{DM}：二极管长期运行时，允许通过的最大正向平均电流。其大小由 PN 结的结面积和外界散热条件决定。这是二极管的重要参数，使用中不允许超过此值。

最高反向工作电压 U_{RM}：二极管长期安全运行时所能承受的最大反向电压值。手册上一般取击穿电压的一半作为最高反向工作电压值。

反向电流 I_R：二极管未击穿时的反向电流。I_R 值越小，二极管的单向导电性越好。反向电流随温度的变化而变化较大，这一点要特别加以注意。

4）特殊二极管

常用的特殊二极管有稳压二极管、发光二极管、光电二极管等，具体特点和用途如表 1.5 所示。

表 1.5　特殊二极管的特点和用途

名　称	图形符号	定　义	特点和用途
稳压二极管	▷⊦	一种反向击穿可逆，具有稳压作用的面接触型二极管器件	反向击穿并不意味着管子一定要损坏，如果我们采取适当的措施限制通过管子的电流，就能保证管子不因过热而烧坏。 它主要用于稳压电路中
发光二极管	▷⊦	把电能直接转换成光能的固体发光元件。一般使用砷化镓、磷化镓等材料制成	单个发光二极管常作为电子设备通断指示灯或快速光源及光电耦合器中的发光元件等。现有的发光二极管能发出红、黄、绿等颜色的光。发光管属功率控制器件，常用来作为数字电路的数码及图形显示的七段式或阵列器件
光电二极管	▷⊦	将光信号变成电信号的半导体器件	光电管管壳上有一个能射入光线的"窗口"，这个窗口用有机玻璃透镜进行封闭，入射光通过透镜正好射在管芯上。 主要用于光信号转换成电信号的电路中

5）二极管的应用

由于日常从电网上直接引入的电源都是工频交流电，为此需要有专用电路能将工频交流电转换成各种仪器需要的稳定直流电，这些专用电路包括整流电路、滤波电路和稳压电路。

（1）整流电路。它是电子设备中广泛应用的电路，其作用是将大小、方向都随时间变化的交流电变换成脉动直流电供电子设备使用。整流电路主要是利用半导体元件二极管的单向导电性或晶闸管来实现的。常见的整流电路有单相半波、全波、桥式、倍压整流电路。

【例1.11】　半波整流电路如图 1.30（a）所示，电源变压器将 220V 交流电变换成电压较低的交流电 $u_2 = \sqrt{2} U_2 \sin\omega t = \sqrt{2} \times 10\sin\omega t$，$R_L$ 是电路的负载，电阻值为 10Ω。分析电路负载电压、负载电流、二极管中通过的平均电流、二极管承受的反向电压分别是多少。

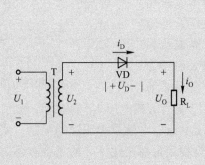

（a）电路图

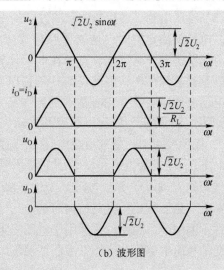

（b）波形图

图 1.30　半波整流电路图和波形图

解：在电路中二极管 VD 起整流作用，称为整流元件。当 u_2 为正半周时，二极管导通；当 u_2 为负半周时，二极管截止。若忽略电路变压器电阻和二极管正向电阻，则负载上的电压 u_0 波形如图 1.30（b）所示。

从图中可看出负载的电压是半个正弦波，其平均值为 $U_0 = 0.45U_2 = 0.45 \times 10 = 4.5\text{V}$；

负载平均电流 I_0 与二极管中平均电流 I_D 相等，即 $I_0 = I_D = \dfrac{0.45U_2}{R_L} = \dfrac{4.5}{10} = 0.45\text{A}$；

二极管承受的最大反向电压 $U_D = \sqrt{2}\,U_2 = 14.14\text{V}$。

（2）滤波电路。滤波电路可以降低整流电路输出电压中的交流成分，同时保留直流成分，使得输出的电压更加平滑，保证仪器仪表的正常工作。常用的滤波电路有电容滤波、电感滤波、复式滤波等。

电容滤波电路如图 1.31（a）所示，加上电容 C 后，负载上电压波形与输入电压波形大不一样，如图 1.31（b）所示，此时的输出电压为 $u_0 = u_2$。在实际电路中，通常采用大容量电解电容，其容量一般选为 $C \geqslant (3 \sim 5)\dfrac{T}{2R}$，式中，$T$ 为输入交流电压的周期。电容滤波只适用于负载电流较小的场合。

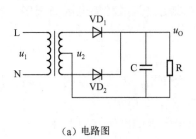

（a）电路图

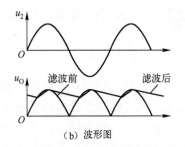

（b）波形图

图 1.31　滤波电路图和波形图

（3）稳压电路。经过整流和滤波后的电压往往会随交流电源电压的波动和负载的变化而变化。电压不稳定有时会使测量和计算产生误差，引起控制装置工作不稳定，甚至无法工作。对于精密电子测量仪、自动控制、计算装置等都要求有很稳定的直流电源供电，因此需要一种稳压电路，使输出电压在电网电压波动或负载变化时基本稳定在某一数值。稳压管稳压电路如图1.32所示。其稳压原理是当输入电压 U_i 升高或负载电阻 R_L 阻值变大时，造成负载电压 U_L 随之增大，那么稳压管的反向电压 U_Z 也会上升，从而引起稳压管的电流 I_Z 会显著增

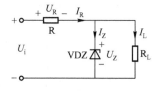

图1.32 稳压管稳压电路图

加，结果使 I_R 加大，导致电阻 R 上的压降 U_R 增大，以抵消负载电压 U_L 的波动，数值保持近似不变。稳压管稳压电路结构简单、元件少，但输出电压、电流受稳压管的限制，变化范围小，不能调节，因此，只适用于电压固定的小功率负载且负载变化不大的场合。适用范围更广泛的稳压电路还有晶体管串联型稳压电路、三端集成稳压电路等。

2. 半导体三极管

1）半导体三极管的结构

三极管是组成各种电子电路的核心器件。三极管的产生使 PN 结的应用发生了质的飞跃——具有电流放大作用。双极型晶体管分为 NPN 型和 PNP 型，其结构如图1.33所示。虽然它们外形各异，品种繁多，但它们有共同特征：都有三个分区、两个 PN 结和三个向外引出的电极。双极型晶体管的英文缩写是 BJT，一般简称晶体管，又由于有三个电极，也简称三极管，其图形符号如图1.34所示。三极管的三个电极分别称为基极 B、发射极 E 和集电极 C。在这三个区之间形成两个 PN 结，分别是发射结和集电结。

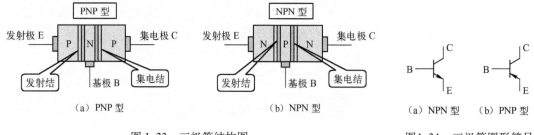

图1.33 三极管结构图　　　　图1.34 三极管图形符号

为了保证三极管有电流放大作用，三极管在制造时有以下特点：基区很薄，一般只有几微米到几十微米厚，且掺杂浓度低；发射区掺杂浓度比基区和集电区高很多；集电结的面积比发射结大。

2）三极管的特性

三极管具有电流放大作用。三极管要实现放大作用，需要具备的工作条件是：发射结加上正向偏置电压，集电结加上反向偏置电压，如图1.35所示。

当三极管具备上述工作条件时，三极管的三个电极的电流有如下规律。

三极管各极之间的电流分配关系为 $I_E = I_B + I_C$（I_B 数值很小，可忽略），故 $I_E \approx I_C$。

三极管的集电极电流 I_C 稍小于 I_E，但远大于 I_B。I_C 与 I_B 的比值在一定范围内基本保持

不变，这个常数称为晶体管的电流放大倍数，用 β 表示，即

$$\beta = \frac{I_C}{I_B}$$

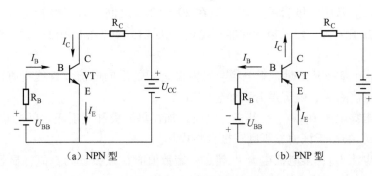

（a）NPN 型　　　　　　　　　　（b）PNP 型

图 1.35　三极管的工作电路

不同型号、不同类型和用途的三极管，β 值的差异较大，大多数三极管的 β 值通常在几十至几百的范围。基极电流 I_B 有微小的变化时，集电极电流 I_C 将以 I_B 的 β 倍放大，可见晶体管具有电流放大作用，是电流控制型器件。

表示三极管各极电流和极间电压关系的曲线称为晶体管的伏安特性曲线，分为输入特性曲线和输出特性曲线。它是了解三极管外部性能和分析三极管工作状态的重要依据。三极管的伏安特性曲线如图 1.36 所示。输入特性曲线描述三极管集射极之间的电压 U_{CE} 为某一定值时，基极电流 I_B 与基射极之间的电压 U_{BE} 的关系，如图 1.36（a）所示，显然，它与二极管正向特性曲线相似。三极管输出特性曲线描述晶体管基极电流 I_B 为定值时，集电极电流 I_C 与集射极之间的电压 U_{CE} 的关系，如图 1.36（b）所示。三极管输出特性曲线上一般可分为三个区：饱和区、放大区、截止区。晶体管工作在放大区时，发射结正偏，集电结反偏。此时 $I_C = \beta I_B$，即晶体管在放大区时具有电流放大作用。晶体管工作在饱和区时，发射结和集电结均正偏，晶体管失去放大能力。晶体管工作在截止区时，发射结和集电结均反偏，晶体管呈截止状态。

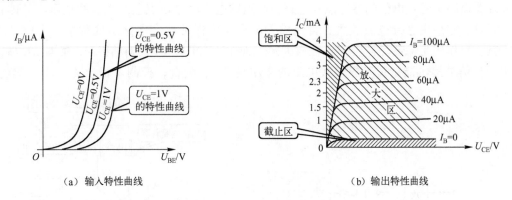

（a）输入特性曲线　　　　　　　　　　（b）输出特性曲线

图 1.36　三极管的伏安特性曲线

3）三极管的主要参数

三极管的参数表征管子性能和安全运用的物理量，是正确使用和合理选择三极管的依

据。三极管的主要参数如下。

电流放大倍数 β：$\beta = \dfrac{I_C}{I_B}$，该值的大小反映了三极管的电流放大能力。可分为直流放大倍数和交流放大倍数。常用三极管的 β 值一般在 20 ～ 200 之间。若三极管的 β 值小，则电流放大效果差；若 β 值太大，则三极管性能不稳定。在三极管管壳上用红、黄、绿等色点作为分挡标记。

穿透电流 I_{CEO}：基极开路时，集电极与发射极之间的反向电流。性能良好的三极管该值比较小。该值与温度有关，随温度升高而急剧增大。

集射极反向击穿电压 $U_{CEO(BR)}$：基极开路时，加在集电极和发射极之间的最大允许电压。三极管使用时，U_{CE} 要小于该值，否则三极管将损坏。

集电极最大电流 I_{CM}：集电极电流 I_C 超过一定数值时，三极管的 β 值将显著下降，I_{CM} 指 β 值下降到规定允许值（额定值的 2/3）时的集电极电流值。

集电极最大允许功耗 P_{CM}：集电结最大允许承受的功率。三极管工作时，集电结处于反向偏置，电阻很大。I_C 通过集电结时，产生热量使结温升高，管子将烧坏。因此，对集电极功耗要有限制。

4）三极管在放大电路中的应用

放大电路是电子技术中应用十分广泛的一种单元电路，在广播、通信、自动控制中都有广泛应用。比如，在建筑设备控制系统的温度、湿度信号检测中需要将敏感元件采集的信号转换、放大到可以传输的电信号。在广播系统中收音机、电视机从天线收到的电信号是很微弱的，必须经过放大电路加以放大才能推动扬声器和显像管工作。放大电路作用框图如图 1.37 所示，即将一个微弱的电信号，通过某种装置，得到一个波形与该微弱信号相同，但幅值却大很多的信号输出，这个装置就是晶体管放大电路。

放大电路可以实现对电流、电压或能量的控制作用。放大电路有三种形式，分别为共基极放大电路、共发射极放大电路、共集电极放大电路。每种电路各有其优缺点，使用最广泛的是共发射极放大电路，其组成及工作原理如图 1.38 所示。发射极是输入和输出的公共端，公共端是电路中各点电位的参考点，电路中某点的电位就是该点至参考点的电压。晶体管是核心元件，作用是进行电流放大；直流偏置电压是为保证放大电路实现对输入小信号的放大，其主要作用是保证晶体管工作在放大区，即保证三极管 VT 发射结正偏，集电结反偏，并且为输出信号提供能量；基极偏置电阻的作用是与 U_{CC} 配合，控制基极电流大小；集电极

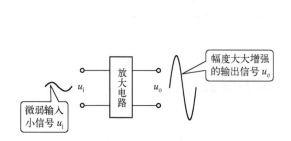

图 1.37　放大电路作用框图

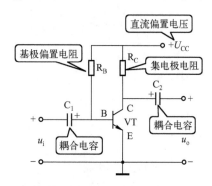

图 1.38　共发射极放大电路组成及工作原理图

电阻的作用是将晶体管的电流放大作用变换成电压放大作用；耦合电容的主要作用是隔离放大电路与信号源和负载之间的直流通路，使交流信号在信号源、放大电路、负载之间顺利传输。

该电路的工作原理为：需放大的信号电压 u_i 通过 C_1 转换为放大电路的输入电流，与基极偏流叠加后加到晶体管的基极，基极电流 i_B 的变化通过晶体管的以小控大作用引起集电极电流 i_C 变化，即 $i_C = \beta i_B$；i_C 通过 R_C 使电流的变化转换为电压的变化，即 $u_{CE} = U_{CC} - i_C R_C$，$u_o = i_C R_C$；由这两个公式可以看出，当 i_C 增大时，u_{CE} 就减小，所以 u_{CE} 的变化正好与 i_C 相反，这就是它们反相的原因，同时 u_{CE} 经过 C_2 滤掉了直流成分，耦合到输出端的交流成分即为输出电压 u_o。若电路参数选取适当，u_o 的幅度将比 u_i 幅度大很多，也即输入的微弱小信号 u_i 被放大了，这就是放大电路的工作原理。

【例 1.12】　某放大电路如图 1.39 所示，电路中 $R_C = 4\text{k}\Omega$，$R_B = 300\text{k}\Omega$，$R_L = 4\text{k}\Omega$，三极管放大倍数 $\beta = 50$，请分析该放大电路并画出它的直流通路，求静态工作点，画出其交流通路，计算其电压放大倍数、输入/输出电阻。放大电路分析中要分两种工作状态进行，一是静态工作状态，二是动态工作状态。

解：（1）静态工作情况。放大电路在输入交流信号为零时，由于直流电源 U_{CC} 的存在，电路中各处已经存在着直流电压和直流电流，电路这时的工作状态被称为静态。静态时，三极管的 I_B、I_C、U_{CE} 称为该放大电路的静态工作点。静态工作点的这三个量的大小是可以用估算法计算的。首先按直流信号在电路中流通的路径画出电路的直流通路。在直流通路中，电容视为开路，电感视为短路，该基本放大电路的直流通路如图 1.40 所示。

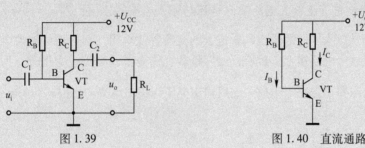

图 1.39　　　　　　　　　图 1.40　直流通路

根据直流通路进行分析，可知：

$$I_B = \frac{U_{CC} - U_{CE}}{R_B} \approx \frac{U_{CC}}{R_B} = \frac{12}{300 \times 10^3} = 0.04\text{mA}$$

$$I_C = \beta I_B = 50 \times 0.04 = 2\text{mA}$$

$$U_{CE} = U_{CC} - R_C I_C = 12 - 4\,000 \times 0.002 = 4\text{V}$$

（2）动态工作情况。放大电路输入交流信号不为零时的工作状态称为动态。若电路输入微小的交流信号 u_i，则电路中各电量将在原静态值上叠加一个交流分量，输出信号 u_o 频率相同，相位相反，幅值得到放大，因此，共发射极放大电路通常称为反相放大器。放大电路工作在动态时需要确定的主要是电压放大倍数、输入电阻和输出电阻。首先要画出放大电路的交流通路。在交流通路中，放大电路中的耦合电容可视为短路，直流电源也视为短路。交流通路如图 1.41 所示。

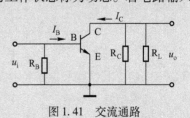

图 1.41　交流通路

电压放大倍数指放大电路输出信号电压与输入信号电压的比值。它反映出放大电路对电压的放大能力，即 $A_u = \dfrac{u_o}{u_i}$。

根据电路可知，输出电压有两种情况：

无负载时，$u_o = -i_C R_C$；

有负载时，$u_o = -i_C R_L'$。

其中，$R_L' = \dfrac{R_C R_L}{R_C + R_L} = \dfrac{4 \times 4}{4 + 4} = 2\text{k}\Omega$，而输入电压 $u_i = i_B r_{BE}$，r_{BE} 为三极管基极和发射极间的动态电阻，在小信号放大电路中，可以用公式估算，即

$$r_{BE} = \frac{u_{BE}}{i_B} \approx 300 + (1 + \beta) \times \frac{26}{I_E} = 300 + (1 + 50) \times \frac{26}{2} = 963\Omega \approx 1\text{k}\Omega$$

因此放大电路的电压放大倍数的具体公式为

无负载时，$A_u = \dfrac{u_o}{u_i} = -\beta \dfrac{R_C}{r_{BE}}$；

有负载时，$A_u = \dfrac{u_o'}{u_i} = -\beta \dfrac{R_L'}{r_{BE}} = -50 \times \dfrac{2}{1} = -100$。

输入电阻是指从放大电路的输入端看进去的交流等效电阻，它反映放大电路对所接信号的影响程度。一般来讲，希望输入电阻尽可能大些，以使电路向信号源取用的电流尽可能小，减轻前级负担。它等于放大电路输入电压与输入电流的比值，即 $r_i = \dfrac{u_i}{i_i} \approx r_{BE} = 1\text{k}\Omega$。

输出电阻是指从放大电路的输出端看进去的交流等效电阻，它是衡量放大电路带负载能力的一个性能指标。放大电路接上负载后，要向负载提供能量，当负载变化时，为了使输出电压恒定，要求输出电阻要小。它等于放大电路输出电压与输出电流的比值，即 $r_o = \dfrac{u_o}{i_o} \approx R_C = 4\text{k}\Omega$。

3. 场效应管

场效应管是利用输入电压产生的电场效应来控制输出电流的器件，所以又称为电压控制型器件。场效应管实物如图1.42所示。它具有输入阻抗高，噪声低，热稳定性好，功耗低，制造工艺简单，便于集成等优点。

图1.42 场效应管实物

场效应管按其结构不同，可分为结型和绝缘栅型两种；按工作方式不同，可分为增强型和耗尽型，又可分为N沟道和P沟道两种。绝缘栅型由于制造工艺简单，便于实现集成化，应用极其广泛。绝缘栅型场效应管由金属（Metal）、氧化物（Oxide）和半导体（Semiconductor）组成，故称MOS管。MOS管的结构从表面上看与晶体管相似，由三个电极和三个半导体区组成，但实质是不同的，其结构和图形符号如图1.43所示。

N沟道增强型场效应管工作原理如图1.44所示，当 $U_{GS} = 0$ 时，无导电沟道，$I_D = 0$，管子处于截止状态；当 $U_{GS} > 0$ 且足够大时，导电沟道形成，有电流 I_D 流过，管子处于导通状态，电流 I_D 受 U_{GS} 的控制。

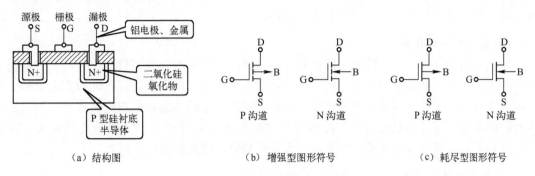

（a）结构图　　　　　　（b）增强型图形符号　　　　　（c）耗尽型图形符号

图 1.43　MOS 管结构和图形符号

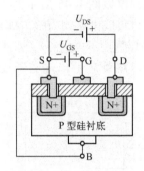

图 1.44　N 沟道增强型场效应管工作原理

1.4.2　集成电路的应用

集成电路是一种微型电子器件或部件。采用一定的工艺，把一个电路中所需的晶体管、二极管、电阻、电容和电感等元件及布线互连一起，制作在一小块或几小块半导体晶片或介质基片上，然后封装在一个管壳内，成为具有所需电路功能的微型结构；其中所有元件在结构上已组成一个整体，这样，整个电路的体积大大缩小，且引出线和焊接点的数目也大为减少，从而使电子元件向着小型化、低功耗和高可靠性方面迈进了一大步。集成电路的英文名称是 Integrated Circuit，缩写为 IC。

集成电路具有体积小，重量轻，引出线和焊接点少，寿命长，可靠性高，性能好等优点，同时成本低，便于大规模生产。它不仅在工业、民用电子设备如收录机、电视机、计算机等方面得到广泛的应用，而且在军事、通信、遥控等方面也得到广泛的应用。用集成电路来装配电子设备，其装配密度比晶体管可提高几十倍至几千倍，设备的稳定工作时间也可大大提高。

1958 年，美国得克萨斯公司发明了集成电路制作技术，它通过特殊工艺将半导体二极管、三极管、电阻和电容集聚在一块半导体芯片（硅片）上。在几平方毫米的芯片上集成 50 只半导体元器件的时期称为集成电路的"小规模集成"阶段。1966 年集成电路进入"中规模集成"阶段，这时每块芯片上可集成 100～1 000 只半导体元器件；1969 年进入"大规模集成"阶段，每块芯片上可集成 5 000～10 000 只半导体元器件；1975 年进入"超大规模集成"阶段，每块芯片上可集成 1 万只以上半导体元器件；目前已进入"特大规模集成"阶段，每块芯片上可集成几百万只半导体元器件。

1）集成电路的分类

集成电路的种类很多，按其功能不同可分为模拟集成电路和数字集成电路两大类。前者用来产生、放大和处理各种模拟电信号；后者则用来产生、放大和处理各种数字电信号。集成电路按其制作工艺，可分为半导体集成电路、膜集成电路和混合集成电路三类；按构成有源器件的类型，可分为双极型（如晶体管）和单极型（如场效应管）集成电路两类；按集成度高低不同，可分为小规模、中规模、大规模及超大规模集成电路四类。

2）集成电路的结构

集成电路的制造工艺十分复杂，仅以图1.45所示的LM386集成功率放大器为例，说明其集成电路的内部组成。实际上，该集成电路仅为整个硅片上的一个小单元，称为管芯。管芯制成后，还要经过测试（不合格管芯就不再进行后续加工）、划片（用金刚石刀将管芯分割出来）、压焊（用超声波压焊技术将管芯引出端与铝线焊接，以便连到外引引脚上）和封装。

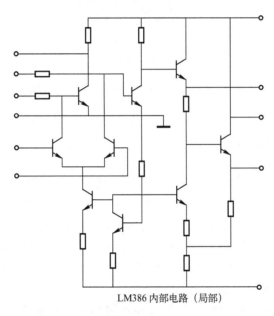

LM386内部电路（局部）

图1.45　LM386集成功率放大器

3）集成电路的应用实例

（1）集成运算放大器。集成运算放大器发展最早，品种最多，产量最大，应用也特别广泛。它主要用做模拟计算机中的运算单元，用做振荡器、比较器、缓冲放大器、函数发生器、微分积分器、加减器、模拟乘法器、有源滤波器等的主要组成单元。它是一种高增益的直接耦合放大器，其内部包含数百个晶体管、电阻、电容，但体积只有一个小功率晶体管那么大，功耗也仅有几毫瓦至几百毫瓦，而且功能很多。它通常由输入级、中间放大级和输出级三个基本部分构成。运算放大器除具有输入端和输出端外，还有 + 、－ 电源供电端，外接补偿电路端，调零端，相位补偿端，公共接地端及其他附加端等。它的放大倍数取决于外接反馈电阻，这给使用带来很大方便。

（2）稳压集成电路。稳压集成电路又称集成稳压电源，其电路形式大多采用串联稳压方式。集成稳压器与分立元件稳压器相比，体积小，性能高，使用简便可靠。集成稳压器的种类有多端可调式、三端可调式、三端固定式及单片开关式。单片开关式集成稳压器是一种新的稳压电源，其工作原理与上述三种类型不同，它是由直流变交流再变直流的变换器，输出电压可调，效率很高。其型号有 AN5900、HA17524 等，广泛用于电视机、电子仪器等设备中。

（3）音频放大器集成电路。它的用途很广，可用于各种音频系统中，如广播、录音、通信、电话、收音机、电视机、电子乐器等。目前有些音频放大器输出功率已达数瓦至数十瓦。中频放大器主要用于某一频率下有一定带宽、一定功率增益的中间放大，如通信接收、电视接收、广播接收、遥控遥测的接收等。微波放大器是一种能在微波波段进行放大工作的放大器，其工作频率大于 300MHz。多数产品是混合型集成电路。

（4）电视集成电路。电视机采用的集成电路种类繁多，型号也不统一，但有向单片机和两片机高集成化发展的趋向。用于电视机的集成电路有：伴音系统集成电路，行场扫描集成电路，图像中放、视放集成电路，彩色解码集成电路，电源集成电路，遥控集成电路等。

（5）传感器集成电路。近年来出现了一些与传感器件相配合使用的模拟电路，出现了一些传感器和模拟控制电路集成于一块芯片上的单片式传感器模拟电路，在设计与制造中不少产品还采用了数字和模拟电路相容工艺，使其具有信息传感、逻辑处理、模拟控制等多种功能。尽管目前这类产品不论从品种上还是数量上来说都比较少，但在工业自动控制、测量技术、仪器仪表等方面都有一定的应用，并给传统产品带来一定的革新。

（6）控制集成电路。它主要应用于工业的各种机电控制中。这方面的产品有可控硅触发电路、零电压开关、电动机控制电路、继电器控制电路、温度控制电路、时间控制电路等多种。例如，可控硅触发集成电路通过可控硅触发电路调节可控硅控制回路的触发脉冲的相移，从而改变可控硅主回路的工作状态。集成化后的可控硅触发电路使用更为方便，电路功能完善，通用性强，可靠性好。电动机控制集成电路主要是各种电动机，特别是微电动机、步进电动机等小型电动机的调速电路、稳速电路、保护电路。

实训 1　利用万用表进行电气参数测量

一、实训目的

（1）掌握用万用表测量电流、电压的方法；
（2）掌握用万用表测试电阻、电容、电感、二极管的方法；
（3）培养学生安全用电的意识。

二、实训器材

（1）万用表一块；
（2）直流电源一台；

（3）电阻、电容、电感、二极管若干；

（4）连接导线若干。

三、实训步骤

1. 准备工作

万用表是一种多功能、多量程的便携式电工仪表，一般的万用表可以测量直流电流、直流电压、交流电流、交流电压和电阻等。有些万用表还可以测量电容、功率、晶体管共射极直流放大系数等，所以万用表是电工必备的仪表之一。万用表分指针式和数字式，如图 1.46 所示。下面以数字式万用表为例熟悉转换开关、旋钮、插孔等的作用。

（a）数字式万用表　　　　　　　（b）指针式万用表

图 1.46　万用表实物图

数字式万用表的测量值由液晶显示屏直接以数字的形式显示，读取方便，有些还带有语音提示功能。数字式万用表在万用表的下方有一个转换旋钮，旋钮所指的是测量的挡位。数字式万用表的挡位主要有以下几种："V～"表示测量交流电压的挡位；"V—"表示测量直流电压的挡位；"A～"表示测量交流电流的挡位；"A—"表示测量直流电流的挡位；"Ω（R）"表示测量电阻的挡位；"h_{FE}"表示测量三极管的挡位。数字式万用表的红表笔接外电路正极，黑表笔接外电路负极。

2. 测量直流电压

（1）将黑表笔插进万用表的"COM"孔，红表笔插进万用表的"VΩ"孔。

（2）把万用表的挡位旋钮打到直流挡"V—"，然后将旋钮调到比估计值大的量程（注意：表盘上的数值均为最大量程）。

（3）把表笔接电源或电池两端，并保持接触稳定。

（4）从显示屏上直接读取测量数值，若测量数值显示为"1"，则表明量程太小，要加大量程后再测量。如果在数值左边出现"—"，则表明表笔极性与实际电源极性相反，此时红表笔接的是负极。

3. 测量交流电压

（1）将黑表笔插进万用表的"COM"孔，红表笔插进万用表的"VΩ"孔。

（2）把万用表的挡位旋钮打到交流挡"V～"，然后将旋钮调到比估计值大的量程。

（3）把表笔接到电源的两端（交流电压无正负之分，不用分正负），然后从显示屏上读取测量数值。

4. 测量电阻

（1）将黑表笔插进"COM"孔，红表笔插进"VΩ"孔中。

（2）把挡位旋钮调到"Ω"中所需的量程，用表笔接在电阻两端金属部位，测量中可以用手接触电阻，但不要把手同时接触电阻两端，这样会影响测量的精确度（人体是电阻很大的导体）。

（3）保持表笔和电阻接触良好的同时，开始从显示屏上读取测量数据。

5. 测量直流电流

（1）将黑表笔插入万用表的"COM"孔。若测量大于 200mA 的电流，则要将红表笔插入"10A"插孔并将旋钮打到直流"10A"挡；若测量小于 200mA 的电流，则将红表笔插入"200mA"插孔，将旋钮打到直流 200mA 以内的合适量程。

（2）将挡位旋钮调到直流挡（A—）的合适位置，调整好后，开始测量。将万用表串进电路中，保持稳定。

（3）从显示屏上读取测量数据，若显示为"1"，则表明量程太小，要加大量程后再测量；如果在数值左边出现"—"，则表明电流从黑表笔流进万用表。

6. 交流电流的测量

测量方法与直流电流的测量基本相同，不过挡位应该打到交流挡位（A～），电流测量完毕后应将红表笔插回"VΩ"孔。

7. 测量二极管

数字式万用表可以测量发光二极管、整流二极管，测量方法如下。

（1）将黑表笔插在"COM"孔，红表笔插进"VΩ"孔。

（2）将挡位旋钮调到二极管挡。

（3）用红表笔接二极管的正极，黑表笔接负极，这时会显示二极管的正向压降。锗二极管的压降为 0.15～0.3V，硅二极管的为 0.5～0.7V，发光二极管的为 1.8～2.3V。调换表笔，显示屏显示"1"则为正常（因为二极管的反向电阻很大），否则此管已被击穿。

8. 实训结束

实训结束后，整理好本次实训所用的器材、工具、仪器、仪表。清扫工作台，打扫实训室。

四、注意事项

首先注意检查电池，将数字式万用表的 ON-OFF 钮按下，如果电池电量不足，则显示屏左上方会出现电池正负极符号；还要注意测试表插孔旁的符号，这是警告你要留意测试电压和电流不要超出指示数字。此外，在使用前要先将量程放置在你想测量的挡位上。

五、实训思考

（1）万用表由哪几部分组成？能进行哪些参数的测量？

（2）使用万用表时，应注意哪些问题？

（3）完成实训报告。

实训2 荧光灯电路安装与功率因数提高

一、实训目的

（1）熟悉常用电工工具的使用；

（2）掌握日光灯的安装技巧；

（3）掌握日光灯故障的排除方法；

（4）掌握提高功率因数的方法。

二、实训器材

（1）万用表一只；

（2）常用电工工具一套；

（3）日光灯套件（20W）一套；

（4）三眼插座、插头各一只；

（5）安装用木板一块；

（6）电容一只；

（7）连接导线若干。

三、实训步骤

1. 准备工作

合手的电工工具不仅有助于提高工作效率，而且有利于保证人身安全。常用的电工工具有：尖嘴钳、钢丝钳、螺丝刀、电工刀、低压验电器等，如图1.47所示。

（1）尖嘴钳：适用于在狭小的空间操作或带电操作低压电气设备，钳头用于夹持较小螺钉、垫圈、导线和把导线端头弯曲成所需形状，小刀口用于剪断细小的导线、金属丝等。

（2）钢丝钳：电工钢丝钳由钳头和钳柄两部分组成。钳口可用来钳夹和弯绞导线；齿口可代替扳手来拧小型螺母；刀口可用来剪切电线、掀拔铁钉；铡口可用来铡切钢丝等硬金属丝。

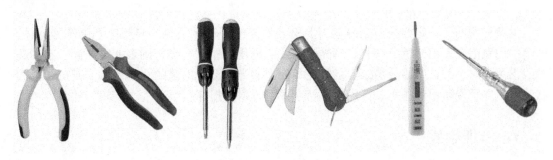

图 1.47　常用的电工工具

（3）螺丝刀：又称起子、改锥或螺丝旋等，是用来紧固或拆卸螺钉的常用工具。根据头部形状的不同，常用螺丝刀的式样和规格有一字形和十字形两种。

（4）电工刀：一种切削工具，主要用于剖削导线绝缘层、绳索、木桩及软性金属等。使用时，刀口应向外剖削；用完后，应随即将刀身折进刀柄。电工刀的刀柄不是用绝缘材料制成的，所以不能在带电导线或器材上剖削，以防触电。

（5）低压验电器：又称试电笔，简称电笔，是检验导线、电器和电气设备外壳是否带电的辅助安全工具。电笔又分钢笔式和螺丝刀式两种，由金属探头、电阻、氖管、弹簧和笔身等组成。

2. 安装三孔插座

在日光灯通电测试时用。

3. 安装日光灯

（1）根据图 1.48 所示电路，列出材料清单。备好材料，检测各器件的好坏；画出装配图。

（2）根据装配图，在安装用木板上固定好灯座、启辉器座、整流器，连接好导线和插头。

4. 通电测试

装上启辉器和灯管，经指导教师检查同意后，将插头插入三孔插座，闭合电路中的开关，观察日光灯是否正常发光。

5. 实训结束

实训结束后，整理好本次实训所用的器材、工具、仪器、仪表。清扫工作台，打扫实训室。

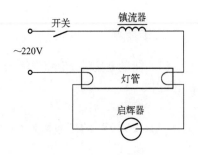

图 1.48　日光灯电路

四、注意事项

电笔使用前，一定要在有电的电源上检查氖泡能否正常发光。当用电笔测试带电体时，电笔中的氖泡会发出红色的辉光。辉光暗，表明电压低；辉光亮，则表明电压高。在明亮的光线下测试时，往往不易看清氖泡的辉光，应当避光检测。电笔的金属探头多制成螺丝刀形状，它只能承受很小的扭矩，使用时应特别注意，以防损坏。

五、实训思考

（1）画出实训电路装配图。
（2）通电测试过程中若遇到故障，说明故障现象，分析产生故障的原因及解决方法。
（3）整理观察到的现象，分析产生现象的原因。
（4）完成实训报告。

知识梳理与总结

本任务主要介绍了建筑电工中直流电路、交流电路、电子技术应用中的基本概念、基本定律和常用公式，通过本任务的学习，读者应掌握运用这些基本概念、常用公式和基本定律解决实际问题的基本技能。基本技能要求如下：
（1）能够正确运用 KCL、KVL 定律解决电路问题；
（2）能够运用交流电路电流与电压关系、电路功率计算规律解决工程实际问题；
（3）掌握提高交流电路功率因数的意义及方法；
（4）了解常用电子元件、常用电子电路在工程中的作用。

练习题 1

1. 选择题

（1）测量电流时，应将电流表（　　）联在电路中，而测量电压时，应将电压表（　　）联在电路中。
　　A. 串、串　　　　B. 串、并　　　　C. 并、并　　　　D. 并、串
（2）12V/6W 的灯泡接入 6V 电路中，通过灯丝的实际电流是（　　）A。
　　A. 1　　　　　　B. 0.5　　　　　　C. 0.25　　　　　D. 0.125
（3）两个正弦交流电电流的解析式是：$u_1 = 150\sin(314t + 300)$（V），$u_2 = 141\sin(314t + 450)$（V），这两个式中的两个交流电相同的量是（　　）。
　　A. 最大值　　　　B. 有效值　　　　C. 频率　　　　　D. 初相
（4）某一电器上写着 220V、6A，这是指（　　）。
　　A. 最大值　　　　B. 有效值　　　　C. 瞬时值　　　　D. 平均值

（5）已知一交流电流，当 $t = 0$ 时的值 $i_0 = 1A$ ，初相位为 $300°$ ，则这个交流电的最大值为（　　）。

　　A. 0.5A　　　　　　B. 1.414A　　　　　C. 1A　　　　　　D. 2A

（6）在 RLC 串联交流电路中，端电压与电流的向量如图 1.49 所示，这个电路是（　　）。

　　A. 电阻性电路　　　　B. 电容性电路

　　C. 电感性电路　　　　D. 纯电容性电路

（7）照明用交流电的电压是 220V，则它们的最大值是（　　）。

　　A. 220V　　　　　　B. 380V

　　C. 311V　　　　　　D. 537V

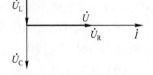

图 1.49　向量图

（8）已知交流电压 $u_1 = 311\sin(100\pi t + \pi/6)$ （V） ， $u_2 = 537\sin(100\pi t + \pi/3)$ （V） ，则（　　）。

　　A. u_1 超前 u_2 $\pi/3$　　B. u_2 超前 u_1 $\pi/3$　　C. u_2 落后 u_1 $\pi/3$　　D. u_1 与 u_2 同相

（9）在 RLC 串联交流电路中，电阻两端的电压是 200V，电感和电容两端的电压都是 100V，则电路的端电压是（　　）。

　　A. 100V　　　　　　B. 200V　　　　　　C. 300V　　　　　D. 400V

（10）白炽灯与电容器组成的串联电路，由交流电源供电，如果交流电的频率增大，则电容器的（　　）。

　　A. 电容增大　　　　B. 电容减小　　　　C. 容抗增大　　　　D. 容抗减小

2. 思考题

（1）简要叙述纯电阻、纯电感及纯电容交流电路的特点及提高功率因数的意义和方法。

（2）在负载对称星形连接的电路中，若相电压均为 220V，中线电流是否为零？各相负载通过的电流是否相等？若电路为负载不对称的星形连接，会出现怎样的情况？

（3）在电路中，如果流过二极管的正向电流过大，二极管将会有什么现象？如果加在二极管上的反向电压过高，二极管又会有什么现象？

（4）三极管的输出特性曲线可分哪三个区？各区有哪些特点？

（5）什么是场效应管？它有哪三个电极？画出图形符号。

（6）什么是集成电路？它有哪些优点？

3. 计算题

（1）如图 1.50 所示电路，设 C 为参考点，电阻 $R_1 = 10\Omega$ ， $R_2 = 100\Omega$ ， $R_3 = 4\Omega$ ，计算电流 I 及 A、B、C 点电位。

（2）已知正弦量 $i = 8\sin(\omega t + 60°)$ （A） ，请计算该正弦量的频率、幅值和初相位，并画出它的向量图。

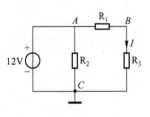

图 1.50

（3）两个正弦交流电流， $i_1 = \sqrt{2}\sin(\omega t + 60°)$ （A） ， $i_2 = \sqrt{2}\sin(\omega t - 30°)$ （A） ，试求它们的相位关系。

（4）在一个纯电感电路中，若电流为 $i = 0.55\sin(314t - 45°)$ （A） ，试求其两端电压 u 的表达式。

（5）在一个纯电容电路两端，加上正弦交流电压 $u = 311\sin100\pi t$（V），求电路电流 i。

（6）一个电阻、电感、电容串联电路，已知 $R = 8\Omega$，$L = 100\text{mH}$，$C = 127\mu\text{F}$，电源电压为 $u = 220\sqrt{2}\sin314t$（V），求电路中的电流 I、有功功率 Q 以及电阻、电感、电容上的电压各为多少。

（7）已知 RLC 串联电路中，$R = 35\Omega$，$X_L = 58\Omega$，$X_C = 23\Omega$，回路电流 $i_1 = 3\sin(\omega t + 50°)$（A），求电路两端电压、有功功率、无功功率和视在功率。

（8）有 220V、100W 的白炽灯 66 个，应如何接入线电压为 380V 的三相四线制电路？求负载对称情况下的线电流。

（9）额定电压为 220V 的三个单相感性负载，每个负载的 $R = 10\Omega$，$L = 51\text{mH}$，接入 $u_{AB} = 380\sqrt{2}\sin(314t + 30°)$（V）的三相四线制电源中。

① 负载应采用何种连接方式？

② 求各相电流和线电流。

③ 作出各相电压与相电流的向量图。

④ 求 $P_\text{总}$、$Q_\text{总}$、$S_\text{总}$。

（10）电路如图 1.51 所示，已知 $U_1 = 10\sin\omega t$（V），二极管正向导通时压降忽略不计，$E = 5\text{V}$，求 U_o，并画出波形图。

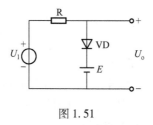

图 1.51

（11）如图 1.52 所示三极管电路图中，集电极电流 $I_C = 2\text{mA}$，$\beta = 50$，则基极电流 I_B、发射极电流 I_E 各为多少？

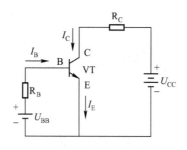

图 1.52

学习情境2

建筑供配电技术应用

教学导航

项目任务	任务 2-1	认识电力系统	学时	6
	任务 2-2	低压配电系统		
	任务 2-3	低压线路与控制和保护设备选择		
	任务 2-4	变压器与电动机		
教学载体	实训中心、教学课件及教材相关内容			
教学目标	知识方面	了解电力系统、电力负荷等基本概念；了解变压器和电动机的工作原理及型号含义；熟悉建筑物中低压配电线路和配电设备的作用		
	技能方面	能够识别建筑物中常用低压配电系统中控制保护电器和变压器等设备，并进行低压配电系统线路和控制保护电器的选择		
过程设计	任务布置及知识引导——分组学习、讨论和收集资料——学生编写报告，制作 PPT，集中汇报——教师点评或总结			
教学方法	项目教学法			

任务 2-1 认识电力系统

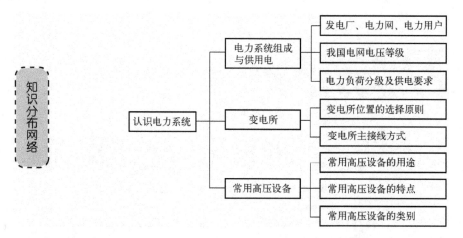

【**任务背景**】：电力在现代社会中得到了广泛的应用，在建筑施工现场也有大量施工设备，建筑工地施工用电设备如图 2.1 所示，主要包括用于提升搬移建筑材料的塔吊、进行混凝土搅拌的搅拌机、切断钢筋的切断机、垂直提升的施工电梯和施工照明等。这些施工用电设备都以电力为主要动力，因此，对于从事建筑工程的技术人员，了解如何安全可靠地获得电力资源，合理、经济地利用国家的电力资源是十分必要的。

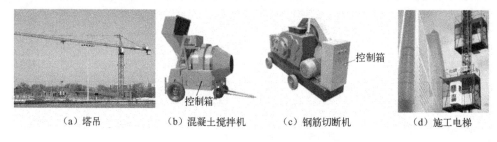

（a）塔吊　　（b）混凝土搅拌机　　（c）钢筋切断机　　（d）施工电梯

图 2.1　建筑工地施工用电设备

2.1.1　电力系统组成与供用电

电视机和空调等电器在工作的时候都需要电，而电究竟是从哪里来的？事实上，它是从很远的发电厂，通过长长的电线传过来的。这些发电厂、变电所、传输线、电力用户等组成了一个复杂的网络，称为电力系统。形成电力系统主要是为了提高供电的可靠性及提高设备的利用率，减少整个地区的总备用容量。典型电力系统示意图如图 2.2 所示。

1. 电力系统组成

发电厂是将一次能源（如水力、火力、风力、原子能等）转换成二次能源（电能）的场所。我国目前主要以火力和水力发电为主，近年来在原子能发电能力上也有很大提高，相继建成了广东大亚湾、浙江秦山等核电站。

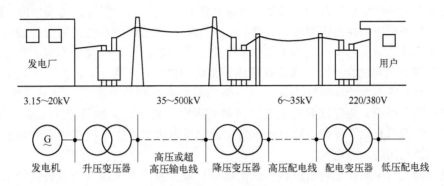

图 2.2　典型电力系统示意图

电力网是电力系统的有机组成部分，它包括变电所、配电所及各种电压等级的电力线路。

变电所与配电所为了实现电能的经济输送和满足用电设备对供电质量的要求，需要对发电机的端电压进行多次变换。变电所是接收电能、变换电压和分配电能的场所，可分为升压变电所和降压变电所两大类。配电所不具有电压变换能力。

电力线路是输送电能的通道。由于发电厂与电能用户相距较远，所以要用各种不同电压等级的电力线路将发电厂、变电所与电能用户之间联系起来，使电能输送到用户。一般将发电厂生产的电能直接分配给用户或由降压变电所分配给用户的 10kV 及以下的电力线路称为配电线路，而把电压在 35kV 及以上的高压电力线路称为送电线路。

电力用户也称电力负荷。在电力系统中，一切消费电能的用电设备均称为电力用户。电力用户按其用途可分为：动力用电设备、工艺用电设备、电热用电设备、照明用电设备等，它们分别将电能转换为机械能、热能和光能等不同形式，适应生产和生活的需要。

2. 我国电网常用电压等级

电力网的电压等级比较多，从输电的角度来讲，电压越高则输送的距离就越远，传输的容量越大，但电压越高，要求绝缘水平也相应提高，因而造价也越高。目前，根据国民经济发展的需要、技术经济上的合理性及电机电器制造工业的水平等因素，国家制定颁布了我国电力网的标准电压等级，常用电压等级如表 2.1 所示。

表 2.1　我国电力网常用电压等级

分　类	电压类别	额定电压/kV
低压	1kV 以下	0.22、0.38
高压	1～330kV	3、6、10、35、110、220
超高压	330～1 000kV	330、550、750
特高压	1 000kV 以上	1 000

3. 电力负荷分级及供电要求

在电力系统上的用电设备所消耗的功率称为用电负荷或电力负荷。根据电力负荷对供电可靠性的要求及中断供电在政治、经济上所造成的损失或影响的程度，将其分为三级。

一级负荷是指中断供电将造成人身伤亡，造成重大政治影响和经济损失，或造成公共场所秩序严重混乱的电力负荷。如国家级的大会堂、国际候机厅、医院手术室、省级以上体育场（馆）等建筑的电力负荷。一级负荷应由两个电源供电，一用一备，当一个电源发生故障时，另一个电源应不至于同时受到损坏。一级负荷中的特别重要负荷，除上述两个电源外，还必须增设应急电源。为保证对特别重要负荷的供电，禁止将其他负荷接入应急供电系统。常用的应急电源可有以下几种：独立于正常电源的发电机组、供电网络中有效地独立于正常电源的专门馈电线路、蓄电池。

二级负荷是指中断供电将造成较大政治影响、较大经济损失或将造成公共场所秩序混乱的电力负荷。如省部级的办公楼、甲等电影院、市级体育场馆、高层普通住宅、高层宿舍等建筑的照明负荷。对于二级负荷，要求采用两个电源供电，一用一备，两个电源应做到当发生电力变压器故障或线路常见故障时不至于中断供电（或中断供电后能迅速恢复）。在负荷较小或地区供电条件困难时，二级负荷可由一路6kV及以上的专用架空线供电。

三级负荷是指不属于一级和二级负荷的一般电力负荷。三级负荷对供电电源无要求，一般采用一路电源供电即可，但在可能的情况下，也应提高其供电的可靠性。

2.1.2 变电所和常用高压设备

变（配）电所是联系发电厂与用户的中间环节，它起着变换与分配电能的作用。本节仅介绍常见的10kV变电所。10kV变电所主要由变压器、高压开关柜（断路器）、低压开关柜（隔离开关、空气开关、电流互感器、计量仪表）、母线等组成。

1. 变电所位置的选择原则

一般来讲，变（配）电所位置选择应考虑下列条件来综合确定。

（1）接近负荷中心，这样可降低电能损耗，节约输电线用量。

（2）进出线方便。

（3）接近电源侧。

（4）设备吊装、运输方便。

（5）不应设在有剧烈振动的场所。

（6）不宜设在多尘、水雾（如大型冷却塔）或有腐蚀性气体的场所，如无法远离，则不应设在污染源的下风侧。

（7）不应设在厕所、浴室或其他经常积水场所的正下方或贴邻。

（8）变（配）电所为独立建筑物时，不宜设在地势低洼和可能积水的场所。

（9）高层建筑地下层变（配）电所的位置，宜选择在通风、散热条件较好的场所。

（10）变（配）电所位于高层（或其他地下建筑）的地下室时，不宜设在最底层。当地下仅有一层时，应采取适当抬高该场所地面等防水措施，并应避免洪水或积水从其他渠道淹渍变（配）电所的可能性。

2. 变电所主接线方式及特点

变（配）电所的主接线（一次接线）是指由各种开关电器、电力变压器、互感器、母线、电力电缆、并联电容器等电气设备按一定次序连接的接受和分配电能的电路。它是电气设备选择及确定配电装置安装方式的依据，也是运行人员进行各种倒闸操作和事故处理的重要依据。用图形符号表示主要电气设备在电路中连接的相互关系，称为电气主接线图。电气主接线图通常以单线图形式表示，电气主接线方式如图 2.3 所示。主接线的基本形式有单母线接线、双母线接线、桥式接线等多种，本书只介绍建筑电气中常见的单母线接线。

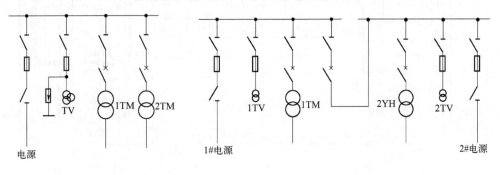

（a）单母线不分段主接线　　　　　　　　（b）单母线分段主接线

图 2.3　电气主接线方式

1）单母线不分段主接线

这种接线的优点是线路简单，使用设备少，造价低；缺点是供电的可靠性和灵活性差，母线故障检修时将造成所有用户停电。因此，它适用于容量较小，对供电可靠性要求不高的场合。

2）单母线分段主接线

它在每一段接一个或两个电源，在母线中间用隔离开关或断路器来分段。引出的各支路分别接到各段母线上。这种接线的优点是供电可靠性较高，灵活性增强，可以分段检修；缺点是线路相对复杂，当母线故障时，该段母线的用户停电。采用断路器连接分段的单母线，可适用于一、二级负荷。采用这种供电方式注意保证两路电源不并联运行。

3. 变电所的形式和组成

变电所的形式有独立式、附设式、杆上式或高台式、成套式。附设式又分为内附式和外附式。变电所一般由高压配电室、变压器室和低压配电室三部分组成。变电所的平面布置如图 2.4 所示。

（1）高压配电室。高压配电室内设置高压开关柜，柜内设置断路器、隔离开关、电压互感器、母线等。高压配电一般设有高压进线柜、计量柜、电容补偿柜、馈线柜等。高压柜前留有巡检操作通道，宽度应大于 1.5m。柜后及两端应留有检修通道，宽度应大于 0.8m。

（2）变压器室。当采用油浸变压器时，为使变压器与高、低压开关柜等设备隔离，应单独设置变压器室。对于设在地下室内的变电所，可采用机械通风。

（3）低压配电室。低压配电室应靠近变压器室，低压裸导线（铜母排）架空穿墙引入。低压配电室有进线柜、仪表柜、配出柜、低压补偿柜（采用高压电容补偿的可不设）等。

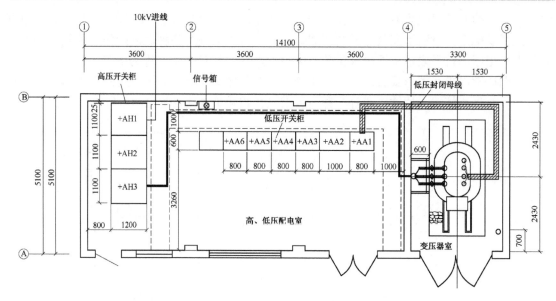

图2.4 变电所平面布置图

4. 常用高压设备

常用的高压一次电气设备有：高压隔离开关、高压断路器、高压负荷开关、高压熔断器、高压开关柜、避雷器和互感器等。

1）高压隔离开关

高压隔离开关的作用主要是隔断高压电源，并造成明显的断开点，以保证其他电气设备进行安全检修。因为高压隔离开关没有专门的灭弧装置，所以不允许带负荷分闸和合闸。但是激磁电流不超过2A的空载变压器，电容电流不超过5A的空载线路及电压互感器和避雷器等，可以用高压隔离开关切断。

按安装地点，高压隔离开关分为户内式和户外式两大类。GN19-10/600型户内高压隔离开关的外形如图2.5所示。

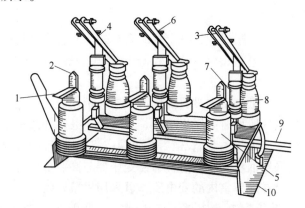

1—连接板；2—静触头；3—接触条；4—夹紧弹簧；5、8—支持瓷瓶；
6—镀锌钢片；7—拉杆绝缘子；9—传动主轴；10—底架

图2.5 GN19-10/600型户内高压隔离开关的外形

它的型号含义如下：G——隔离开关；N——户内式；19——设计序号；10——额定电压（kV）；600——额定电流（A）。

2）高压断路器

高压断路器具有相当完善的灭弧结构和足够的断流能力。它的作用是接通和切断高压负荷电流，并在严重过载和短路时自动跳闸，切断过载电流和短路电流。

按高压断路器采用的灭弧介质不同，将其分为油断路器、气体断路器（如 SF6）和真空断路器等。常用的高压油断路器，按用油量分类，又有高压少油断路器和高压多油断路器两类。一般 6～10kV 的户内高压配电装置中都采用少油断路器。ZN63A-12 型真空断路器外形如图 2.6（a）所示，SN10-10/1000 型高压少油断路器的外形及结构如图 2.6（b）所示。SN10-10/1000 型号含义如下：S——少油断路器；N——户内式；10——设计序号；10——额定电压（kV）；1000——额定电流（A）。ZN63A-12 型号含义如下：Z——真空断路器；N——户内式；63A——设计序号；12——额定电压（kV）。

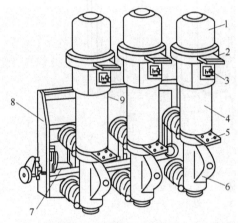

1—上帽；2—上出线座；3—油标；4—绝缘筒；
5—下出线座；6—基座；7—主轴；8—框架；
9—断路弹簧

（a）ZN63A-12型真空断路器外形　　（b）SN10-10/1000型高压少油断路器的外形及结构

图 2.6　高压断路器

3）高压负荷开关

高压负荷开关是专门用在高压装置中通断负荷电流的，当装有热脱扣器时，也可在过负荷情况下自动跳闸，切断过负荷电流。高压负荷开关只具有简单的灭弧装置，只能通过一定的负荷电流和过负荷电流，它的断流能力不大，不能用它来切断短路电流。它必须和高压熔断器串联使用，短路电流靠熔断器切断。高压负荷开关也分为户内式和户外式两大类。我国自行设计的 FN3-10RT 型户内式高压负荷开关如图 2.7 所示。它的型号含义如下：F——负荷开关；N——户内式；3——设计序号；10——额定电压（kV）；R——带熔断器；T——带热脱扣器。

4）高压熔断器

高压熔断器是电网中广泛使用的电器，它是在电网中人为设置的一个最薄弱的通流元件，当流过过电流时，元件本身发热而熔断，借灭弧介质的作用使电路断开，达到保护电网

线路和电气设备的目的。高压熔断器一般可分为管式和跌落式两类。户内广泛采用管式，户外采用跌落式。由于管式熔断器在开断电路时，无游离气体排出，因此户内广泛采用 RN1、RN2 型管式熔断器，而在户外则广泛采用 RW4 型跌落式熔断器。RN2 型户内高压管式熔断器的外形如图 2.8 所示。

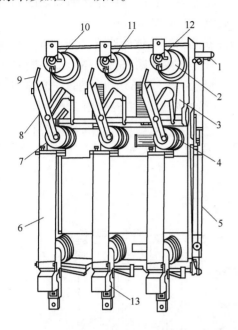

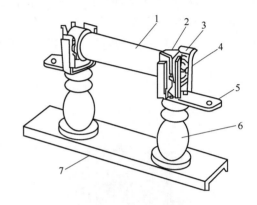

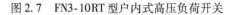

1—主轴；2—上绝缘子兼汽缸；3—连杆；4—下绝缘子；
5—框架；6—高压熔断器；7—下触座；8—闸刀；
9—弧动触头；10—灭弧喷嘴；11—主静触头；
12—上触座；13—热脱扣器

图 2.7　FN3-10RT 型户内式高压负荷开关

1—瓷熔管；2—金属管帽；3—弹性触座；4—熔断指示器；
5—接线端子；6—瓷绝缘子；7—底座

图 2.8　RN2 型户内高压管式熔断器的外形

5）避雷器

在打雷时，架空线上会临时产生一个非常高的电压，时间虽然短，但也足够把油开关、变压器等电气设备的绝缘破坏。避雷器就是用来防止架空线引进的雷电对变配电装置起破坏作用的。阀形避雷器由火花间隙和可变电阻两部分组成，密封于一个瓷质套筒里面，上面出线与线路连接，下面出线与地连接。

当雷电突然出现时，高压火花间隙被击穿，避雷器有电流通过，使雷电电流引向大地，避免了变配电装置受到雷电的破坏。可变电阻的作用是当电压高、电流大时电阻值很小，可使雷电的电流很快通过。当放电将近结束时，电压低、电流小，电阻就增加，逐渐阻止线路上的高压电流通过，当电压降到不足以击穿火花间隙时，避雷器就不再通过电流，恢复原状。阀式避雷器如图 2.9 所示。

6）互感器

互感器是电工测量和自动保护装置使用的特殊变压器。使用互感器的目的一是把测量回路和高压电网隔离，以利于确保工作人员的安全；二是扩大测量仪表的量程，可以使用小量程电流表测量大电流，用低量程电压表测量高电压，或者为高压电路的控制及保护装置提供

所需的低电压或小电流。互感器按用途可分为电压互感器和电流互感器两类。

（1）电压互感器。电压互感器的结构特点是：一次绕组匝数多，而二次绕组匝数少，相当于降压变压器。它接入电路的方式是：将一次绕组并联在一次电路中；而将二次绕组并联仪表、继电器的电压线圈。电压互感器构造原理图如图2.10所示。由于二次仪表、继电器等的电压线圈阻抗很大，所以电压互感器工作时二次回路接近于空载状态。二次绕组的额定电压一般为100V。

（2）电流互感器。电流互感器的结构特点是：一次绕组匝数少（有的只有一匝，利用一次导体穿过其铁芯），导体相当粗；而二次绕组匝数很多，导体较细。它接入电路的方

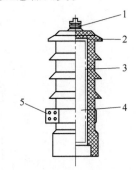

1—接线端；2—瓷套筒；3—火花间隙；4—阀形电阻片；5—安装卡子

图2.9　阀式避雷器

式是：将一次绕组串联接入一次电路；而将二次绕组与仪表、继电器等的电流线圈串联，形成一个闭合回路。电流互感器构造原理图如图2.11所示。由于二次仪表、继电器等的电流线圈阻抗很小，所以电流互感器工作时二次回路接近短路状态。二次绕组的额定电流一般为5A。

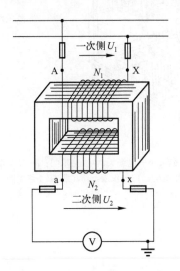

图2.10　电压互感器构造原理图

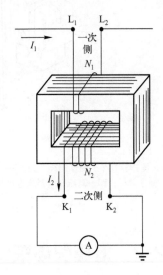

图2.11　电流互感器构造原理图

7）高压开关柜

高压开关柜是一种柜式的成套配电设备，它按一定的接线方案将有关一、二次设备组成成套的高压配电装置，在变电所中用于控制和保护电力变压器及高压线路，也可用于大型高压交流电动机的启动和保护。高压开关柜中安装有高压开关设备、保护电器、监测仪表和母线、绝缘子等。我国现在大量生产和广泛使用的固定式高压开关柜主要有GG-1A型。这种开关柜采用新型开关电器，柜内空间较大，便于检修而且技术性能成熟。

GG-1A-07S型高压开关柜如图2.12所示。其符号含义为：G——高压开关柜；G——固定式；1——设计序号；A——统一设计特征；07——一次线路方案编号；S——手动主开关操作机构（D电磁式，T弹簧式）。

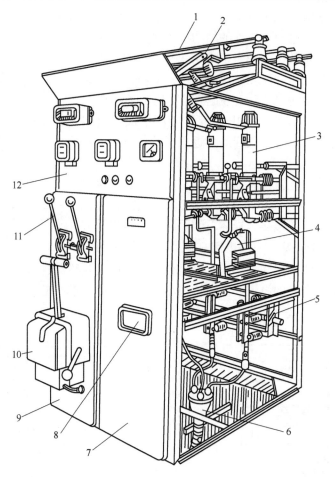

1—汇流排；2、5—高压隔离开关；3—高压断路器；4—电流互感器；6—电缆头；7—检修门；8—观察窗；
9—操作面板；10—高压断路器操作机构；11—高压隔离开关操作机构；12—仪表、继电器板（兼检修门）

图 2.12　GG-1A-07S 型高压开关柜（已抽出右面的防护板）

任务 2-2　低压配电系统

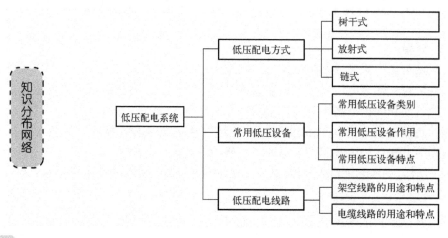

【任务背景】：低压配电在生活、生产等方面有着广泛的应用，家用电器、照明灯等用的都是低压电。在生活中我们知道每盏电灯都有一个开关，用来控制电灯的通断。其他家用电器也都有自己的开关，而且任何一个家用电器的通断，都不会影响其他家用电器。当这些用电设备发生故障时，一般只会影响到某一局部范围。这些配电线路是如何实现这种控制和保护的呢？

2.2.1　低压配电方式

低压配电系统是由配电装置和配电线路组成的。低压配电方式是指低压干线的配电方式，如表2.2所示。

表2.2　低压配电方式

配电方式类别	定义与示意图	优　点	缺　点	适用范围
放射式	由总配电箱直接供电给分配电箱或负载的配电方式称为放射式	各负荷独立受电，一旦发生故障只局限于本身而不影响其他回路，供电可靠性高，控制灵活，易于实现集中控制	线路多，有色金属消耗量大，系统灵活性较差	适用于设备容量大，要求集中控制的设备，要求供电可靠性高的重要设备配电回路，以及有腐蚀性介质和爆炸危险等场所的设备
树干式	树干式是指由总配电箱至各分配电箱之间采用一条干线连接的配电方式	投资费用低，施工方便，易于扩展	干线发生故障时，影响范围大，供电可靠性较差	这种配电方式常用于明敷设回路，设备容量较小，对供电可靠性要求不高的设备
链式	链式也在一条供电干线上带多个用电设备或分配电箱，与树干式不同的是，其线路的分支点在用电设备上或分配电箱内，即后面设备的电源引自前面设备的端子	线路上无分支点，适合穿管敷设或电缆线路，节省有色金属	线路或设备检修以及线路发生故障时，相连设备全部停电，供电的可靠性差	这种配电方式适用于暗敷设线路，供电可靠性要求不高的小容量设备，一般串联的设备不宜超过 3 ～ 5 台，总容量不宜超过 10kW

在实际工程中，低压配电系统不是单独采用某一种形式的低压配电方式，多数是综合形式，如在一般民用住宅所采用的配电形式多数为放射式、树干式和链式的结合。一般民用住宅低压配电形式如图 2.13 所示。

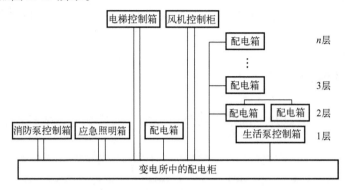

图 2.13　一般民用住宅低压配电形式

2.2.2　常用低压控制保护设备的特点及用途

工业电器按其工作电压的高低，可划分为高压电器和低压电器两大类。在建筑工程常见的低压电器有刀开关、熔断器、自动空气开关、接触器、继电器等。其中有控制线路的通断，即控制该线路上的用电设备是否工作的电器，称为控制电器，还有用于保护线路和设备避免发生过载、短路、漏电等事故的电器，称为保护电器。

1. 刀开关

刀开关是一种简单的手动操作电器，用于非频繁接通和切断容量不大的低压供电线路，并兼做电源隔离开关。一般刀开关触头分断速度慢，灭弧困难，只用于切断小电流。隔离器可造成明显的断开点，以保证电气设备能安全进行检修。刀开关的型号一般以 H 字母打头，种类规格繁多，并有多种衍生产品。按工作原理和结构，刀开关可分为低压刀开关、胶盖闸刀开关、铁壳开关、熔断式刀开关、组合开关等。

低压刀开关的最大特点是有一个刀形动触头，基本组成部分是闸刀（动触头）、刀座（静触头）和底板，刀开关结构如图 2.14 所示。低压刀开关按操作方式分为单投和双投开关；按极数分为单极、双极和三极开关；按灭弧结构分为带灭弧罩和不带灭弧罩等。低压刀开关常用于不频繁地接通及切断交流和直流电路，刀开关装有灭弧罩时可以切断负荷电流。常用型号有 HD 和 HS 系列。低压刀开关的技术参数如表 2.3 所示。

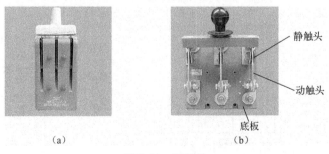

（a）　　　　　　　　　　　　　　（b）

图 2.14　刀开关

表2.3　低压刀开关的技术参数

额定电压/V		AC 380，DC 220、440					
额定电流/A		100	200	400	600	1 000	
通断能力/A	AC 380V，$\cos\varphi=0.72\sim0.8$	100	200	400	600	1 000	
$T=0.01\sim0.011\text{s}$	DC 220V	100	200	400	600	1 000	
	440V	50	100	200	300	500	
机械寿命/次		10 000			5 000		
电寿命/次		1 000			500		
1s热稳定电流/kA		6	10	20	25	30	40
动稳定电流峰值/kA	杠杆操作式	20	30	40	50	60	80
	手柄式	15	20	30	40	50	—
操作力/N		35	35	35	35	45	45

低压刀开关型号的含义如图2.15所示。

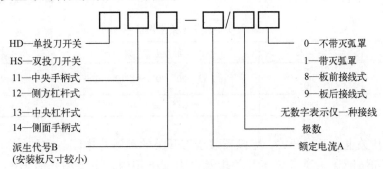

图2.15　低压刀开关型号的含义

胶盖闸刀开关是普通使用的一种刀开关，又称开启式负荷开关。闸刀装在瓷质底板上，每相附有熔断器、接线柱，用胶木罩壳盖住闸刀，以防止切断电源时电弧烧伤操作者。胶盖闸刀开关价格便宜，使用方便，在建筑中广泛使用。三相胶盖闸刀开关在小电流配电系统中用来接通和切断电路，也可用于小容量三相异步电动机的全压启动操作，单相双极刀开关用在照明电路或其他单相电路上，其中熔丝提供短路保护。胶盖闸刀开关外形如图2.16所示。常用的有 HK1、HK2 两种型号，开关规格如表2.4所示。

表2.4　HK1、HK2 型闸刀开关规格

型　号	额定电压/V	额定电流/A	可控制的电动机功率/kW	极　数
HK1	220	15	1.5	2
	220	30	3.0	2
	220	60	4.5	2
	380	15	2.2	3
	380	30	4.0	3
	380	60	5.5	3
HK2	220	15	1.1	2
	220	30	1.5	2
	220	60	3.0	2
	380	15	2.2	3
	380	30	4.0	3
	380	60	5.5	3

建筑电气与施工用电（第2版）

铁壳开关主要由刀开关、熔断器和铁制外壳组成，又称封闭式负荷开关。在刀闸断开处有灭弧罩，断开速度比胶盖闸刀快，灭弧能力强，并具有短路保护。它适用于各种配电设备，供不频繁手动接通和分断负荷电路之用，包括用于感应电动机的不频繁启动和分断。铁壳开关的型号主要有 HH3、HH4、HH12 等系列，铁壳开关结构如图 2.17 所示，常用规格如表 2.5 所示。

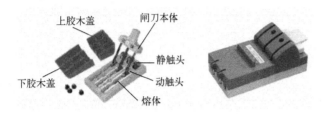

图 2.16　胶盖闸刀开关外形

图 2.17　铁壳开关结构

表 2.5　铁壳开关常用规格

型　号	额定电压/V	额定电流/A	极　数
HH3	250 440	10、15、20、30、60、100、200	2、3 或 3 + 中性线座
HH4	380	15、30、60	2、3 或 3 + 中性线座

熔断式刀开关也称刀熔开关，熔断器装于刀开关的动触片中间。它的结构紧凑，可代替分列的刀开关和熔断器，通常装于开关柜及电力配电箱内，主要型号有 HR3、HR5、HR6、HR11 系列。

PG 型熔断器式隔离器是一种带熔断器的隔离开关，外形结构大致与 PK 型相同，也分为单极和多极两种，可用导轨进行拼装，主要技术资料如表 2.6 所示。

表 2.6　新型隔离开关主要技术资料

	额定电流/A	16		32、63、100	
PK 系列	额定电压/V	220		380	
	极数 p	1、2、3、4			
PG 系列 （熔断器式）	额定电流/A	10	16	20	32
	配用熔断器额定电流/A	2、4、6、70	6、10、16	0.5、2、4、6、8、10、12、16、20	25、32
	额定电压/V	220		380	
	额定熔断短路电流/A	8 000		20 000	
	极数 p	1、2、3、4			

2. 低压断路器

低压断路器又称低压空气开关或自动空气开关。断路器具有良好的灭弧性能，它能带负荷通断电路，可以用于电路的不频繁操作，同时它又能提供短路、过负荷和失压保护，是低压供配电线路中重要的开关设备。

断路器主要由触头系统、灭弧系统、脱扣器和操作机构等部分组成。它的操作机构比较复杂，主触头的通断可以手动操作，也可以电动操作。断路器的结构及工作原理如图 2.18 所示。

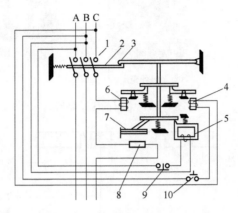

1—触头；2—跳钩；3—锁扣；4—分励脱扣器；5—欠电压脱扣器；6—过电流脱扣器；
7—双金属片；8—热元件；9—常闭按钮；10—常开按钮

图 2.18　断路器的结构及工作原理

当手动合闸后，跳钩 2 和锁扣 3 扣住，开关的触头闭合，当电路出现短路故障时，过电流脱扣器 6 中线圈的电流会增加许多倍，其上部的衔铁逆时针方向转动推动锁扣向上，使其跳钩 2 脱钩，在弹簧弹力的作用下，开关自动打开，断开线路；当线路过负荷时，热元件 8 的发热量会增加，使双金属片向上弯曲程度加大，托起锁扣 3，最终使开关跳闸；当线路电压不足时，欠电压脱扣器 5 中线圈的电流会下降，铁芯的电磁力下降，不能克服衔铁上弹簧的弹力，使衔铁上跳，锁扣 3 上跳，与跳钩 2 脱离，致使开关打开。按钮 9 和 10 分别为试验按钮和分励脱扣按钮，当按下按钮 9 时，开关的动作过程与线路失压时是相同的；按下按钮 10 时，使分励脱扣器线圈通电，最终使开关打开。

空气断路器具有两段保护特性或三段保护特性，两段保护特性曲线如图 2.19 所示。ab 段是过载时开关动作的特性曲线，其特点是反时限，即电流大，动作时间短；电流小，动作时间长。当电流大到一定值时，开关在极短时间内动作，即进入曲线的 cd 段，是瞬时动作特性，在这段中，开关动作时间与电流大小无关，是固定的，也叫定时限特性。

一般低压空气断路器在使用时要垂直安装，不要倾斜，以避免其内部机械部件运动不够灵活。接线时要上端接电源线，下端接负载线。有些空气开关自动跳闸后，需将手柄向下扳，然后再向上推才能合闸，若直接向上推则不能合闸。

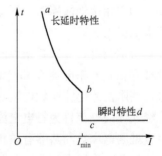

图 2.19　两段保护特性曲线

低压空气断路器有许多新的种类，结构和动作原理也不完全相同，前面所述的只是其中的一种。常用的低压断路器分为万能式（曾称柜架式）和塑料外壳式，常用低压断路器如图 2.20 所示。

低压空气断路器的代号含义如图 2.21 所示。

（a）低压万能式　　　　　　（b）塑料外壳式　　　　　（c）微型塑料外壳式

图2.20　常用低压断路器

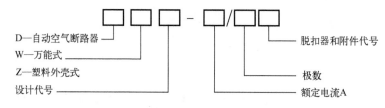

图2.21　低压空气断路器的代号含义

万能式空气断路器又称框架式自动空气开关，该类型的低压断路器有一个钢制或塑料压制的柜架，各个系统在其上安装，由于体积较大，便于增、卸部件和维修，并且不受空间限制，可以制成大容量的。它可以带多种脱扣器和辅助触头，操作方式多样，装设地点灵活。目前常用的型号有 AE（日本三菱）、DW12、DW15、ME（德国 AEG）等系列。

塑料外壳式断路器又称装置式自动空气开关，壳体采用 DMC、D141 等塑料粉压制而成，其阻燃性、机械强度较高，断路器中所有系统的元件都装在塑料底座和塑料外壳组成的封闭壳体内，结构紧凑，操作安全，在民用低压配电中用量很大。常见的型号有 DZ13、DZ15、DZ20、C45、C65 等系列，其种类繁多。

漏电断路器是在断路器上加装漏电保护器件，当低压线路或电气设备上发生人身触电、漏电和单相接地故障时，漏电断路器便快速自动切断电源，保护人身和电气设备的安全，避免事故扩大。

所谓漏电，一般是指电网或电气设备对地的泄漏电流。对交流电网而言，各相输电线对地都存在着分布电容 C 和绝缘电阻 R。这两者合起来叫做每相输电线对地的绝缘阻抗 Z。流过这些阻抗的电流叫做电网对地漏电电流，当人体不慎触及电网或电气设备的带电部位时，流经人体的电流称为触电电流。现以常用的电流型漏电保护断路器为例，说明其工作原理。电流型漏电保护断路器有单相和三相之分。

按照动作原理，漏电断路器可分为电压型、电流型和脉冲型；按照结构，可分为电磁式和电子式。带有漏电保护功能的微型断路器如图 2.22 所示。

电流型漏电保护断路器工作原理如图 2.23 所示。在正常情况下，相线对地漏电电流为零，则流过环形铁芯 2 中的电流矢量和为零，因此在环形铁芯 2 中产生的合成磁通也等于零，故在环形铁芯 2 的次级绕组 3 中无信号输出，脱扣器的衔铁被由永久磁铁 4 产生的磁通所吸引。当被保护的电路上发生触电、漏电或接地故障时，流过环形铁芯 2 中的电流矢量和不再为零，因此在环形铁芯的次级绕组 3 中感应出一交变磁通，并在次级绕组 3 中产生感应电动势，由于环形铁芯的次级绕组 3 与去磁线圈 5 串联，则二次感应电流流过去磁线圈 5，在某半周波，交变磁通的方向与永久磁铁磁通反向时，就在很大程度上减弱铁芯的吸力，在反作用弹簧 7 的拉动下，衔铁 6 释放，搭钩 8 脱扣，使断路器跳闸。

图 2.22 带有漏电保护
功能的微型断路器

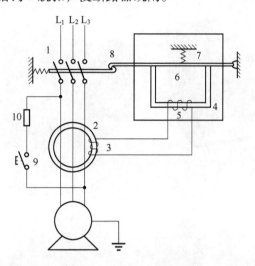

1—主开关；2—环形铁芯；3—绕组；4—永久磁铁；5—去磁线圈；
6—衔铁；7—弹簧；8—搭钩；9—试验按钮；10—限流电阻

图 2.23 电流型漏电保护断路器工作原理

漏电保护型的空气断路器在原有代号上再加上字母 L，表示是漏电保护型的。如 DZ15L-60 系列漏电保护断路器。漏电保护断路器的保护方式一般分为低压电网的总保护和低压电网的分级保护两种。

3. 交流接触器

接触器是利用电磁吸力来使触头动作的开关，它可以用于需要频繁通断操作的场合。接触器按电流类型不同可分为直流接触器和交流接触器。在建筑工程中常用的是交流接触器。

接触器的结构原理如图 2.24 所示。当线圈通电后，铁芯被磁化为电磁铁，产生吸力。当吸力大于弹簧反弹力时衔铁吸合，带动拉杆移动，将所有常开触头闭合，常闭触头打开。线圈失电后，衔铁随即释放并利用弹簧的拉力将拉杆和动触头恢复至初始状态。接触器的触头分两类，一类用于通断主电路，称为主触头，有灭弧罩，可以通过较大电流；另一类用于控制回路中，可以通过小电流，称为辅助触头。辅助触头主要有常开和常闭两类。目

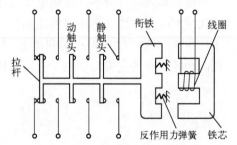

图 2.24 接触器的结构原理

前常用的交流接触器型号有 CJ12、CJ20、B、LCI-D 等系列，常用交流接触器如图 2.25 所示。

4. 低压熔断器

低压熔断器是常用的一种简单的保护电器，主要用于短路保护，在一定条件下也可能起

过负荷保护的作用。当线路中出现故障时，通过的电流大于规定值，熔体产生过量的热而被熔断，电路由此被分断。低压熔断器常用的有瓷插式（RC1A）、密闭管式（RM10）、螺旋式（RL7）、填充料式（RT20）等多种类型。常用低压熔断器的外形如图2.26所示。

(a) LCI-D　　　　　　(b) CJ12　　　　　　(c) CJ20

图2.25　常用交流接触器

(a) 瓷插式　　　　(b) 螺旋式　　　　(c) 填充料式

图2.26　常用低压熔断器的外形

瓷插式熔断器灭弧能力差，只适于在故障电流较小的线路末端使用。其他几种类型的熔断器均有灭弧措施，分断电流能力比较强。密闭管式熔断器结构简单，螺旋式熔断器更换熔管时比较安全，填充料式熔断器的断流能力更强。

5. 插座

插座是移动用电设备、家用电器和小功率设备的供电电源，一般插座是长期带电的，在设计和使用时要注意。插座根据线路的明敷设和暗敷设的要求，也有明装式和暗装式两种。插座按所接电源相数分为三相和单相两类，如图2.27所示。单相插座按孔数可分为两孔、三孔。两孔插座的左边接零线，右边接相线；三孔也一样，只是中间孔接保护线。

(a) 三相四极　　　　　　　　　(b) 单相三孔

图2.27　插座

6. 照明开关

照明灯具控制开关用于对单个或多个灯进行控制，工作电压为250V，额定电流有6A、

10A等，有拉线式、跷板式、遥控式等多种形式，跷板式又有明装和暗装、单极和多极、单控和双控之分，如图2.28所示。

（a）86型无线遥控开关　　　　　　　（b）86型四联普通照明开关

图2.28　照明开关

7. 电能表

电能表在用电管理中是不可缺少的，凡是计量用电的地方均应设电能表。目前应用较多的是感应式电能表，它是利用固定的交流磁场与由该磁场在可动部分的导体中所感应的电流之间的作用力而工作的，其结构如图2.29所示。它主要由驱动元件（电压元件、电流元件）、转动元件（铝盘）、制动元件（制动磁铁）和积算元件等组成。

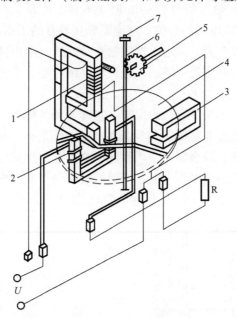

1—电压线圈；2—电流线圈；3—永久磁铁；4—铝盘；5—蜗轮；6—蜗杆；7—转轴

图2.29　电能表结构

当电能表接入电路时，电压线圈的两端加上电源电压，电流线圈通过负载电流，此时电压线圈和电流线圈产生的主磁通穿过铝盘，在铝盘上便有三个磁通的作用（一个电压主磁通，两个大小相等、方向相反的电流主磁通），在铝盘上共产生三个涡流，这三个涡流与三个主磁通相互作用产生转矩，驱动铝盘开始旋转，并带动计数器计算电量。铝盘转动的速度与通入电流线圈中的电流成正比。电流越大，铝盘旋转越快。铝盘的转速称为变换系数，变

换系数的倒数称为标称常数，即铝盘转一圈所需的电度数。因此，只要知道铝盘的转数就能知道用电量的大小。电能表实物和接线图如图2.30所示。

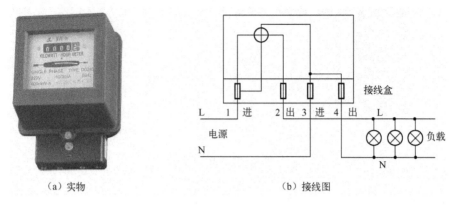

（a）实物 （b）接线图

图2.30 电能表实物和接线图

8. 继电器

继电器是根据外界输入信号（电量或非电量）的变化来接通或断开被控电路，以实现控制和保护作用的自动电器。输入信号包括电量（电流、电压）、非电量（转速、时间、温度），输出包括触点的动作或电量的变化。继电器和接触器的工作原理一样，主要区别在于，接触器的主触头可以通过大电流，而继电器的触头只能通过小电流。所以，继电器只能用于控制电路中。继电器按照控制参数不同，可分为中间继电器、电压继电器、电流继电器、时间继电器、热继电器等。

热继电器的作用是对电动机进行过载保护，它有各种各样的结构形式，最常用的是双金属片式结构。双金属片式热继电器的工作原理如图2.31所示。热继电器的发热元件接入电动机主电路，若长时间过载，双金属片受热而发生变形弯曲推动导板，将串于接触器线圈回路的动断触点分开，断开后使接触器失电，接触器的主触点断开电动机等负载回路，保护了电动机等负载，其实物如图2.32所示。热继电器有JR14、JR16、JR20和T系列等。

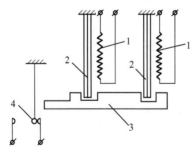

1—热元件；2—双金属片；3—导板；4—触点

图2.31 双金属片式热继电器的工作原理

图2.32 热继电器实物

中间继电器用于继电保护与自动控制系统中，以增加触点的数量及容量。它用于在控制电路中传递中间信号。中间继电器的结构和原理与交流接触器基本相同，与接触器的主要区别在于：接触器的主触头可以通过大电流，而中间继电器的触头只能通过小电流。所以，它只能用于控制电路中。一般是直流电源供电，少数使用交流供电。常见的中间继电器有 DZ、JZ7、JZ15、JZ17 等系列，中间继电器实物如图 2.33 所示。

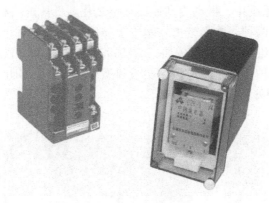

图 2.33　中间继电器实物

9．主令电器

主令电器是用来发布命令，改变控制系统工作状态的电器，它可以直接作用于控制电路，也可以通过电磁式电器的转换对电路实现控制。其主要类型有控制按钮、行程开关、万能转换开关、主令控制器、脚踏开关等。

按钮开关由按钮帽、复位弹簧、触头组成，其结构及实物如图 2.34 所示。

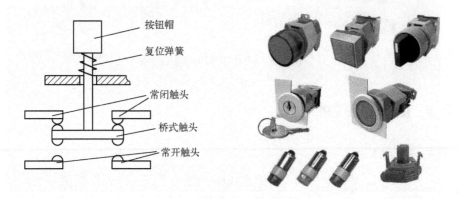

图 2.34　按钮开关结构及实物

转换开关是一种多挡位、多段式、控制多回路的主令电器，当操作手柄转动时，带动开关内部的凸轮转动，从而使触头按规定顺序闭合或断开，其实物如图 2.35 所示。

图 2.35　转换开关实物

10. 低压配电柜

低压配电柜是按一定的接线方案将低压开关电器组合起来的一种低压成套配电装置，用在500V以下的供配电系统中，做动力和照明配电之用。低压配电柜按维护的方式分，有单面维护式和双面维护式两种。单面维护式基本上靠墙安装（实际离墙0.5m左右），维护检修一般都在前面。双面维护式是离墙安装，柜后留有维护通道，可在前后两面进行维修。

国内生产的双面维护式低压配电柜主要系列型号有GGD、GDL、GHL、JK、MNS、GCS等。GGD型低压配电柜外形如图2.36所示。

图2.36　GGD型低压配电柜外形

2.2.3　低压配电线路

1. 架空线路

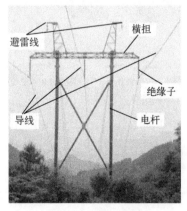

避雷线　横担　绝缘子　导线　电杆

图2.37　架空线路

架空线路主要由导线、电杆、横担、绝缘子和线路金具等组成，如图2.37所示。其优点是设备材料简单，成本低；容易发现故障，维护方便。缺点是易受外界环境的影响，供电可靠性较差；影响环境的整洁美观等。

导线的主要任务是输送电能。主要分绝缘线和裸线两类，市区或居民区尽量采用绝缘线。绝缘线又分铜芯和铝芯两种。

电杆的主要作用是支撑导线，同时保持导线的相间距离和对地距离。电杆按材质分为木杆、水泥杆和铁塔三种。电杆按其功能分为直线杆、转角杆、终端杆、跨越

杆、耐张杆、分支杆等。

横担主要用来安装绝缘子，以固定导线。从材料来分，有木横担、铁横担和瓷横担。低压架空线路常用镀锌角铁横担。横担固定在电杆的顶部，距顶部一般为300mm。

绝缘子固定在横担上，主要作用是用来使导线之间、导线与横担之间保持绝缘，同时也承受导线的垂直荷重的水平拉力。低压架空线路绝缘子主要有针式和蝶式两种。

线路金具是指架空线路上所使用的各种金属部件的统称，其作用是连接导线，组装绝缘子，安装横担和拉线等，即主要起连接或紧固作用。常用的金具有固定横担的抱箍和螺栓，用来连接导线的接线管，固定导线的线夹以及做拉线用的金具等。为了防止金具锈蚀，一般都采用镀锌铁件或铝制零件。

施工现场架空线路敷设时注意事项有：

（1）路径选择应不妨碍交通及起重机的拆装、进出和运行，且力求路径短直、转角小。

（2）架空线路与邻近线路或设施的距离应符合表2.7所示的要求。

表2.7　架空线路与邻近线路或设施的距离

项　　目	邻近线路或设施的类别					
最小净空距离 /m	过引线、拉下线与邻线	架空线与拉线电杆外缘			树梢摆动最大时	
	0.13	0.65			0.5	
最小垂直距离 /m	同杆架设下的广播线路通信线路	最大弧垂与地面		最大弧垂与暂设工程顶端	与邻近线路交叉	
		施工现场	机动车道	铁路轨道		1kV 以下	1～10kV
	1.0	4.0	6.0	7.5	2.5	1.2	2.5
最小水平距离 /m	电杆至路基边缘	电杆至铁路轨道边缘		边线与建筑物凸出部分		
	1.0	杆高 +3.0		1.0		

（3）电杆采用水泥杆时，不得露筋，不得有环向裂纹，其梢径不得小于130mm。电杆的埋设深度宜为杆长的1/10加上0.6m，但在松软土地上应当加大埋设深度或采用卡盘固定。

（4）档距、线距、横担长度及间距要求。档距是指两杆之间的水平距离，施工现场架空线档距不得大于35m。线距是指同一电杆各线间的水平距离，一般不得小于0.3m。横担长度应为：两线时取0.7m，三线或四线时取1.5m，五线时取1.8m；横担间的最小垂直距离不得小于表2.8所示要求。

表2.8　横担间的最小垂直距离

排 列 方 式	直线杆/m	分支或转角杆/m
高压与低压	1.2	1.0
低压与低压	0.6	0.3

（5）导线的形式选择及敷设要求。施工现场必须采用绝缘线，架空线路必须设在专用杆上，严禁架设在树木及脚手架上。为提高供电可靠性，在一个档距内每一层架空线路的接头数不得超过该层线条数的50%，且一根导线只允许有一个接头。

（6）动力、照明线在同一横担上架设时导线相序排列是：面向负荷从左侧起依次为L_1、N、L_2、L_3、PE。动力、照明线在二层横担上分别架设时，导线相序排列是：上层横担面

向负荷从左侧起依次为 L_1、L_2、L_3；下层横担面向负荷从左侧起依次为 L_1（L_2、L_3）、N、PE。

（7）绝缘子及拉线的选择及要求。架空线路的绝缘子直线杆采用针式绝缘子，耐张杆采用蝶式绝缘子。拉线应选用镀锌铁线，其截面直径不小于 $\phi4\text{mm}$，拉线与电杆的夹角应在 $30°\sim45°$ 之间，拉线埋设深度不得小于 1m，水泥杆上的拉线应在高于地面 2.5m 处装设拉线绝缘子。

（8）接户线在档距内不得有接头，进线处离地高度不得小于 2.5m。接户线最小截面应符合表 2.9 所示规定。接户线线间及与邻近线路间的距离应符合表 2.10 所示的要求。

表2.9　接户线的最小截面

接户线架设方式	接户线长度/m	接户线截面/mm²	
		铜线	铝线
架空或沿墙敷设	10～25	6.0	10.0
	≤10	4.0	6.0

表2.10　接户线线间及与邻近线路间的距离

接户线架设方式	接户线档距/m	接户线线间距离/mm
架空敷设	≤25	150
	>25	200
沿墙敷设	≤6	100
	>6	150
架空接户线与广播电话线交叉时的距离/mm		接户线在上部，600 接户线在下部，300
架空或沿墙敷设的接户线零线和相线交叉时的距离/mm		100

（9）线路必须有短路保护。采用熔断器做短路保护时，其熔体额定电流不应大于明敷绝缘导线长期连续负荷允许载流量的 1.5 倍。采用断路器做短路保护时，其瞬时过流脱扣器脱扣电流整定值应小于线路末端单相短路电流。

（10）线路必须有过载保护。采用熔断器或断路器做过载保护时，绝缘导线长期连续负荷允许载流量不应小于熔断器熔体额定电流或断路器长延时过流脱扣器脱扣电流整定值的 1.25 倍。

2. 电缆线路

电缆线路的优点是不受外界环境影响，供电可靠性高，不占用土地，有利于环境美观；缺点是材料和安装成本高。在低压配电线路中广泛采用电缆线路。

根据电缆的用途不同，可分为电力电缆、控制电缆、通信电缆等；按电压不同，可分为低压电缆、高压电缆两种。电缆的型号中包含其用途类别、绝缘材料、导体材料、保护层等信息。目前在低压配电系统中常用的电力电缆有 YJV 交联聚乙烯绝缘、聚氯乙烯护套电力电缆和 VV 聚氯乙烯绝缘、聚氯乙烯护套电力电缆等，一般优选 YJV 电力电缆。

电力电缆主要由导体、绝缘层、填充物、包带、外护套组成，如图 2.38 所示。

（a）YJV电力电缆实物图

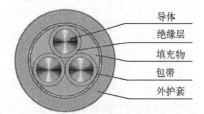

（b）电力电缆结构示意图

图 2.38　电力电缆

我国电缆的型号采用双语拼音字母组成，带外护层的电缆则在字母后加上两个阿拉伯数字。常用电缆型号中字母的含义及排列次序如表 2.11 所示。

表 2.11　常用电缆型号中字母的含义及排列次序

类　别	绝缘种类	线芯材料	内护层	其他特征	外护层
电力电缆不表示 K—控制电缆 Y—移动式软电缆 P—信号电缆 H—市内电话电缆	Z—纸绝缘 X—橡皮 V—聚氯乙烯 Y—聚乙烯 YJ—交联聚乙烯	T—铜（省略） L—铝	Q—铅护套 L—铝护套 H—橡套 （H）F—非燃性橡套 V—聚氯乙烯护套 Y—聚乙烯护套	D—不滴流 F—分相铅包 P—屏蔽 C—重型	两个数字 （含义见表2.12）

电缆外护层的结构采用两个阿拉伯数字表示，前一个数字表示铠装层类型，后一个数字表示外被层类型，如表 2.12 所示。

表 2.12　电缆外护层代号的意义

第一个数字		第二个数字	
代　号	铠装层类型	代　号	外被层类型
0	无	0	无
1	—	1	纤维绕包
2	双钢带	2	聚氯乙烯护套
3	细圆钢丝	3	聚乙烯护套
4	粗圆钢丝	4	—

电缆敷设有直埋、电缆沟、电缆隧道和架空等方式。

电缆直埋施工容易，造价小，散热好，但易受腐蚀和机械损伤，检修不方便，一般用于根数不多的地方。直埋电缆必须采用有铠装保护的电缆，埋设深度不小于0.7m；电缆敷设应选择路径最短，转弯最少，受外界因素影响小的路线。地面上在电缆拐弯处或进建筑物处要埋设标示桩，以备日后施工维护时参考。电缆直埋如图 2.39 所示。

电缆直埋敷设的施工工艺如下。

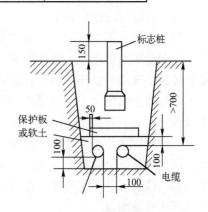

图 2.39　电缆直埋

挖沟 → 敷设电缆 → 回填土壤 → 埋标志桩

1）挖沟

电缆直埋敷设时，应根据选定的路径挖沟，电缆沟的宽度与电缆沟内埋设电缆的电压和根数有关。电缆沟的深度与敷设场所有关。电缆沟的形状基本上是一个梯形，对于一般土质，沟顶应比沟底宽200mm。

2）敷设电缆

敷设前应清除沟内杂物，在铺平夯实的电缆沟底铺一层厚度不小于100mm的细沙或软土，然后敷设电缆，敷设完毕后，在电缆上面再铺上一层厚度不小于100mm的细沙或软土，并盖上混凝土保护板（保护板也可用砖块代替），其覆盖宽度应超过电缆两侧各50mm。

3）回填土壤

电缆敷设完毕，应请建设单位、监理单位及施工单位的质量检查部门共同进行隐蔽工程验收，验收合格后方可覆盖、填土。填土时应分层夯实，覆土要高出地面150～200mm，以备松土沉陷。

4）埋标志桩

直埋电缆在直线段每隔50～100m处，电缆的拐弯、接头、交叉、进出建筑物等地段应设标志桩。标志桩露出地面高度以15cm为宜。低压电缆施工要求可略低，但埋深不小于200mm，且应有防机械损伤的措施及明显的方位标志。

隧道敷设检修维护方便，能容纳较多的电缆，但造价高，用料多，一般用于多电缆的配电装置中。电缆隧道敷设如图2.40所示。

图2.40　电缆隧道敷设

电缆沟敷设有室内电缆沟、室外电缆沟和厂区电缆沟之分。电缆沟敷设造价小，占地少，能容纳较多的电缆，但检修维护不方便，一般用于电缆更换少的地方。

架空敷设指沿墙、梁或柱用支架或吊架架空敷设电缆。架空敷设的结构简单，易于处理电缆和其他管线的交叉问题，但容易受热力管道的影响。

电缆敷设时应注意以下几点。

（1）电缆直埋敷设时，严禁在管道上面或下面平行敷设。与管道（特别是热力管道）交叉不能满足距离要求时，应采取隔热措施；电缆应埋设在建筑物的散水坡以外；电缆穿过墙壁、楼板、道路、铁路、引出建筑物时应加管保护，保护管应伸出路基两侧各1m；电缆从沟道或地面下引出时，距地面2m以下的一段应加管保护，室内各种电缆有可能受到机械损伤或操作人员容易触及的部位应加保护管。

（2）电缆线路应采用埋地或架空敷设，严禁沿地面明设，并应避免机械损伤和介质腐蚀。埋地电缆路径应设方位标志；电缆类型应根据敷设方式、环境条件选择。埋地敷设宜选用铠装电缆；当选用无铠装电缆时，应能防水、防腐。架空敷设宜选用无铠装电缆；无铠装电缆不准直接埋设。

（3）在在建工程内的电缆线路必须采用电缆埋地引入，严禁穿越脚手架引入。电缆垂直敷设应充分利用在建工程的竖井、垂直孔洞等，并宜靠近用电负荷中心，固定点每楼层不得少于一处。电缆水平敷设宜沿墙或门口刚性固定，最大弧垂距地不得小于 2.0m；装饰装修工程或其他特殊阶段，应补充编制单项施工用电方案。电源线可沿墙角、地面敷设，但应采取防机械损伤和防火措施。

（4）穿电缆用的缸瓦管、水泥管、陶瓷管的最小内径不应小于 100mm。

（5）每根电缆应单独穿入一根管内，但是交流单芯电力电缆不得单独穿入钢管内；三相四线制系统中必须采用四芯或五芯电力电缆，不可采用三芯电缆加一根单芯电缆或以导线、电缆金属护套等作为中性线，以免损坏电缆，且五芯电缆必须包含淡蓝、绿/黄两种颜色绝缘芯线，淡蓝色芯线必须用做 N 线，绿/黄双色芯线必须用做 PE 线，严禁混用；并联使用的电力电缆，应使用型号、规格及长度都相同的电缆。

（6）电缆敷设时，不应使电缆过度弯曲，电缆埋地时应呈蛇形，防止地面变形使电缆受到拉伸；电缆的最小弯曲半径应符合规范的规定。凡有金属外皮的电缆，其金属外皮和铠甲应可靠接地或接零。

任务2-3　低压线路与控制和保护设备选择

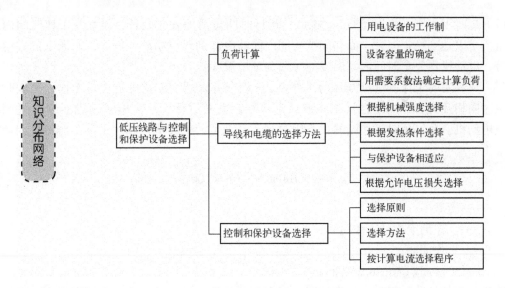

【任务背景】：近年来，家庭安装使用的电气设备越来越多，如空调器、微波炉、影碟机等，使得家庭中用电的总功率大幅度上升。我国普通居民楼居室的电源导线一般设计为 6 ～ 10A，总负荷不宜超过 1 000 ～ 1 500W，当用电总功率超过 2 000W 时就存在电线短路起火、电表烧毁的可能。因此有必要学习负荷计算、控制和保护设备及导线的选择等知识，避免因控制和保护设备选择不当导致电气火灾的发生。

2.3.1　负荷计算

负荷最小单位是一个个的电气设备，像家用电视机、空调、照明灯具、电梯、塔吊等。负荷计算的目的是确定供配电系统，它是选择变压器容量、电气设备、导线截面和仪表量程

的依据，也是合理进行无功功率补偿的重要依据。负荷计算得是否正确、合理，直接影响到电气设备和导线电缆的选择是否经济合理。如计算负荷确定过大，将使电气设备和导线电缆选得过大，造成投资和有色金属的浪费。如计算负荷确定过小，又将使电气设备和导线电缆处于过负荷下运行，增加电能损耗，产生过热，导致绝缘过早老化甚至烧毁，同样要造成损失。由此可见，正确确定计算负荷意义重大。在进行负荷计算时，要考虑环境及社会因素的影响，并应为将来的发展留有适当余量。

目前负荷计算常用的方法有需要系数法、二项式法和利用系数法等。在建筑供配电系统的负荷计算中常用的是需要系数法。在进行负荷计算之前，需要了解用电设备的种类，不同种类的用电设备在确定设备容量时方法不同，进而影响负荷计算的准确性。

1. 用电设备的工作制

建筑用电设备种类繁多，用途各异，工作方式不同，按其工作制可分为以下三类。

（1）长期工作制（连续运行工作制）：电气设备在运行工作中能够达到稳定的温升，能在规定环境温度下连续运行，设备任何部分的温度和温升均不超过允许值。例如，通风机、水泵、电动发电机、空气压缩机、照明灯具、电热设备等负荷比较稳定，它们在工作中时间较长，温度稳定。

（2）短时工作制（短时运行工作制）：运行时间短而停歇时间长，设备在工作时间内的发热量不足以达到稳定温升，而在间歇时间内能够冷却到环境温度。例如，车床上的进给电动机等，电动机在停车时间内，温度能降回到环境温度。

（3）反复短时工作制（断续运行工作制）：该设备以断续方式反复进行工作，工作时间与停歇时间相互交替，周期性地工作或经常停歇、反复运行。一个周期一般不超过10min，如起重电动机。反复短时工作制的设备用暂载率（或负荷持续率）来表示其工作特性，计算公式如下。

$$\varepsilon = \frac{t}{T} \times 100\% = \frac{t}{t + t_0} \times 100\%$$

式中　ε——暂载率；

　　t——工作周期内的工作时间；

　　T——工作周期；

　　t_0——工作周期内的间歇时间。

工作时间加停歇时间称为工作周期。根据我国的技术标准，规定工作周期以10min为计算依据。起重机电动机的标准暂载率分为15%、25%、40%、60%四种；电焊机设备的标准暂载率分为50%、65%、75%、100%四种。

2. 设备容量的确定

在进行电力负荷计算时，应首先确定用电设备的设备容量P_e。设备容量在计算时不包括备用设备在内，设备容量是指用电设备组的设备容量P_e。所谓用电设备组，是指将同类型的用电设备归为一组。用电设备铭牌上标示的容量为额定容量P_N。在进行负荷计算前，应对各种负荷做如下处理。

（1）对不同工作制用电设备的额定功率P_N或额定容量S_N进行换算。用电设备组的总容

量并不一定是这些设备的额定容量之和，而是必须先把它们换算为同工作制下的额定容量，才能进行相加。对不同工作制的用电设备，其设备容量可按如下方法确定。

① 长期工作制的设备容量。设备容量等于铭牌标明的"额定容量"。计算的设备容量不打折扣，即设备容量 P_e 与设备额定容量 P_N 相等。

对于照明灯具：白炽灯的设备容量是指灯泡上标出的额定容量；荧光灯及高压汞灯必须考虑其镇流器的损耗，一般荧光灯的设备容量为灯管额定容量的 1.1～1.2 倍，高压汞灯为灯泡额定容量的 1.1 倍。

② 反复短时工作制的设备容量。反复短时工作制的用电设备是指运转时反复周期地工作，每周期内通电时间不超过 10min 的用电设备，主要是指电焊机和吊车电动机。在这种工作制下设备的工作时间较短，按规定应该把设备容量统一换算到某一暂载率下。电动机换算到 25% 的暂载率下，电焊机换算到 100% 暂载率下。

电动机换算公式如下。

$$P_e = \frac{\sqrt{\varepsilon}}{\sqrt{\varepsilon_{25}}}P_N = 2P_N\sqrt{\varepsilon}$$

式中　P_e——换算到 $\omega_{25} = 25\%$ 时电动机的设备容量（kW）；

　　　ε——铭牌暂载率；

　　　P_N——电动机铭牌额定功率（kW）。

电焊机换算公式如下。

$$P_e = \frac{\sqrt{\varepsilon}}{\sqrt{\varepsilon_{100}}}P_N = \sqrt{\varepsilon}\,S_N\cos\varphi$$

式中　P_e——换算到 $\varepsilon_{100} = 100\%$ 时电焊机的设备容量（kW）；

　　　P_N——铭牌额定功率（直流电焊机）（kW）；

　　　S_N——铭牌额定视在功率（交流电焊机）（kV·A）；

　　　$\cos\varphi$——铭牌额定功率因数；

　　　ε——同 S_N 或 P_N 相对应的铭牌暂载率。

（2）消防设备与发生火灾时必须切除的设备取其大者计入总设备容量。

（3）夏季制冷设备与冬季取暖设备取其大者计入总设备容量。

（4）单相负荷应均衡分配到三相上，当单相负荷小于三相对称负荷的 15% 时，可全部按三相负荷进行计算；若大于 15%，则单相负荷应换算成等效三相负荷，才能与三相负荷相加。单相负荷换算为等效三相负荷方法如下。

① 当单相负荷全部为相间负荷（接在相电压上）时，

$$P_e = 3P_{emax}$$

式中　P_e——等效三相设备容量（kW）；

　　　P_{emax}——最大相单相设备容量（kW）。

② 当单相负荷全部为线间负荷（接在线电压上）时

$$P_e = \sqrt{3}P_{e1} + (3 - \sqrt{3})P_{e2}$$

式中　P_{e1}——最大相单相设备容量（kW）；

　　　P_{e2}——次最大相单相设备容量（kW）；

P_e——等效三相设备容量（kW）。

③ 当单相负荷既有相间负荷，又有线间负荷时，先将接在线电压上的单相负荷换算成对应相的相电压下的单相负荷，再按方法①进行换算。

a 相：

$$P_a = P_{ab}p_{(ab)a} + P_{ca}p_{(ca)a}$$

$$Q_a = Q_{ab}q_{(ab)a} + Q_{ca}q_{(ca)a}$$

b 相：

$$P_b = P_{ab}p_{(ab)b} + P_{bc}p_{(bc)b}$$

$$Q_b = Q_{ab}q_{(ab)b} + Q_{bc}q_{(bc)b}$$

c 相：

$$P_c = P_{bc}p_{(bc)c} + P_{ca}p_{(ca)c}$$

$$Q_c = Q_{bc}q_{(bc)c} + Q_{ca}q_{(ca)c}$$

式中 P_{ab}、P_{bc}、P_{ca}——接于 ab、bc、ca 线间负荷（kW）；

P_a、P_b、P_c——换算为 a、b、c 相有功负荷（kW）；

Q_a、Q_b、Q_c——换算为 a、b、c 相无功负荷（kvar）；

$P_{(ab)a}$、$q_{(ab)a}$ …——接于 ab…线间负荷换算为 a…相间负荷的有功及无功换算系数，见表2.13。

表2.13　线间负荷换算成相间负荷时的系数值

换 算 系 数	负荷功率因数								
	0.35	0.4	0.5	0.6	0.65	0.7	0.8	0.9	1.0
$P_{(ab)a}$，$P_{(bc)b}$，$P_{(ca)c}$	1.27	1.17	1.0	0.89	0.84	0.8	0.72	0.64	0.5
$P_{(ab)b}$，$P_{(bc)c}$，$P_{(ca)a}$	-0.27	-0.17	0.0	0.11	0.16	0.2	0.28	0.36	0.5
$q_{(ab)a}$，$q_{(bc)b}$，$q_{(ca)c}$	1.05	0.86	0.58	0.38	0.3	0.22	0.09	-0.05	-0.29
$q_{(ab)b}$，$q_{(bc)c}$，$q_{(ca)a}$	1.63	1.44	1.16	0.96	0.88	0.8	0.67	0.35	0.29

【例2.1】 某建筑工程工地有两台电焊机，铭牌容量为 $20kV \cdot A$，$\cos\varphi$ 为 0.7。铭牌 ε 为 25%，接于 380V 线路上，求三相等效负荷。

解： 每台电焊机的设备容量为

$$P_e = \frac{\sqrt{\varepsilon}}{\sqrt{\varepsilon_{100}}}P_N = \sqrt{\varepsilon}S_N\cos\varphi = \sqrt{0.25} \times 20 \times 0.7 = 7kW$$

假设两台设备分别接在 ab、bc 线电压上，则三相等效负荷为

$$P_e = \sqrt{3}P_{e1} + (3 - \sqrt{3})P_{e2} = \sqrt{3} \times 7 + (3 - \sqrt{3}) \times 7 = 21kW$$

3. 用需要系数法确定计算负荷

由于一台设备的额定容量往往大于其实际负荷；一组设备中各负荷的功率因数不同，一般也不同时工作；最大负荷一般也不同时出现，所以多台设备的实际负荷总是小于它们的额定容量之和。精确地计算变电所负荷是困难的，因此，可以采用估算法。要想正确地估算变电所的电力负荷，必须了解负荷变化的规律。表示电力负荷随时间变化情况的图形称为负荷曲线。如果把一台或一组电气设备的有功功率表的计数每隔半小时抄录一次，就可得到负荷

曲线。根据横坐标延续时间的不同，分为日负荷曲线（如图 2.41 所示）和年负荷曲线等。

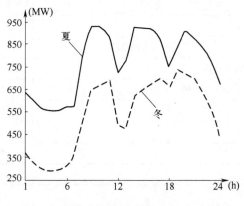

图 2.41　日负荷曲线

（1）计算负荷的概念。通常把一年内最高日负荷曲线中 30min 平均负荷的最大值，称为平均最大负荷（简称最大负荷，记做计算负荷 P_{30} 或 P_j），作为按发热条件选择导线、电缆和电气设备的依据，它就是所要寻求的计算负荷。为何取每隔半小时计数作为绘制负荷曲线的时间单元呢？这是因为一般中小截面导线的发热时间常数（T）在 10min 以上，实验证明，达到稳定温升的时间约为 $3T = 3 \times 10 = 30min$，故只有持续时间在 30min 以上的负荷值，才有可能使导体达到最高温升。

（2）需要系数的含义。对于同类型的用电设备组，其负荷曲线具有大致相似的形状，对同一类建筑物或企业也是一样。所以进行负荷计算可以借助已建成或已投产企业类似用户的负荷曲线，取得近似的计算负荷值。为此，根据负荷曲线引出需要系数。以一组用电设备为例来分析需要系数的含义。若该组设备有几台电动机，其设备容量为 P_e，由于该组电动机实际上不一定都同时运行，而且运行的电动机也不可能都满负荷，同时设备本身及配电线路也有功率损耗，考虑这些因素后该组电动机的有功计算负荷应为

$$P_j = K_x P_e$$

式中　P_j——有功计算负荷（kW）；

　　　K_x——需要系数；

　　　P_e——经过折算后的设备容量（kW）。

用电设备组的需要系数就是用电设备组（或用电单位）在最大负荷时需要的有功功率 P_j 与其设备容量（备用设备的容量不计入）P_e 的比值，一般小于 1。实际上，需要系数与用电设备组的工作性质、设备台数、设备效率和线路损耗等因素有关，因此应尽量通过测量分析，以保证接近实际。从表 2.14 中可查出不同用电设备组的需要系数。

表 2.14　用电设备组的需要系数、功率因数值

序　号	用电设备组名称	需要系数 K_x	$\cos\varphi$	$\tan\varphi$
1	小批量生产的金属冷加工机床电动机	0.16～0.2	0.5	1.73
2	大批量生产的金属冷加工机床电动机	0.18～0.25	0.5	1.73
3	小批量生产的金属热加工机床电动机	0.25～0.3	0.5	1.73
4	大批量生产的金属热加工机床电动机	0.3～0.35	0.65	1.17

续表

序　号	用电设备组名称	需要系数 K_x	$\cos\varphi$	$\tan\varphi$
5	通风机、水泵、空压机	0.7～0.8	0.8	0.75
6	锅炉房、机加工、机修、装配车间的桥式起重机（$\varepsilon=25\%$）	0.1～0.15	0.5	1.73
7	自动连续装料的电阻炉设备	0.75～0.8	0.95	0.33
8	实验室用小型电热设备（电阻炉、干燥箱）	0.7	1.0	0
9	工频感应电炉	0.8	0.35	2.67
10	高频感应电炉	0.8	0.6	1.33
11	电弧熔炉	0.9	0.87	0.57
12	点焊机、缝焊机	0.35	0.6	1.33
13	对焊机、铆钉加热机	0.35	0.7	1.02
14	自动弧焊变压器	0.5	0.4	2.29
15	铸造车间的桥式起重机（$\varepsilon=25\%$）	0.15～0.25	0.5	1.73
16	变配电所、仓库照明	0.5～0.7	1.0	0
17	生产厂房及办公室、阅览室、实验室照明	0.8～1	1.0	0
18	宿舍、生活区照明	0.6～0.8	1.0	0
19	室外照明、事故照明	1.0	1.0	0

　　需要系数值是在车间范围内设备台数较多的情况下确定的，所以取用的需要系数值都比较低。它适用于比车间配电规模大的配电系统的计算负荷。如果用需要系数法计算干线或分支线上的用电设备组，系数可适当取大。当用电设备的容量不大时，可以认为 $K_x=1$。

　　需要系数与用电设备的类别和工作状态有极大的关系。在计算时首先要正确判断用电设备的类别和工作状态，否则将造成错误。

　　求出有功计算负荷 P_j 后，可以按照下式求出其余的计算负荷。

　　无功计算负荷：

$$Q_j = P_j \tan\varphi$$

　　视在计算负荷：

$$S_j = P_j / \cos\varphi = \sqrt{P_j^2 + Q_j^2}$$

　　计算电流：

$$I_j = \frac{S_j \times 1\,000}{\sqrt{3}\,U_N}$$

式中　S_j——视在计算负荷（kV·A）；

　　　Q_j——无功计算负荷（kvar）；

　　　I_j——计算电流（A）；

　　$\cos\varphi$——用电设备组的平均功率因数；

　　　U_N——用电设备组的额定线电压（V）。

　　【例2.2】　已知车间用电设备，有电压为380V的三相电动机7.5kW 3台，4kW 8台，1.5kW 10台，1kW 51台，求其计算负荷。

　　解：此车间各类用电设备的总容量为

$$\sum P_e = 7.5 \times 3 + 4 \times 8 + 1.5 \times 10 + 1 \times 51 = 120.5\,kW$$

取 $K_x = 0.2$，$\cos\varphi = 0.5$，$\tan\varphi = 1.73$，有功计算负荷为

$$P_j = K_x \sum P_e = 0.2 \times 120.5 = 24.1\,kW$$

无功计算负荷为

$$Q_j = P_j \tan\varphi = 24.1 \times 1.73 = 41.7\,kvar$$

视在计算负荷为

$$S_j = P_j / \cos\varphi = 24.1/0.5 = 48.2\,kV \cdot A$$

计算电流为

$$I_j = S_j \times 1\,000/\sqrt{3}\,U_N = 48.2 \times 1\,000/(\sqrt{3} \times 380) = 73.2\,A$$

（3）总的计算负荷计算。因为总的计算负荷是由不同类型的多组用电设备组成的，而各组用电设备的最大负荷往往不是同时出现的，所以，在确定低压干线上或变电所低压母线上的计算负荷时，要乘以同时系数 K_Σ，也叫参差系数。同时系数的数值也是根据统计规律确定的。

对于变电所低压母线：

$$K_\Sigma = 0.8 \sim 0.9$$

对于配电所或低压干线：

$$K_\Sigma = 0.9 \sim 1.0$$

对于总变配电所母线：

$$K_\Sigma = 0.95 \sim 1.0$$

因此，总的计算负荷为

$$P_{\Sigma j} = K_\Sigma \sum P_j$$
$$Q_{\Sigma j} = K_\Sigma \sum Q_j$$
$$S_{\Sigma j} = \sqrt{P_{\Sigma j}^2 + Q_{\Sigma j}^2}$$

式中　$\sum P_j$——各用电设备组有功计算负荷之和（kW）；

　　　$\sum Q_j$——各用电设备组无功计算负荷之和（kvar）。

需要注意的是，由于上述各组用电设备的类型不同，功率因数就不一定相同，因此，求总的视在计算负荷时不能用公式 $S_j = P_j/\cos\varphi$ 进行计算；同时，考虑到各组用电设备之间有同时系数的问题，所以，也不能用各组视在计算负荷之和计算总的视在计算负荷。

2.3.2　导线和电缆的选择方法

在建筑供配电线路中，使用的导线主要有电线和电缆，正确地选用这些电线和电缆，对建筑供配电系统安全、可靠、经济、合理地运行有着十分重要的意义，对于节约有色金属也很重要。因此在导线和电缆选择中应遵循以下原则。

1. 根据机械强度选择

由于导线本身的质量及风、雨、冰、雪等原因，使导线承受一定的应力，如果导线过细，就容易折断，将引起停电等事故。因此，在选择导线时要根据机械强度来选择，以满足

不同用途时导线的最小截面要求。按机械强度确定的导线线芯最小截面如表2.15所示。

表2.15　按机械强度确定的导线线芯最小截面

用　途		线芯的最小截面/mm²		
		铜芯软线	铜线	铝线
照明用灯头引下线	民用建筑室内	0.4	0.5	1.5
	工业建筑室内	0.5	0.8	2.5
	室外	1.0	1.0	2.5
移动式用电设备	生活用	0.2		
	生产用	1.0		
架设在绝缘支持件上的绝缘导线，其支持点间距为	1m以下，室内		1.0	1.5
	室外		1.5	2.5
	2m及以下，室内		1.0	2.5
	室外		1.5	2.5
	6m及以下		2.5	4.0
	12m及以下		2.5	6.0
	12～25m		4.0	10
	穿管敷设的绝缘导线	1.0	1.0	2.5

2. 根据发热条件选择

每一种导线截面按其允许的发热条件都对应着一个允许的载流量。因此，在选择导线截面时，必须使其允许的载流量大于或等于线路的计算电流值。

【例2.3】　有一条采用BLX-500型的铝芯橡皮线明敷的380/220V线路，最大负荷电流为50A，敷设地点的环境温度为30℃。试按发热条件选择此橡皮线的芯线截面。

解： 查有关资料知，气温为30℃时芯线截面为10mm²的BLX型橡皮线明敷设时的允许载流量为60A，大于最大负荷电流。

因此，按发热条件，相线截面可初步选为10mm²。

3. 与保护设备相适应

根据发热条件选择的导线和电缆的截面，还应该与其保护装置（熔断器、自动空气开关）的额定电流相适应，其截面不得小于保护装置所能保护的最小截面，即

$$I_y \geq I_{保} \geq I_j$$

式中　$I_{保}$——保护设备的额定电流（A）；

　　　I_y——导线、电缆允许载流量（A）；

　　　I_j——计算电流（A）。

4. 根据允许电压损失来选择

为了保证用电设备的正常运行，必须使设备接线端子处的电压在允许值范围之内，但由

于线路上有电压损失，因此，在选择电线或电缆时，要根据电压损失来选择电线或电缆的截面。

在具体选择电线、电缆时，第二和第四两种选择原则常常用来相互校验，即根据发热条件选择后，要用电压损失条件进行校验；或根据电压损失要求选择后，还要用发热条件进行校验。

根据允许电压损失来选择导线、电缆截面时，可按下式来简化计算。

$$\Delta U\% = \frac{P_{j}L}{cS}$$

式中 S——导线电缆截面（mm²）；

　　c——系数（见表 A.17）；

　　P_{j}——计算负荷（kW）；

　　L——线路长度（m）。

另外，在供电规程中对式中的 $\Delta U\%$ 做了规定：

$U_{N} \geq 35kV$ 时，为 $\pm 5\% U_{N}$；

$U_{N} \leq 10kV$ 时，为 $\pm 7\% U_{N}$；

$U_{N} \leq 380V$ 时，为（$5\% \sim 10\%$）U_{N}。

在具体选择导线截面时，必须综合考虑电压损失、发热条件和机械强度等要求。

2.3.3　控制和保护设备选择

控制电器用于控制线路的通断，即控制该线路上的用电设备是否工作。保护电器用于保护线路或设备避免发生过载、短路、漏电等事故。线路或设备过载时，因导体发热而温度升高，加速绝缘老化，缩短使用寿命；短路时电流会迅速增大，温度会升高许多倍，绝缘会迅速损坏，以至于产生火灾事故和人身事故；漏电会使用电器金属外壳带电，发生人身伤亡等事故。可见，在建筑电气供配电系统中控制和保护设备是相当重要的，在供配电系统中起保护、控制、调节、转换和通断作用。一般低压控制和保护设备是合二为一的。

控制和保护设备是根据一定的技术条件制造的，使用中应根据周围环境特征、电流种类、电压大小、保护要求（过负荷、短路和失压保护）等条件进行选择。但保护线 PE 上不装设控制和保护设备，中性线 N 一般也不装设控制和保护设备，当中性线能与相线同步通断时，可以装设控制和保护设备，若中性线与保护线共用，也不能装设控制和保护设备。

1. 控制和保护设备选择的原则

（1）根据周围环境特征选择。按照控制和保护设备外壳结构形式分类，它们有开启式、保护式、封闭式、密闭式和防爆式等数种，其具体选型根据周围环境参照表 2.16 选用。一般低压电器所适用的环境为海拔高度不超过 2 500m，空气温度在 $-40 \sim +40℃$ 范围内，相对湿度为 <90%，无明显摇动和振动的地方；无爆炸危险，无腐蚀金属和破坏绝缘的气体和尘埃，没有雨雪侵袭的环境。在选用低压电器时，要注意安装环境是否符合上述环境条件，若不符合则应选用能适合特殊环境的低压电器。

表2.16　根据周围环境特征选择控制和保护设备

环境特征		外壳结构形式				
		开启	保护	封闭	密闭	防爆
干燥的场所		①	△			
潮湿的场所		②				
特别潮湿的场所		④	△		△	
有不导电灰尘的场所	易除掉并对绝缘无害的	②	△	△		
	难除掉并对绝缘有害的	③	④	△	△	
有导电灰尘的场所		③	④	△		
有腐蚀性介质的场所		④	④		△	
高温的场所		①	△			
有火灾危险的场所	H-1	④	④			△
	H-2	③		△		△
	H-3	③	⑤	△		
有爆炸危险的场所	Q-1	⑥	⑥			
	Q-2	⑥	⑥	⑦		△
	Q-3	⑥	⑥	⊙	△	△
	G-1	⑥	⑥			
	G-2	④	④	△	△	△
室外	露天		⑧		△	
	在顶棚下		△	△		

注：△——适于采用；⊙——允许采用；①～⑧——允许有条件采用，圆圈内的数字为使用条件，详见表2.17。

表2.17　根据周围环境特征选择控制和保护设备的条件说明

序　号	使用条件说明
1	装在保护箱、柜内或有围栅的屏板上面（仅允许运行人员接近）
2	装在有门锁的特种封闭柜或箱内，或装在特别隔开的房间内的配电屏上（该房间仅允许运行人员进入）
3	装在用非燃性材料制成，门缝有填料封紧的箱或柜内，或装在单独的配电室内
4	装在单独的配电室内，必要时尚需通风，使室内保持正压
5	装在离开堆积易燃物质和材料的场所，其间的距离应使易燃物质和材料不可能因启动器动作时产生的火花而着火
6	装在非燃性材料制成的单独配电室内，必要时尚需通风，使室内保持正压
7	装在有通风设备的操作台上
8	装在保护栅或遮阳板下

注：本表序号即为表2.16中圆圈内的数字。

　　（2）根据电流、电压选择。控制和保护设备是按适用于一定的电流和电压范围（称为额定电压和额定工作电流）进行设计的，在选择时必须按照实际工作的电流、电压值来选择，不应超过或低于其额定电压与额定电流，否则会发生事故或缩短设备的使用寿命。

（3）根据保护条件选择。电力变压器低压侧一般选用带过电流保护的自动开关，并尽量带有短延时和长延时脱扣器，且短延时脱扣器的时限一般比低压出线时限大一级。对于需要自动切换的，还应带有低电压保护。

低压配电线路一般只做短路保护，但在有过负荷可能以及火灾和爆炸危险场所的低压配电线路，需要有过负荷保护。

电动机除装设短路保护装置外，还应装设过负荷和失压保护装置。电动机的过负荷保护一般采用热继电器。

在进户线或总电源处一般设置刀开关或隔离开关，便于检修。若需要自动切换，还可装设自动空气开关。在所有的配电线路中都应装设有短路保护装置和过载保护装置。在住宅的每户供电线路上应装设保护装置，最好是把照明线路与插座线路的保护装置分开，这样当插座回路出现故障时，不会影响到照明回路；酒店的每套客房应装设一个保护装置；在易潮湿、易触电、易燃场所及移动式用电设备供电的回路，应装设漏电保护装置。

2. 常用控制和保护设备按电流进行选择

（1）刀开关的选择。在选择刀开关时，要根据用途、环境来确定适当的型号，满足额定电压和额定电流的要求，并按线路短路时的电动稳定性和热稳定性电流进行校验。

刀开关安装在额定电压不超过 500V 的线路上，为保护刀开关能安全可靠运行，通过刀开关的计算电流不应大于刀开关的额定电流，即

$$I_N \geq I_j$$

式中　I_N——刀开关的额定电流；

I_j——线路的计算电流。

在正常情况下，刀开关可以接通和断开额定电流。对于普通的负荷来说，可以根据负载的额定电流来选择相应的刀开关；若刀开关控制电动机，则由于电动机的启动电流很大，所以选择刀开关的额定电流要比电动机的额定电流大一些。在选择刀开关时还要选择合适的操作机构，以便操作和维护方便。

刀开关的电动稳定性和热稳定性电流如表2.18所示。

表2.18　刀开关的电动稳定性和热稳定性电流

额定电流/A	电动稳定电流峰值/kA		1s 热稳定电流/kA
	中间手柄式	杠杆操作式	
100	15	20	6
200	20	30	10
400	30	40	20
600	40	50	25
1 000	50	60	30
1 500		80	40

（2）熔断器的选择。熔断器一般是指熔体底座和熔体的组合，在选用熔断器时，熔体的熔断电流绝不能大于其底座的额定电流，而熔体的额定熔断电流应根据不同用电设备来

选取。

在照明用电线路中，一般熔体的额定电流大于或等于负载的计算电流，即

$$I_N \geq I_j$$

若负荷是气体放电灯，则在其启动瞬间电流很大，因此，熔体额定电流应取得大一些。

$$I_N \geq (1.1 \sim 1.7) I_j$$

式中　I_N——刀开关的额定电流；

　　　I_j——线路的计算电流。

照明线路熔体选择可参考表2.19。

表2.19　照明线路熔体选择

熔断器型号	熔 体 材 料	熔体额定电流/A	熔体额定电流与线路计算电流之比		
			白炽灯、荧光灯	高压汞灯	高压钠灯
RC1A	铅、铜	≤60	1	1～1.5	1.1
RL1	铜、银	≤60	1	1.3～1.7	1.5

（3）空气开关的选择。在选择低压空气断路器时，要考虑以下几个技术指标：额定电压和额定电流、脱扣器的长延时动作整定电流和瞬时动作整定电流等。

断路器的额定电压应大于或等于线路的额定电压；断路器的额定电流应大于或等于线路的计算电流。

长延时动作的过电流脱扣器的整定电流应大于或等于线路的计算电流，即

$$I_{op1} \geq K_{k1} I_j$$

式中　I_{op1}——断路器长延时动作的整定电流；

　　　I_j——线路的计算电流；

　　　K_{k1}——长延时动作计算系数，其值见表2.20。

表2.20　长延时动作计算系数

脱 扣 器	计 算 系 数	白炽灯、荧光灯、卤钨灯	高压汞灯	高压钠灯
热脱扣器	K_{k1}	1	1.1	1

长延时动作用于线路或设备的过载保护。

瞬时动作的过电流脱扣器的整定电流应大于线路的尖峰电流，即

$$I_{op2} \geq K_{k2} I_j$$

式中　I_{op2}——断路器瞬时动作的整定电流；

　　　I_j——线路的计算电流；

　　　K_{k2}——瞬时动作计算系数，对于照明设备，其值一般取6。

瞬时动作用于线路或设备的短路保护。

（4）熔断器、断路器与导线的配合。为了使熔断器及断路器等保护装置在配电线路短路或过载时，能可靠地保护电线及电缆，必须考虑保护器动作电流与导线允许载流量的关系，一般可按表2.21选取。

表 2.21　保护装置整定值与配电线路允许持续电流配合

保护装置	无爆炸危险场所				有爆炸危险场所	
	过负荷保护		短路保护		橡皮绝缘电线及电缆	低绝缘电缆
	橡皮绝缘电线与电缆	低绝缘电缆	电线及电缆			
	电线及电缆允许持续电流 I					
熔体额定电流 I_N	$I_N \leqslant 0.8I$	$I_N \leqslant I$	$I_N \leqslant 2.5I$		$I_N \leqslant 0.8I$	$I_N \leqslant I$
断路器长延时动作电流 I_{op1}	$I_{op1} \leqslant 0.8I$	$I_{op1} \leqslant I$	$I_{op1} \leqslant I$		$I_{op1} \leqslant 0.8I$	$I_{op1} \leqslant I$

（5）各级保护的配合。为了使故障限制在一定的范围内，各级保护装置之间必须能够配合。

熔断器与熔断器间的配合关系为：一般要求上一级熔断器的熔断电流比下一级熔断器的熔断电流大 2～3 倍，这样才能保证熔断器动作的选择性。

断路器与断路器间的配合关系为：上一级断路器脱扣器的整定电流一定要大于下一级断路器脱扣器的整定电流，对于瞬时脱扣器整定电流也是同样的要求。

熔断器与断路器之间的配合关系为：当上一级为断路器，下一级为熔断器时，熔断器的熔断时间一定要小于断路器脱扣器动作所要求的时间；若上一级为熔断器，下一级为断路器，则断路器脱扣器动作时间一定要小于熔断器的最小熔断时间。

任务 2-4　变压器与电动机

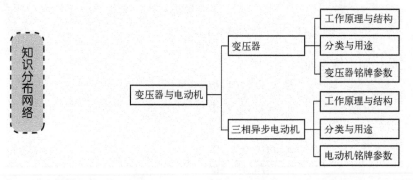

【任务背景】：变压器和电动机在工业、农业生产和科学实验中被广泛运用。在生活中，洗衣机、电风扇、电吹风、钻孔机、电钻等为什么会转动？它们的动力都来源于电动机。而且，在生产生活中我们也能看到各种用电设备的额定电压不一样，多数为 220V 或 380V，少数电动机也有采用 3kV 或 6kV 的，机床上和井下的安全照明灯为 36V。为了保证用电设备都能在额定电压下正常工作，供电时要利用变压器把电源的电压变换成为负载所需电压。可见，变压器和电动机是输配电系统中不可缺少的重要设备。

2.4.1　变压器

1. 工作原理

变压器是电力系统的重要设备。变压器是根据电磁感应原理制成的一种静止电器。它可

用来把某一数值的交变电压或电流变换为同频率的另一数值的交变电压或电流，实现电能的经济传输与灵活分配；也可用来变换阻抗、传输信号；还可用来调节电压、测试电量等。

变压器由两个互相绝缘套在一个共同的铁芯上的绕组（线圈）组成。绕组之间彼此有磁的耦合，但没有电的联系，变压器的基本工作原理如图 2.42 所示。其中一个绕组接到交流电源，称为原绕组；另一个绕组接到负载，称为副绕组。当变压器的原绕组施加上交变电压产生 U_1 时，便在原绕组中产生一交变电流 I_1，这个电流在铁芯中产生交变主磁通 Φ，因为原、副绕组共同绕在一个铁芯上，所以当磁通 Φ 穿过副绕组时，便在变压器副边感应出电势 E_2。根据电磁感应定律，感应电势的大小是和磁通通过的匝数及磁通变化率成正比的，即

$$E = 4.44fW\Phi$$

式中　E——感应电势（V）；

　　　f——频率（Hz）；

　　　W——线圈匝数（匝）；

　　　Φ——磁通（Wb）。

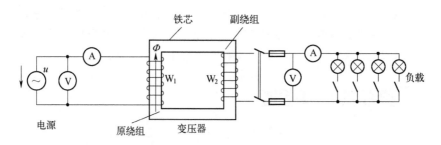

图 2.42　变压器的基本工作原理

由于磁通 Φ 穿过原、副边绕组而闭合，所以

$$E_1 = 4.44fW_1\Phi$$

$$E_2 = 4.44fW_2\Phi$$

两式相除得

$$\frac{E_1}{E_2} = \frac{4.44fW_1\Phi}{4.44fW_2\Phi} = \frac{W_1}{W_2} = K$$

K 称为变压器的变比。

在一般的电力变压器中，绕组电阻压降很小，仅占原绕组电压的 0.1% 以下，可以忽略不计，因此，$U_1 = E_1$，$U_2 = E_2$，则

$$\frac{U_1}{U_2} = \frac{E_1}{E_2} = \frac{W_1}{W_2} = K$$

由上式表明：变压器原、副绕组的电压比等于原、副绕组的匝数比。因此，要使原、副绕组有不同的电压，只要改变它们的匝数即可。例如，当原绕组的匝数 W_1 为副绕组匝数 W_2 的 25 倍，即 $K = 25$ 时，则该变压器是 25:1 的降压变压器。反之，为升压变压器。

2. 变压器的结构

变压器是由铁芯、绕组、冷却装置、绝缘套管等组成的，油浸式电力变压器如图 2.43

所示。铁芯和绕组是变压器的主体。

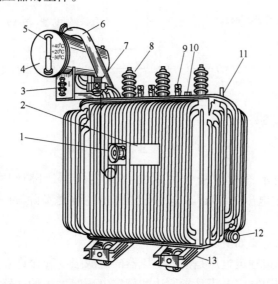

1—信号式温度计；2—铭牌；3—吸湿器；4—储油柜；5—油表；6—安全气道；7—瓦斯继电器；
8—高压套管；9—低压套管；10—分接开关；11—油箱；12—放油阀；13—小车

图2.43　油浸式电力变压器

铁芯是变压器的磁路部分，由硅钢片叠压而成。绕组是变压器的电路部分，用绝缘铜线或铝线绕制而成。变压器运行时自身损耗转化为热量，使绕组和铁芯发热，温度过高会损伤或烧坏绝缘材料，因此变压器运行需要有冷却装置。绝缘套管是为了固定引出线并使之与油箱绝缘。绝缘套管一般是瓷质的，其结构主要取决于电压等级。此外，变压器还装有瓦斯继电器、防爆管、分接开关、放油阀等附件。

3. 变压器的分类

变压器按用途分为：电力变压器、试验用变压器、仪器用变压器、特殊用途变压器。

变压器按相数分为：单相和三相两种。建筑用电一般采用三相电力变压器。

变压器按其冷却方式分为：油浸式变压器（油浸自冷式、油浸风冷式和强迫油循环等）、干式变压器、充气式变压器、蒸发冷却变压器。

变压器按其绕组材质分为：铜绕组和铝绕组两种。

变压器按绕组形式分为：自耦变压器、双绕组变压器、三绕组变压器。

4. 变压器的铭牌

变压器外壳上都有一块黑底白字的金属牌，其上刻有变压器的型号和主要技术数据。它相当于简单说明书，使用者只有正确理解铭牌中字母与数字的含义，才能正确使用这台变压器。

变压器的型号用来表示设备的特征和性能。变压器的型号一般由两部分组成：前一部分用汉语拼音字母表示变压器的类型和特点；后一部分由数字组成，斜线左方数字表示额定容量（kV·A），斜线右方数字表示高压侧额定电压（kV）。变压器型号的含义如图2.44所示。

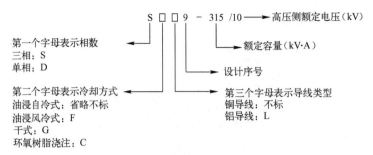

图 2.44　变压器型号的含义

所以 S9-315/10 表示三相油浸自冷式铜绕组变压器，设计序号为 9，额定容量为 315kV·A，高压侧额定电压为 10kV。电力变压器的主要类型除 S9 外，还有 S6、S7、SL7、SF7 等。

变压器的额定数据主要如下。

（1）额定电压。原边额定电压是根据变压器的绝缘强度和允许发热程度而规定的原边应加的正常工作电压。副边额定电压是指原边加额定电压时副边的开路电压，即空载电压。对三相变压器而言，原边和副边额定电压均指线电压，单位为 kV 或 V。

（2）额定电流。原边额定电流和副边额定电流是根据变压器允许发热程度而规定的原边与副边中长期允许通过的最大电流值。对三相变压器而言，原边额定电流和副边额定电流均为线电流。

（3）额定容量。额定容量指变压器在额定工作条件下的输出能力，即视在功率，用副边额定电压与额定电流的乘积来表示，单位为 kV·A。

单相变压器额定容量的计算公式为

$$S_N = \frac{U_{2N}I_{2N}}{1\,000}$$

三相变压器额定容量的计算公式为

$$S_N = \frac{\sqrt{3}\,U_{2N}I_{2N}}{1\,000}$$

（4）额定频率。额定频率指变压器运行时允许的外加电源频率。我国电力变压器的额定频率为 50Hz。

（5）温升。温升指变压器额定运行时，允许内部温度超过周围标准环境温度的数值。我国的标准环境温度规定为 40℃。温升的大小取决于变压器所用绝缘材料的等级，也与变压器的损耗和散热条件有关。允许温升等于由绝缘材料耐热等级确定的最高允许温度减去标准环境温度。

（6）变压器的效率。变压器的效率指变压器输出有功功率 P_2 与输入有功功率 P_1 之比，一般用百分数表示。

$$\eta = \frac{P_2}{P_1} \times 100\%$$

变压器的效率与内部损耗密切相关。变压器的内部损耗包括铜耗和铁耗。铜耗 P_{Cu} 是电流流过原、副绕组时在绕组电阻上消耗的电功率，即 $P_{Cu} = I_1 R_1 + I_2 R_2$，它随副边电流的大小而变化。铁耗 P_{Fe} 主要取决于电源频率和铁芯中的磁通量，与负载大小基本无关。变压器运行时，内部损耗转换成热能，使线圈和铁芯发热。而输入有功功率 P_1 是输出有功功率 P_2 与内部损耗功率之和，即 $P_1 = P_2 + P_{Cu} + P_{Fe}$。

变压器的内部损耗很小，所以效率很高。中小型电力变压器的效率可达 90% ～ 95%，大型电力变压器的效率可达 98% ～ 99%。由于铜耗与负载有关，因此，在不同的工作状态下变压器的效率也不同。当负载为额定负载的 50% ～ 75% 时，效率最高，而轻载时变压器效率很低。

【例2.4】 有一台三相油浸自冷式铝线变压器，$S_N = 180kV \cdot A$，Y，yn0 接法，U_{1N}/U_{2N} $= 10kV/0.4kV$，试求一次、二次绕组的额定电流各是多大。

解：

$$I_{1N} = S_N \times 1\,000/(\sqrt{3}\,U_{1N}) = 180 \times 10^3/(\sqrt{3} \times 10 \times 10^3) = 10.4A$$

$$I_{2N} = S_N \times 1\,000/(\sqrt{3}\,U_{2N}) = 180 \times 10^3/(\sqrt{3} \times 0.4 \times 10^3) = 259.8A$$

2.4.2 三相异步电动机

三相异步电动机是工业、农业生产中应用最广泛的一种动力机械。三相异步电动机分鼠笼式异步电动机和绕线式异步电动机，二者的差别在于转子的结构不同。鼠笼式电动机以其结构简单、运行可靠、维护方便、价格便宜等优点，在工程实际中应用广泛。本节重点介绍鼠笼式异步电动机。三相鼠笼式异步电动机的外形如图 2.45 所示。

1. 三相异步电动机的结构

三相异步电动机由两个基本部分组成：定子和转子，三相鼠笼式异步电动机的结构如图 2.46 所示。定子和转子之间有很小的空气隙（一般为 0.2 ～ 2mm），以保证转子在定子内自由转动。

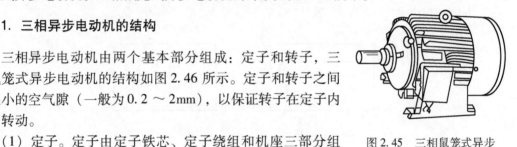

图 2.45 三相鼠笼式异步电动机的外形

（1）定子。定子由定子铁芯、定子绕组和机座三部分组成。定子铁芯是电动机的磁路部分，为减少铁芯中的涡流损耗，一般用 0.35 ～ 0.5mm 厚，表面涂有绝缘漆或氧化膜的硅钢片叠压而成。在定子硅钢片的内圆上冲制有均匀分布的槽口，用以嵌放对称的三相绕组。定子绕组是异步电动机的电路部分，与三相电源相连，其主要作用是通过定子电流，产生旋转磁场，实现能量转换。定子绕组由三相对称绕组组成，三相对称绕组按照一定的空间角度依次嵌放在定子槽内，并与铁芯间绝缘。一般异步电动机多将定子三相绕组的六根引线按首端 A、B、C，尾端 X、Y、Z，分别对应接在机座外壳的接线盒 U_1、V_1、W_1，U_2、V_2、W_2 内，可根据需要接成三角形和星形，如图 2.47 所示。

机座是电动机的外壳和固定部分，通常用铸铁或铸钢制成。其作用是固定定子铁芯和定子绕组，并以前后两端支承转子轴，它的外表面还有散热作用。

（2）转子。转子是异步电动机的旋转部分，由转轴、铁芯和转子绕组三部分组成，它的作用是输出机械转矩，拖动负载运行。转子铁芯也是由硅钢片叠成的，转子铁芯固定在转轴上，呈圆柱形，外圆侧表面冲有均匀分布的槽，槽内嵌放转子绕组。转子绕组在结构上分为鼠笼式和绕线式两种。

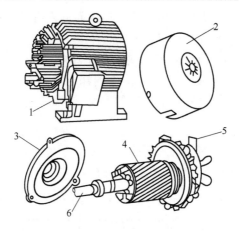

1—定子；2—风罩；3—端盖；4—转子；5—风扇；6—轴

图2.46　三相鼠笼式异步电动机的结构

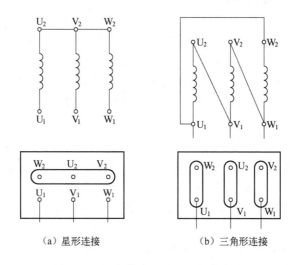

（a）星形连接　　　　　　　　　（b）三角形连接

图2.47　三相异步电动机的定子接线

鼠笼式转子绕组在转子导线槽内嵌放铜条或铝条，并在两端用金属体（也叫短路环）焊接成鼠笼形式，如图2.48所示。在中小型异步电动机中鼠笼式转子多采用熔化的铝浇铸在转子导线槽内，有的还连同短路环、风扇叶等用铝铸成整体。

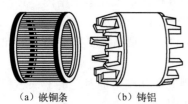

（a）嵌铜条　　　（b）铸铝

图2.48　鼠笼式转子

绕线式转子绕组和定子绕组一样，也是三相对称绕组，但通常接成星形，每相的始端连接在三个铜制的滑环上，滑环固定在转轴上，环与环、环与转轴都互相绝缘，在环上用弹簧压着碳质电刷。绕线式电动机结构较为复杂，成本比鼠笼式电动机高，但它具有较好的启动性能，在一定范围内它的调速性能也比鼠笼式电动机好。

2. 三相异步电动机的工作原理

异步电动机的转子之所以能够旋转，是由于旋转磁场对转子导体做相对运动的结果。旋转磁场是以一定速度按一定的方向不断旋转的磁场。将三相对称电源接入电动机的定子对称三相绕组中，就形成对称三相电流，在三相绕组中所形成的合成磁场就是一个随时间变化的旋转磁场，转向如图 2.49 中 n_1 箭头所示，其转速为 n_1。当磁场掠过转子的闭合导体时，导体就切割磁力线产生感应电动势和电流。感应电流的方向根据右手螺旋定则来确定，这个电流与旋转磁场相互作用，产生电磁力 F，其方向由左手螺旋定则来确定。显然上述电磁力对转子形成了与 n_1 同方向的电磁力矩，在此转矩的作用下，转子就以 n 转速顺着 n_1 的转向旋转。但 n 总是小于 n_1，只有这样，转子的闭合导体才能切割磁力线，在其中感应电势，流过电流，产生电磁力矩，带动负载。这就是三相异步电动机的简单工作原理。

三相绕组中每相分别由一组线圈组成，通入三相交流电，建立起来的是一对磁极的旋转磁场；如果每相绕组由两组线圈组成，只要将这两组线圈适当地安放与连接，就可以建立起两对磁极的旋转磁场来，其转速为一对磁极时旋转磁场转速的一半。在一对磁极的电动机中，电流变化一周，旋转磁场在空间也旋转一周；在两对磁极的电动机中，电流变化一周，旋转磁场在空间旋转半周。设电源频率 $f = 50$Hz，旋转磁场的转速 n_1 为：磁极对数 $p = 1$ 时，$n_1 = 60f = 60 \times 50 = 3\ 000$r/min；磁极对数 $p = 2$ 时，$n_1 = 60f/2 = 60 \times 50/2 = 1\ 500$r/min。由此可以推广到具有 p 对磁极的异步电动机，其旋转磁场的转速为

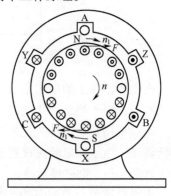

图 2.49 三相异步电动机
工作原理图

$$n_1 = 60f/p$$

式中　n_1——旋转磁场的转速，也叫同步转速（r/min）；

　　　f——交流电源频率（Hz）；

　　　p——磁极对数。

旋转磁场的转速 n_1 和异步电动机转子的转速 n 的转速差 Δn 为

$$\Delta n = n_1 - n$$

它是旋转磁场相对于转子的转速。通常用转差率来表示旋转磁场和转子转速相差的程度，以 s 来表示。

$$s = \Delta n/n_1$$

3. 三相异步电动机的铭牌

要正确使用电动机，必须先看懂铭牌，因为铭牌上标有电动机额定运行时的主要技术数据。三相异步电动机的铭牌如图 2.50 所示。

Y160M-4 为该电动机的型号，含义为异步电动机，机座中心高 160mm，机座长度为中机座，电动机磁极数是 4 极。

电动机铭牌上的功率是指电动机的额定功率，也称容量。它表示在额定运行情况下，电动机轴上输出的机械功率，单位为千瓦（kW），通常用 P_N 表示。

电动机铭牌上的电压是指电动机的额定电压，即电动机额定运行时定子绕组应加的线电压。上述铭牌实例上所标的"380V、接法△"表示该电动机定子绕组接成三角形，应加的电源线电压为 380V。目前，我国生产的异步电动机若不特殊订货，额定电压均为 380V，

3kW 以下为 Y 形连接，其余均为△形连接。

三相导步电动机

型号 Y160M-4　　功率 11kW　　　频率 50Hz

电压 380V　　　　电流 22.6A　　　接法 △

转速 1460r/min　　温升 75℃　　　绝缘等级 B

防护等级 IP44　　　质量 120kg　　　工作方式 S1

××电机厂　　　　　　　　年　月

图 2.50　三相异步电动机的铭牌

电动机铭牌上的电流是指电动机的额定电流，即电动机在额定频率、额定电压和额定输出功率时，定子绕组的线电流。

电动机铭牌上的转速是指在额定频率、额定电压和额定负载下电动机每分钟的转速，即额定转速。由于额定转速接近于同步转速，故从 n_N 可判断出电动机的磁极对数。例如，转速为 1 400r/min，则磁极对数 $p = 2$。

电动机铭牌上的频率是指加在电动机定子绕组上的电源频率，在我国是 50Hz。

电动机铭牌上的工作方式主要分为连续、短时、断续三种。连续方式指电动机可按铭牌上给出的额定功率长期连续运行。拖动通风机、水泵等生产机械的电动机常为连续工作方式。短时方式运行时间短，停歇时间长，每次只允许在规定的时间内按额定功率运行，如果连续使用则会使电动机过热。拖动水闸闸门电动机常为短时工作方式。断续工作电动机的运行与停歇交替进行。起重机械、电梯、机床等均属断续工作方式。

电动机铭牌上的温升与绝缘等级。电动机在运行过程中产生的各种损耗转化成热量，致使电动机绕组温度升高。铭牌中的温升是指电动机运行时，其温度高出环境温度的允许值。环境温度规定为 40℃，允许温升取决于电动机绝缘材料的耐热性能，即绝缘等级。常用绝缘材料的绝缘等级及其最高允许温度如表 2.22 所示。

表 2.22　常用绝缘材料的绝缘等级及其最高允许温度

绝 缘 等 级	A 级	E 级	B 级	F 级	H 级
最高允许温度/℃	105	120	130	155	180

电动机铭牌上的防护等级是指电动机外壳形式的分级，IP 是"国际防护"的英文缩写。上述铭牌中的第一位"4"是指防止直径大于 1mm 的固体异物进入，第二位"4"是指防止水滴溅入。

效率是指电动机额定运行时，电动机轴上的输出功率与输入功率的比值，即

$$\eta = \frac{P_N}{P_1} \times 100\% = \frac{P_N}{\sqrt{3} U_N I_N \cos\varphi} \times 100\%$$

式中　U_N、I_N——电动机的额定电压与额定电流；

$\cos\varphi$——电动机的功率因数；

φ——定子相电压与相电流之间的相位差。

一般鼠笼式电动机在额定运行时效率为 72% ～ 93%，异步电动机的功率因数较低，在额定负载时为 0.7 ～ 0.9，而在轻载和空载时更低，空载时只有 0.2 ～ 0.3。因此，必须正确选择电动机容量，防止"大马拉小车"和"小马拉大车"现象发生，并尽量缩短空载时间。

实训 3 建筑供配电系统认识

一、实训目的

（1）认识供配电系统的基本组成，各部分、各元件的主要功能；
（2）建立电力系统的概念。

二、实训器材

模拟变电所（或变电所）。

三、实训步骤

1. 查看变电所配电屏

从屏上观察和熟悉以下内容。
（1）10kV 主接线方式；
（2）隔离开关、断路器配置情况，开关、断路器的编号情况；
（3）主变压器的接线形式；
（4）380V 出线数；
（5）避雷器、接地刀闸的配置情况；
（6）补偿电容器、接地及站用变压器、消弧线圈、PT、CT 配置情况。

2. 查看 10kV 配电间隔柜

（1）仔细观察各 10kV 配电间隔柜，分析各间隔柜的功能，结合线路图确定各间隔柜之间的连接关系。
（2）查看配电屏上线路图中从两台主变压器副边到两段 10kV 母线之间的 10kV 进线上包括哪些设备，打开 10kV I 段和 II 段进线柜，找到相应的设备。
（3）查看 PT 支路上有哪些设备，打开 I 段和 II 段 PT 间隔柜，找到相应的设备。
（4）查看电容支路、出线支路上有哪些设备，打开 I 段和 II 段电容间隔柜、各出线间隔柜，找到相应的设备。
（5）打开站用变压器柜及消弧线圈柜、10kV 母联柜，查看相应的设备，与接线图进行对照。
（6）对照线路图确定各器件之间的连接关系，加深对 10kV 系统的印象，进一步认识和体会 10kV 系统的情况。

3. 查看 10kV 线路柜

结合原理图查看 10kV 线路柜等的结构，打开 10kV 线路柜，查看内部结构，找到原理图中器件的实际位置。

4. 查看负荷柜

打开负荷柜，结合原理图查看各实际器件，熟悉连接关系。

5. 模拟系统上电演示（如无模拟变电所此项可不操作）

（1）关闭所有柜子的前后柜门。
（2）检查所有开关是否都处于断开位置，尤其要检查接地刀闸。
（3）根据对模拟系统整体情况的认识，自行拟定上电操作顺序。
（4）经指导教师审核批准后，按拟定的操作对模拟系统进行上电。
（5）上电、停电过程可进行多次，以熟悉实验系统的使用方法。
（6）最后拉开模拟系统所有开关和刀闸，拉开电源刀闸，实验完毕。

6. 实训结束

实训结束后，整理好本次实训所用的器材、工具、仪器、仪表。清扫工作台，打扫实训室。

四、注意事项

通电前必须自检无误并征得指导教师的同意，通电时必须有指导教师在场方能进行。在操作过程中应严格遵守操作规程以免发生意外。

五、实训思考

（1）常见的低压配电柜有哪些种类及特点？
（2）10kV 变电所的变压器为什么采用 D，yn11 连接组方式？
（3）高压开关柜的"五防"功能是指什么？

实训 4　低压电器的拆装

一、实训目的

（1）通过对各种常用低压电器的观察研究，熟悉常用低压电器的结构、工作原理、用途及主要参数；

（2）能正确选用、安装、检测和维修常用低压电器。

二、实训设备

（1）常用电工工具一套；
（2）万用表一只；
（3）断路器、熔断器、接触器等常用低压电器；
（4）低压配电柜。

三、实训步骤

1. 实验准备

在不通电的情况下，用万用表或肉眼检查各元器件各触点的分合情况是否良好，器件外部是否完整无缺；检查螺钉是否完好，是否滑丝；检查接触器的线圈电压与电源电压是否相符。

2. 观察各种低压电器的结构

了解其工作原理、保护性能和使用方法。
（1）观察各种低压熔断器；
（2）观察各种低压开关（包括刀开关、刀熔开关、负荷开关和断路器）；
（3）观察各种低压电流互感器；
（4）记录本次实训的低压电器型号_____。

3. 观察低压配电屏的结构

了解其主接线方案和主要设备布置，并通过实际操作，了解其运行操作方法。

4. 拆装低压电器元件

（1）拆装交流接触器、中间继电器等低压电气元件。
（2）手动检查各活动部件是否灵活，固定部分是否松动，线圈阻值是否正确。
（3）用万用表分别检查各电器触头的动作情况，线圈的通断情况，分清什么叫常开、常闭触头及其动作特点。
（4）观察交流线圈等低压电器内部结构，记录线圈电压，观察灭弧装置和触点系统主触头、辅助触头、触点弹簧、灭弧罩等的结构，并记录在表 2.23 中。

表 2.23　低压电器观察记录表

低压电器名称	额定电压/V	额定电流/A	吸引线圈		主触头	辅助触头		
			额定电压/V		数量	类型	常开	常闭
			电阻值/Ω			数量		

（5）通电检查各触点压力是否符合要求，声音是否正常。

四、注意事项

通电前必须自检无误并征得指导教师的同意，通电时必须有指导教师在场方能进行。在操作过程中应严格遵守操作规程以免发生意外。

五、实训思考

（1）电弧是如何产生的？有哪些危害？常用的灭弧方法有哪些？
（2）中间继电器与交流接触器最主要的差异是什么？
（3）在接触器的铭牌上常见到 AC3、AC4 等字样，它们有何意义？

知识梳理与总结

本任务主要介绍了建筑电力系统中常用高、低压设备和电力线路的特点及作用，负荷计算方法，控制保护设备选择，电力线路选择等知识，通过本任务的学习，读者应掌握运用电力系统负荷计算解决实际问题的基本技能。基本技能要求如下：
（1）能够正确运用负荷计算方法解决低压配电系统负荷计算；
（2）能够运用负荷计算成果选择电动机及控制保护设备；
（3）能够运用负荷计算成果选择合适的变压器及配电线路；
（4）熟悉电力系统中低压配电系统的施工要求。

练习题2

1. 选择题

（1）建筑物一级用电负荷供电应（　　）。
　　A. 两个以上独立电源供电并增设应急电源　　　B. 两个独立电源供电
　　C. 两个电源供电　　　　　　　　　　　　　　D. 无特殊要求
（2）建筑物二级用电负荷供电应（　　）。
　　A. 两个以上独立电源供电并增设应急电源　　　B. 两个独立电源供电
　　C. 两个电源供电　　　　　　　　　　　　　　D. 无特殊要求
（3）低压配电系统起漏电保护作用的设备是（　　）。
　　A. 刀开关　　　　B. 熔断器　　　　C. 自动空气开关　　　　D. 漏电保护器
（4）低压配电系统具有短路、过载和失压等保护作用并可作为开关的设备是（　　）。
　　A. 刀开关　　　　B. 熔断器　　　　C. 自动空气开关　　　　D. 漏电保护器
（5）某三相负载额定电压是 380V，如连接在三相四线制供电线路应做（　　）连接。
　　A. Y 形　　　　B. △形　　　　C. Y/△形　　　　D. △/Y 形

（6）某三相电动机额定电压是 220V，如连接在三相四线制供电线路应做（　　）连接。

　　A. Y 形　　　　　　　B. △形　　　　　　C. Y/△形　　　　　　D. △/Y 形

（7）当在配电室内裸导体上方布置灯具时，灯具与导体的水平净距应不小于（　　）。

　　A. 2.5m　　　　　　B. 2.0m　　　　　　C. 1.0m　　　　　　D. 1.5m

（8）固定式双排背对背布置屏前通道最小宽度尺寸为（　　）。

　　A. 1 500mm　　　B. 2 050mm　　　C. 3 000mm　　　D. 3 500mm

（9）电压等级 110kV 油浸式变压器最小防火净距为（　　）。

　　A. 2m　　　　　　B. 6m　　　　　　C. 7m　　　　　　D. 8m

（10）低压电容器应按组装设熔断器作为短路保护，其熔体额定电流可为电容器额定电流的（　　）倍。

　　A. 1.0～1.5　　　B. 1.7～1.8　　　C. 1.3～1.8　　　D. 1.8～1.9

2. 思考题

（1）什么叫电力系统和电力网？

（2）我国电网电压等级分哪几级？

（3）电力负荷分几级？各级负荷对供电电源有何要求？

（4）变配电所选址原则是什么？

（5）什么是变配电所主接线？有哪几种形式？它们各有何特点？

（6）变电所建设的注意事项有哪些？

（7）什么叫负荷曲线？为什么规定取 30min 平均最大负荷为计算负荷？

（8）高压断路器有哪些作用？常用的 10kV 高压断路器有哪几种？各有何特点？

（9）高压隔离开关的作用是什么？为什么不能带负荷操作？

（10）高压负荷开关有哪些功能？能否实现短路保护？

（11）互感器的作用是什么？有哪两大类？使用时有哪些注意事项？

（12）常用的高压、低压开关柜主要有哪些？

（13）低压配电系统的配电形式有哪些？

（14）电能表工作原理是什么？

（15）低压刀开关有哪些种类？低压空气断路器有哪些组成部分？

（16）交流接触器的动作原理是什么？

（17）低压熔断器的种类及其特点有哪些？

（18）低压配电线路的结构及其特点是什么？

（19）导线选择的方法和要求有哪些？

3. 计算题

（1）某大楼采用三相四线制供电，楼内的单相用电设备有：加热器 5 台各 2kW，干燥器 4 台各 3kW，照明用电 2kW。试将各类单相用电设备合理地分配在三相四线制线路上，并确定大楼的计算负荷。

（2）某工地采用三相四线制 380/220V 供电，有一临时支路上需带 30kW 的电动机 2 台，8kW 的电动机 15 台，电动机的平均效率为 83%，平均功率因数为 0.8，需要系数为 0.62，总配电盘至该临时用电的配电盘的距离为 250m，若允许电压损失为 7%，试问应选用多大截面的铜芯塑料绝缘导线供电？

（3）有一条三相四线制 380/220V 低压线路，其长度为 200m，计算负荷为 100kW，功率因数为 0.9，线路采用铜芯塑料绝缘导线穿钢管暗敷。已知敷设地点的环境温度为 30℃，试按发热条件选择所需导线截面。

（4）一台三相鼠笼式异步电动机，铭牌上标有 380/220V、Y/△字样，如果将它接在线电压为 380V 的电源上，应怎样连接？如接在线电压为 220V 的电源上，又该如何连接？

（5）某三相电力变压器的额定容量为 $S_N = 400$kV·A，额定电压为 $U_{1N}/U_{2N} = 10$kV/ 0.4kV，采用 Y 形连接，试求一次、二次的额定线电流。

学习情境 3

建筑电气照明技术应用

项目任务	任务 3-1　认识电气照明系统	学时	6
	任务 3-2　电气照明设计与计算		
教学载体	实训中心、教学课件及教材相关内容		
教学目标	知识方面	掌握建筑电气照明的基本概念；熟悉常用电光源的特点和灯具种类、建筑的照明种类和照度标准、灯具的选择及布置；了解照度常用计算方法和电气照明设计的一般过程	
	技能方面	能够正确运用照度计算方法解决工程实际设计中的具体问题	
过程设计	任务布置及知识引导——分组学习、讨论和收集资料——学生编写报告，制作 PPT，集中汇报——教师点评或总结		
教学方法	项目教学法		

任务 3-1 认识电气照明系统

【任务背景】：社会越进步，经济越发展，生活水平越高，人们对建筑电气照明就越讲究，对照度、光环境要求越高，这就要求学生掌握一定的照明基本知识和概念，这对学生更深层次地认识建筑照明系统有着非常重要的意义。

3.1.1 常用照明电光源

在照明工程中使用的各种各样电光源，按其工作原理可分为两大类：一类是热辐射光源，如白炽灯、卤钨灯等；另一类是气体放电光源，如荧光灯、高压汞灯、高压钠灯等。

1. 热辐射光源

（1）白炽灯。白炽灯是最早出现的光源，它利用电流流过钨丝形成白炽体的高温热辐射发光。白炽灯具有构造简单，使用方便，能瞬间点燃，无频闪现象，显色性能好，价格便宜等特点，但因热辐射中只有百分之几到百分之十几为可见光，故发光效率低，一般为7～19lm/W。由于钨丝存在蒸发现象，故寿命较短，平均寿命为1 000h，抗震性能低。为减少钨丝的蒸发，40W以下的灯泡为真空灯泡，40W以上的则充以惰性气体。白炽灯结构如图3.1所示。

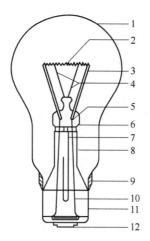

1—玻璃泡壳；2—钨丝；3—引线；4—钼丝支架；5—杜美丝；6—玻璃夹封；

7—排气管；8—芯柱；9—焊泥；10—引线；11—灯头；12—焊锡触点

图 3.1 白炽灯结构

白炽灯用途很广，除普通白炽灯外，还有磨砂灯、漫射灯、反射灯、装饰灯、水下灯、局部照明灯。白炽灯的灯头有螺口式和插口式两种。普通白炽灯型号及参数如表3.1所示。

表3.1　普通白炽灯型号及参数

灯泡型号	额定值			极限值		外形尺寸/mm			平均寿命/h
	电压/V	功率/W	光通量/lm	功率/W	光通量/lm	D	螺口式灯头 L≤	插口式灯头 L≤	
PZ220-15	220	15	110	16.1	95	61	110	1 085	1 000
PZ220-25		25	220	26.5	183				
PZ220-40		40	350	42.1	301				
PZ220-60		60	630	62.9	523				
PZ220-100		100	1 250	104.5	1 075				
PZ220-150		150	2 090	156.5	1 797	81	175		
PZ220-200		200	2 920	208.5	2 570				
PZ220-300		300	4 610	312.5	4 057	111.5	240	—	
PZ220-500		500	8 300	520.0	7 304				
PZ220-1000		1 000	18 600	1 040.5	16 368	131.5	281		

注：(1) 灯泡可按需要制成磨砂、乳白色及内涂白色的玻壳，但其光参数允许较表中值降低使用：磨砂玻壳降低3%，内涂白色玻壳降低15%，乳白色玻壳降低25%。

(2) 外形尺寸：D为灯泡外径，L为灯泡长度。

使用白炽灯的注意事项：

① 应按额定电压使用白炽灯，因为电压的变化对白炽灯的寿命和光效影响较大。如电压高出其额定电压值5%，白炽灯的寿命将缩短50%，故电源电压偏移不宜大于±2.5%。

② 白炽灯的钨丝冷态电阻比热态电阻小得多，所以起燃时电流约为额定值的6倍以上。

③ 白炽灯发热的玻壳表面温度较高。其温度近似值如表3.2所示。

表3.2　白炽灯玻壳表面温度近似值

白炽灯额定功率/W	15	25	40	60	100	150	200	300	500
玻壳表面温度/℃	42	64	94	111	120	151	147.5	131	178

(2) 卤钨灯。由于白炽灯的钨丝在热辐射的过程中蒸发并附着在灯泡内壁，从而使发光效率降低，寿命缩短。为减缓这一进程，人们在灯泡内充以少量的卤化物（如溴、碘），利用卤钨循环原理来提高灯的发光效率和寿命。卤钨灯的结构示意图如图3.2所示。

卤钨循环作用是从灯丝蒸发出来的钨在灯泡内与卤素反应形成挥发性的卤化钨，因为灯泡内壁温度很高而不能附着其上。通过扩散、对流，当到了高温灯丝附近又被分解成卤素和钨，钨被吸附在灯丝表面，而卤素又和蒸发出来的钨反应，如此反复使灯泡发光效率提高30%，寿命延长50%。为使卤钨灯泡内壁的卤化钨能处于气态，而不至于有钨附着在灯泡内壁上，灯泡壁的温度要比白炽灯高很多（约600℃），相应灯泡内气压也高，为此灯泡壳必须使用耐高温的石英玻璃。

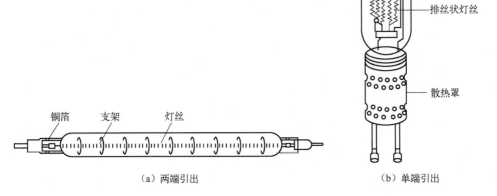

（a）两端引出　　　　　　　　　　　（b）单端引出

图 3.2　卤钨灯的结构示意图

卤钨灯的光谱能量分布与白炽灯相近似，也是连续的。卤钨灯具有体积小、功率大、能瞬间点燃、可调光、无频闪效应、显色性好、发光效率高等特点，故多用于较大空间和要求高照度的场所，如电视转播照明、摄影、绘图等场所。卤钨灯的缺点是抗震性差，在使用中应注意以下几点。

① 为保持正常的卤钨循环，故对管形灯应水平放置，倾角范围为 ±4°。

② 不宜靠近易燃物，连接灯脚的导线宜用耐高温导线，且接触要良好。

③ 卤钨灯灯丝细长又脆，要避免受震动或撞击，也不宜用于移动式局部照明。

2. 荧光灯

荧光灯俗称日光灯，是一种低压汞蒸气弧光放电灯。它利用汞蒸气在外加电压的作用下产生弧光放电时发出大量的紫外线和少许的可见光，再靠紫外线激励涂覆在灯管内壁的荧光粉，从而再发出可见光来。由于荧光粉的配料不同，发出可见光的光色不同，常见荧光灯的结构如图 3.3 所示。在真空的玻璃管体内充入一定量的稀有气体，并装入少许的汞粒，管内壁涂覆一层荧光粉。管的两端分别装有可供短时间点燃的钨丝，在荧光灯正常工作时又作为电极用。

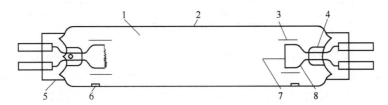

1—氩和汞蒸气；2—荧光粉涂层；3—电极屏罩；4—芯柱；5—两引线的灯帽；6—汞；7—电极；8—引线

图 3.3　荧光灯的结构

在荧光灯工作电路中常有一个启辉器配件，启辉器的结构如图 3.4 所示，其作用是能将电路自动接通 1 ～ 2s 后又将电路自动断开。

荧光灯的工作原理如图 3.5 所示，图中 K 是启辉器，L 是镇流器（实质是一个铁芯电感线圈）。当开关 S 接通电源后，首先启辉器内产生辉光放电，致使双金属片可动电极受热伸开，使两极短接，从而有电流通过荧光灯灯丝，灯丝加热后靠涂覆在钨丝上的碱土氧化物发射电子，并使灯管内的汞气化。这时由于启辉器两极短接后辉光放电随之停止，热源消失，故在短时间（1～2s）内双金属片冷却收缩又恢复断路，就在启辉器由通路到断路的这一瞬间，由于突然断开灯丝加热电流，导致镇流器线圈电流突然减小，由 $e = -L di/dt$ 可知，在镇流器线圈两端便会感应产生很高的感应电势，这一感应电势与电源电压叠加在荧光灯管两端，瞬间使管内两极间形成很强的电场，则使灯丝发射的电子以高速从一端射向另一端，同时撞击汞蒸气微粒，促使汞蒸气电离导通产生弧光放电发出紫外线，激励荧光物发出可见光。灯管起燃后，在灯管两端就有电压降（100V 左右），使启辉器上电压达不到启辉电压，而不再起作用。镇流器在灯管起燃和起燃后，都起着限制和稳定电流的作用。

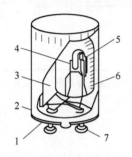

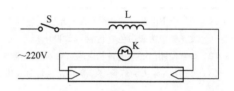

1—绝缘底座；2—外壳；3—电容器；4—静触头；
5—双金属片；6—玻璃壳内充惰性气体；7—电极

图 3.4　启辉器的结构

S—开关；L—镇流器；K—启辉器

图 3.5　荧光灯的工作原理

荧光灯具有发光效率高，寿命长，表面温度低，显色性较好，光通分布均匀等特点，应用广泛。荧光灯缺点主要有在低温环境下启动困难，而且光效显著减弱，荧光灯最佳环境温度为 20～35℃；另外，荧光灯功率因数低，约 0.5 左右，而且受电网电压影响很大，电压偏移太大，会影响光效和寿命，甚至不能启动。目前常用电子镇流器，利用电子电路取代电感线圈，可使功率因数提高到 0.9 以上，同时解决了荧光灯随交流电流的变化而引起的频闪现象。

20 世纪 70 年代以来，荧光灯朝细管径、紧凑型方向发展。普通直管荧光灯管径为 40.5mm 和 38mm 两种，紧凑型和细管荧光灯如图 3.6 所示。目前我国已成功地开发 T8 型 36W（26mm）荧光灯，与普通直管荧光灯相比，其显色指数达到 85～95（T12 为 55～70），光效提高到 971m/W，使用寿命提高到 8 000h。紧凑型节能荧光灯，包括单端荧光灯和普通照明自镇流荧光灯（简称节能灯），其结构有 H、U 等多种形式，使用三基色荧光粉，显色性好；其光效是白炽灯的 5～7 倍，寿命是白炽灯的 5 倍。直管荧光灯管型号及参数见表 3.3。

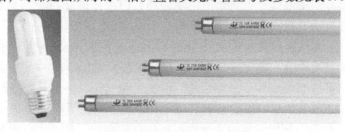

图 3.6　紧凑型和细管荧光灯

表 3.3　直管荧光灯管型号及参数

灯管型号	功率 /W	光通量 /lm	工作电压 /V	外形尺寸/mm				灯头型号	平均寿命 /h
				L 最大值	L_1		D 最大值		
					最大值	最小值			
YZ20RR		775							
YZ20RL	20	835	57	604	589.8	586.8	40.5		3 000
YZ20RN		880							
YZ30RR		1 295						G13	
YZ30RL	30	1 415	81	908.8	894.6	891.6	40.5		
YZ30RN		1 465							5 000
YZ40RR		2 000							
YZ40RL	40	2 200	103	1 213.6	1 199.4	1 196.4	40.5		
YZ40RN		2 285							

注：(1) 型号中 RR 表示发光颜色为日光色（色温为 6 500K）；RL 表示发光颜色为冷白色（色温为 4 500K）；RN 表示发光颜色为暖白色（色温为 2 900K）。

(2) 灯管使用时必须配备相应的启辉器和镇流器。

(3) 外形尺寸：L 为灯管净长度，L_1 为灯管长度，D 为灯管管径。

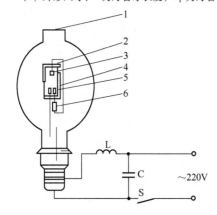

1—外泡壳；2—放电管；3、4—主电极；5—辅助电极；
6—灯丝；L—镇流器；C—补偿电容器；S—开关

图 3.7　荧光高压汞灯的构造和工作线路

3. 高强度气体放电灯（HID 灯）

（1）高压汞灯。高压汞灯分荧光高压汞灯、反射型荧光高压汞灯和自镇流荧光高压汞灯三种。反射型荧光高压汞灯玻璃壳内壁上镀有铝反射层，具有定向光反射性能，做简单的投光灯使用。自镇流荧光高压汞灯利用自身的钨丝代做镇流器。荧光高压汞灯的构造和工作线路如图 3.7 所示。其工作原理是，在接通电源后，第一主电极与辅助电极间首先击穿产生辉光放电，使管内的汞蒸发，再导致第一主电极与第二主电极击穿，发生弧光放电产生紫外线，使管壁荧光物质受激励而产生大量的可见光。

高压汞灯具有光效率高、耐震、耐热、寿命长等特点。但缺点是不能瞬间点燃，启动时间长，且显色性差。电压偏移对光通输出影响较小，但电压波动过大，当电压突然降低 5% 以上时，可导致灯自动熄灭，再次启动又需 5 ～ 10s，故电压变化不宜大于 5% 。

（2）高压钠灯。高压钠灯在放电发光管内充入适量的氩或氙惰性气体，并加入足够的钠，主要以高压钠蒸气放电，其辐射光波集中在人眼较灵敏的区域内，故光效高，约为荧光高压汞灯的两倍，可达 110lm/W，且寿命长，但显色性欠佳，平均显色指数 21。电源电压的变化对高压钠灯的光电参数影响较为显著，当电压突降 5% 以下时，可造成灯自行熄灭，而再次启动又需 10 ～ 15s。环境温度的变化对高压钠灯的影响不显著，它能在 −40 ～ 100℃ 范围工作。高压钠灯的构造和工作线路如图 3.8 所示。高压钠灯除光效高、寿命长以外，还具

有紫外线辐射小，透雾性能好，耐震等优点，宜用于照度要求较高的大空间照明。

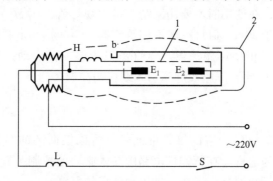

S—开关；L—镇流器；H—加热线圈；b—双金属片；E_1、E_2—电极；1—陶瓷放电管；2—玻璃外壳

图3.8 高压钠灯的构造和工作线路

（3）金属卤化物灯。它是在荧光高压汞灯的基础上为改善光色而发展起来的新一代光源，与荧光高压汞灯类似，但在放电管中，除充有汞和氩气外，另加入能发光的以碘化物为主的金属卤化物，其外形如图3.9所示。当放电管工作时，使金属卤化物气化，靠金属卤化物的循环作用，不断向电弧提供相应的金属蒸气，使金属原子在电弧中受激发而辐射该金属卤化物的特征光谱线。选择不同的金属卤化物品种和比例，便可制成不同光色的金属卤化物灯。金属卤化物灯的构造和工作线路如图3.10所示。与高压汞灯相比，其光效更高（70～100lm/W），显色性良好，平均显色指数60～90，紫外线辐射弱，但寿命较高压汞灯低。

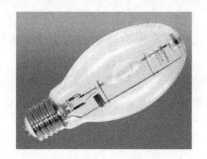

图3.9 金属卤化物灯外形

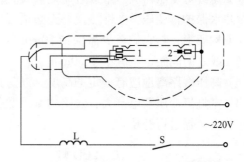

1、2—主电极；S—开关；L—镇流器

图3.10 金属卤化物灯的构造和工作线路

这种灯在使用时需配用镇流器，1 000W 钠、铊、铟灯尚须加触发器启动。电源电压变化不但影响光效、管压、光色，而且电压变化过大时，灯会有熄灭现象，为此，电源电压变化不宜超过 ±5%。

4. 氙灯

氙灯为惰性气体放电弧光灯，其光色很好。氙灯按电弧的长短又可分为长弧氙灯和短弧氙灯，其功率较大，光色接近日光，因此有"人造小太阳"之称。高压氙灯有耐低温、耐高温、耐震、工作稳定、功率较大等特点。长弧氙灯特别适合在广场、车站、港口、机场等大面积场所照明。短弧氙灯是超高压氙气放电灯，其光谱要比长弧氙灯更加连续，与太阳光谱

很接近，称为标准白色高亮度光源，显色性好。

氙灯紫外线辐射强，在使用时不要用眼睛直接注视灯管，用做一般照明时，要装设滤光玻璃，安装高度不宜低于 20m。氙灯一般不用镇流器，但为提高电弧的稳定性和改善启动性能，目前小功率管形氙灯仍使用镇流器。氙灯需采用触发器启动，每次触发时间不宜超过 10s，灯的工作温度高，因此，灯座及灯头引入线应耐高温。

5. 霓虹灯

霓虹灯是一种辉光放电灯，它的灯管细而长，可以根据装饰的需要弯成各种图案或文字，用做广告或指示最为适宜。在霓虹灯电路中接入必要的控制装置，可以得到循环变化的彩色图案和自动明灭的灯光闪烁，造成一种生动活泼的气氛。

霓虹灯由电极、引入线、灯管组成。灯管的直径为 6 ～ 20mm，发光效率与管径有关。灯管抽成真空后再充入少量氩、氖、氙等惰性气体或少量汞。有时还在灯管内壁涂以各种颜色的荧光粉或各种透明材料，使霓虹灯能发出各种鲜艳的色彩。

霓虹灯的特点是高电压、小电流。一般通过设计的漏磁式变压器给霓虹灯供电。根据安全要求，一般霓虹灯变压器的二次侧空载电压不大于 15kV，二次侧短路电流比正常运行电流高 15% ～ 25%。

安装使用霓虹灯的注意事项：

（1）霓虹灯变压器的二次电压较高，约 6 ～ 15kV，故二次回路与所有金属构架、建筑物等必须完全绝缘。一般高压线采用单股铜线穿玻璃管绝缘，以策安全，并防止漏电。

（2）霓虹灯变压器应尽量靠近霓虹灯安装，一般安放在支撑霓虹灯的构架上，并用密封箱子做防水保护；变压器中性点及外壳必须可靠接地；霓虹灯管和高压线路不能直接敷设在建筑物或构架上，与它们至少需保持 50mm 的距离，这可用专用的玻璃支持头支撑来获得。两根高压线之间间距也不宜小于 50mm。

（3）高压线路离地应有一定的高度，以防止人体触及。

（4）霓虹灯变压器电抗大，线路功率因数低，约为 0.2 ～ 0.5。为改善功率因数，需配备相应的电容器进行补偿。

图 3.11　LED 灯

6. LED 灯

LED（Light Emitting Diode）即发光二极管，是一种半导体固体发光器件，它利用固体半导体芯片作为发光材料，当两端加上正向电压时，半导体中的载流子发生复合引起光子发射而产生光。LED 可以直接发出红、黄、蓝、绿、青、橙、紫、白色的光。LED 灯如图 3.11 所示。

半导体固体发光二极管（LED）作为第三代半导体照明光源，这种产品具有很多梦幻般的优点。

（1）光效率高：光谱几乎全部集中于可见光频率，效率可以达到 80% ～ 90%。而光效差不多的白炽灯可见光效率仅为 10% ～ 20%。

（2）光线质量高：由于光谱中没有紫外线和红外线，故没有热量，没有辐射，属于典型的绿色照明光源。

（3）能耗小：单体功率一般在 0.05 ～ 1W，通过集群方式可以满足不同的需要，浪费很少。以其作为光源，在同样亮度下耗电量仅为普通白炽灯的 1/8 ～ 1/10。

（4）可靠耐用、寿命长：没有钨丝、玻壳等容易损坏的部件，非正常报废率很小，维护费用极为低廉。光通量衰减到 70% 的标准寿命是 10 万小时。

（5）应用灵活、色彩多样：体积小，可以平面封装，易开发成轻薄短小的产品，做成点、线、面各种形式的具体应用产品。可根据要求，调出任意颜色和各种变化。

（6）安全、环保：单位工作电压在 1.5 ～ 5V 之间，工作电流在 20 ～ 70mA 之间。废弃物可回收，没有污染，不像荧光灯一样含有汞成分。

（7）响应时间短：适用于频繁开关及高频运作的场合。

3.1.2 常用光学物理量

光是能引起视觉的辐射能，它以电磁波的形式在空间传播。光的波长一般在 380 ～ 780nm 范围内，不同波长的光给人的颜色感觉不同。描述光的量有两类：一类以电磁波或光的能量作为评价基准来计量，通常称为辐射量；另一类以人眼的视觉效果为基准来计量，通常称为光度量。在照明技术中，常常采用后者，因为采用以视觉强度为基础的光度量较为方便。

1. 光通量

光通量是指光源在单位时间内，向空间辐射出的使人产生光感觉的能量，以字母"Φ"表示，单位为流明（lm），是表征光源特性的光度量。

2. 光强度

光强度简称光强，是指单位立体角内的光通量，以符号 I_a 表示，是表征光源发光能力大小的物理量。

$$I_a = \mathrm{d}\Phi / \mathrm{d}\omega$$

式中　ω——给定方向的立体角元；

Φ——在立体角元内传播的光通量（lm）；

I_a——某一特定方向角度上的发光强度（cd）。

光强度的单位为坎德拉，单位代号为 cd，它是国际单位制中的基本单位。

3. 照度

被照表面单位面积上接收到的光通量称为照度，用 E 表示，单位为勒克斯（lx），是表征表面照明条件特征的光度量。

$$E = \Phi / S$$

式中　S——被照表面面积（m^2）；

Φ——被照面入射的光通量（lm）。

1lx 相当于每平方米面积上，均匀分布 1lm 的光通量的表面照度，所以，可以用 $\mathrm{lm/m}^2$ 为单位，表示被照面的光通密度。

1lx 照度是比较小的，在这样的照度下，人们仅能勉强地辨识周围的物体，要区分细小的物体是困难的。

为对照度有一些感性认识，现举例如下。

（1）晴天的阳光直射下为 10 000lx，晴天室内为 100 ～ 500lx，多云白天的室外为 1 000 ～ 10 000lx；

（2）满月晴空的月光下约 0.2lx；

（3）在 40W 白炽灯下 1m 远处的照度为 30lx，加搪瓷罩后增加为 73lx；

（4）照度为 1lx，仅能辨识物体的轮廓；

（5）照度为 5 ～ 10lx，看一般书籍比较困难，阅览室和办公室的照度一般要求不低于 50lx。

4. 光出射度

具有一定面积的发光体，其表面上不同点的发光强弱可能不一致。为表示这个辐射光通量的密度，可在表面上任取一个微小的单位面积 dA，如果它发出的光通量为 dΦ，则该单元面积的光出射度 M 为

$$M = \mathrm{d}\Phi / \mathrm{d}A$$

光出射度就是单位面积发出的光通量，单位为辐射勒克司（rlx），$1\mathrm{rlx} = 1\mathrm{rlm/m^2}$。

对于任意大小的发光表面 A，若发射的光通量为 Φ，则在表面 A 上的平均光出射度 M 为

$$M = \Phi / A$$

5. 亮度

光的出射度只表示单位面积上所发出的光通量，并没有考虑光辐射的方向，因此，它不能表征发光面在不同方向上的光学特性。在一个广光源上取一个单位面积 dA，从与表面法线成 θ 角的方向上去观察，在这个方向上的光强与人眼所见到的光源面积之比，定义为光源在该方向的亮度。

3.1.3 照明质量指标

1. 光源的色温与显色性

光源的发光颜色与温度有关，当温度不同时，光源发出光的颜色是不同的。因此光源的发光颜色常用色温这一概念来表示。所谓色温，是指光源发射光的颜色与黑体（能吸收全部光辐射而不反射、不透光的理想物体）在某一温度下发射的光的颜色相同时的温度，用绝对温标 K 表示。

光源的显色性是指光源呈现被照物体颜色的性能。评价光源显色性可采用显色指数表示。光源的显色指数越高，其显色性越好。一般取 80 ～ 100 为优，50 ～ 79 为一般，小于 50 时为较差。

光源的色温与显色性都取决于辐射的光谱组成。不同的光源可能具有相同的色温，但其显色性却有很大差异；同样，色温有明显区别的两个光源，其显色性却可能大体相同。因此不能从某一光源的色温做出有关显色性的任何判断。

光源的颜色宜与室内表面的配色互相协调，比如，在天然光和人工光同时使用时，选用

色温在 4 000 ～ 4 500K 之间的荧光灯和气体光源比较合适。

2. 眩光

眩光是由于视野中的亮度分布或亮度范围不合适，或存在极端的对比，以致引起不舒适感觉或降低观察细部、目标的能力的视觉现象。眩光对视力的损害极大，会使人产生晕眩，甚至造成事故。眩光可分成直接眩光和反射眩光两种。直接眩光是指在观察方向上或附近存在亮的发光体所引起的眩光。反射眩光是指在观察方向上或附近由亮的发光体的镜面反射所引起的眩光。在建筑照明设计中，应注意限制各种眩光，通常采取下列措施。

（1）限制光源的亮度，降低灯具的表面亮度，如采用磨砂玻璃、漫射玻璃或格栅。

（2）局部照明的灯具应采用不透明的反射罩，且灯具的保护角（或遮光角）≥30°；若灯具的安装高度低于工作者的水平视线，则保护角应限制在 10°～ 30°之间。

（3）选择合适的灯具悬挂高度。

（4）采用各种玻璃水晶灯，可以大大减小眩光，而且使整个环境显得富丽豪华。

（5）1 000W 金属卤化物灯有紫外线防护措施时，悬挂高度可适当降低。灯具安装选用合理的距高比。

3. 合理的照度和照度的均匀性

照度是决定物体明亮程度的直接指标。在一定的范围内，照度增加可使视觉能力得以提高。合适的照度有利于保护人的视力，提高劳动生产率。

照度标准是关于照明数量和质量的规定，在照明标准中主要是规定工作面上的照度。国家根据有关规定和实际情况制定了各种工作场所的最低照度值或平均照度值，称为该工作场所的照度标准。这些标准是进行照度设计的依据，《建筑照明设计标准》GB50034—2004 规定的常见民用建筑的照度标准（lx）见表 3.4。

表 3.4　常用民用建筑的照度标准

建筑类型	房间或场所	参考平面及高度	照度标准值/lx
居住建筑	卫生间	0.75m 水平面	100
	餐厅、厨房	0.75m 水平面	100～150
	卧室	0.75m 水平面	75～150
	起居室	0.75m 水平面	100～300
公共建筑（办公室）	资料、档案室	0.75m 水平面	200
	普通办公室、会议室、接待室、前台、营业厅、文件整理	0.75m 水平面	300
	复印、发行室	0.75m 水平面	300
	高档办公室	0.75m 水平面	500
	设计室	实际工作面	500
商业建筑	一般商店营业厅、一般超市营业厅	0.75m 水平面	300
	高档商店营业厅、高档超市营业厅	0.75m 水平面	500
	收款台	台面	500
旅馆建筑	客房层走廊	地面	50
	客房	0.75m 水平面	75～300
	西餐厅、酒吧间、咖啡厅	0.75m 水平面	100
	中餐厅、休息厅、厨房、洗衣房	0.75m 水平面	200
	多功能厅、门厅、总服务台	0.75m 水平面	300

续表

建 筑 类 型	房间或场所	参考平面及高度	照度标准值/lx
影剧院建筑	门厅	地面	200
	观众厅	0.75m 水平面	100～200
	观众休息厅	地面	150～200
	排演厅	地面	300
	化妆室	0.75m 水平面	150～500
公用场所照明	门厅	地面	100～200
	走廊、流动区域	地面	50～100
	楼梯、平台	地面	30～75
	自动扶梯	地面	150
	厕所、盥洗室、浴室、电梯前厅	地面	75～150
	休息室、储藏室、仓库	地面	100
	车库	地面	75～200

除了合理的照度外，为了减轻因频繁适应照度变化较大的环境而对人眼所产生的视觉疲劳，室内照度的分布应该具有一定的均匀度，照度均匀度是指工作面上的最低照度与平均照度的比值。《建筑照明设计标准》GB50034—2004 规定：室内一般照明照度均匀度不应小于0.7，而作业面邻近周围的照度均匀度不应小于0.5。房间或场所内的通道和其他非作业区域的一般照明的照度值不宜低于作业区域一般照明照度值的1/3。

4. 照度的稳定性

为提高照明的稳定性，从照明供电方面考虑，可采取以下措施。

（1）照明供电线路与负荷经常变化大的电力线路分开，必要时可采用稳压措施。

（2）灯具安装注意避开工业气流或自然气流引起的摆动。吊挂长度超过 1.5m 的灯具宜采用管吊式。

（3）被照物体处于转动状态的场合，需避免频闪效应。

任务 3-2　电气照明设计与计算

【任务背景】：现代社会人们对照明的需求越来越高，近年来涌现的现代建筑电气照明设计与技术，涉及的学科、理念很广，专业性很强，这就要求学生掌握一定的照明设计方法。

3.2.1　照明的种类

建筑照明的种类按用途分为正常照明、事故照明、警卫照明、障碍照明、装饰照明等。

1. 正常照明

正常照明是指在正常情况下，为顺利地完成工作、保证安全和能看清周围的物体而设置的照明。正常照明的方式有三种：一般照明、局部照明和混合照明。所有居住的房间和供工作、运输、人行的走道，以及室外庭院和场所等，均应设置正常照明。

2. 事故照明

在正常照明因故而熄灭后，供继续工作或人员疏散的照明，称为事故照明。建筑物在下列场所应装设事故照明：

（1）影剧院、博物馆和商场等公共场所，供人员疏散的走廊、楼梯和太平门等处。

（2）高层民用建筑的疏散楼梯、消防电梯及其前室、配电室、消防控制室、消防泵房和自备发电机房，以及建筑高度超过24m的公共建筑内的疏散走道、观众厅、餐厅和商场营业厅等人员密集的场所。

（3）医院的手术室和急救室的事故照明应采用能瞬时可靠点燃的照明光源，一般采用白炽灯或卤钨灯。若事故照明作为正常照明的一部分经常点亮，而在发生事故时又不需要切换电源的情况下，也可用其他光源。当采用蓄电池作为疏散用事故照明的电源时，要求其连续供电的时间不应少于20min。事故照明的照度不应低于工作照明总照度的10%。仅供人员疏散用的事故照明的照度应不小于0.5lx。

3. 警卫照明

在重要的场所，如值班室、警卫室、门房等地方所设置的照明叫警卫照明。一般宜利用正常照明中能单独控制的一部分，或利用事故照明中的一部分，作为警卫照明。

4. 障碍照明

在建筑物上装设的作为障碍标志用的照明，称为障碍照明。如装设在高层建筑顶端的航空障碍照明，装在水面上的航道障碍照明等。一般采用能透雾的红光灯具，有条件时宜采用闪光照明灯。

5. 彩灯和装饰照明

由于建筑规划和市容美化的要求，以及节日装饰或室内装饰的需要而设置的照明，叫彩灯和装饰照明。一般用功率为15W左右的彩色白炽灯做此类照明光源。

3.2.2　照度计算

照度计算是照明设计的主要内容之一，是正确进行照明设计的重要环节，是对照明质量做定量评价的技术指标。照度计算的目的是根据照明需要及其他已知条件，来决定照明灯具的数量以及其中电光源的容量，并据此确定照明灯具的布置方案；或者在照明灯具形式、布置及光源的容量都已确定的情况下，通过进行照度计算来定量评价实际使用场合的照明质量。

照度计算的方法通常有利用系数法、单位容量法、逐点计算法等。前两种用于计算工作面上的平均照度，后一种可计算任一倾斜工作面上的照度。本节只介绍应用较多的前两种计算法。

1. 利用系数法

利用系数法是一种平均照度计算方法，是根据房屋的空间系数等因素，利用多次相互反射的理论，求得灯具的利用系数，计算出要达到平均照度值所需要的灯具数的计算方法。这种方法适用于灯具均匀布置的一般照明。

1）计算公式

每一盏灯具内灯泡的光通量为

$$E_{av} = N\varPhi K_u / Sk$$

最小照度值为

$$E_{min} = N\varPhi K_u / SkZ$$

式中　$\varPhi$——每盏灯具内光源的光通量（lm）；

　　E_{av}——工作面上的平均照度（lx）；

　　N——由布灯方案得出的灯具数量；

　　S——房间面积（m²）；

　　K_u——光通利用系数；

　　k——减光补偿系数，查表3.5；

　　Z——最小照度系数（平均照度与最小照度之比），查表3.6。

表3.5　减光补偿系数 k

环境类别	房间或场所举例	照度补偿系数	灯具擦洗次数
清洁	卧室、办公室、餐厅、阅览室、教室、客房等	1.25	每年两次
一般	商店营业厅、候车室、影剧院、体育馆等	1.43	每年两次
污染严重	厨房、锻造车间等	1.67	每年三次
室外	雨篷、站台	1.54	每年两次

表3.6　部分灯具的最小照度系数 Z

灯具类型	L/h			
	0.8	1.2	1.6	2.0
双罩型工厂灯	1.27	1.22	1.33	1.55
散照型防水防尘灯	1.20	1.15	1.25	1.5
深照型灯	1.15	1.09	1.18	1.44
乳白玻璃罩吊灯	1.00	1.00	1.18	1.18

光通利用系数 K_u 是表征照明光源的光通利用程度的一个参数，用投射到工作面上的光通量（包括直射和反射到工作面上的所有光通）与全部光源发出的总光通量之比来表示。

公式 $E_{min} = N\varPhi K_u / SkZ$ 是当要求最小照度为 E 时，每一盏灯具所应发出的光通量 $\varPhi$ 的计算公式；如果只需保证平均照度，则不必乘以最小照度系数 Z，一般是按照最小照度计算。

2）计算步骤

（1）选择灯具，计算合适的计算高度，进行灯具布置。

（2）根据灯具的计算高度 h 及房间尺寸，确定室形指数 i。

$$i = ab/h(a+b)$$

式中　i——室形指数；

　　　h——计算高度（m）；

　　　a——房间长度（m）；

　　　b——房间宽度（m）。

（3）查墙壁、天棚及地面反射系数表 3.7，确定各反射系数 p_q、p_d、p_t。

表 3.7　墙壁、天棚及地面反射系数表（p_q、p_d、p_t）

反射面特性	反射系数/%
白色天棚、带有窗子（有白色窗帘遮蔽）的白色墙壁	70
混凝土及光亮的天棚、潮湿建筑物的白色天棚、无窗帘遮蔽的窗子、白色墙壁	50
有窗子的混凝土墙壁、用光亮纸糊的墙壁、木天棚、一般混凝土地面	30
带有大量暗色灰尘建筑物内的混凝土、木天棚、墙壁、砖墙及其他有色的地面	10

（4）根据所选用灯具的型号及反射系数，从灯具利用系数表（见附录 A）中查得光通利用系数 K_u。

（5）查表 3.5 和表 3.6 确定减光补偿系数 k 值和最小照度系数 Z 值。

（6）根据规定的平均照度，计算每盏灯具所必需的光通量。

（7）根据计算的光通量选择光源功率。

（8）验算实际的最小照度是否满足。

【例 3.1】　某实验室面积为 $12 \times 5m^2$，桌面高 0.8m，层高 3.8m，吸顶安装。拟采用吸顶式 $2 \times 40W$ 荧光灯照明，要求平均照度达到 150lx。假定天棚采用白色钙塑板吊顶，墙壁采用淡黄色涂料粉刷，地板水泥地面刷以深绿地板漆。试计算房间内的灯具数。

解：已知室内面积

$$S = A \times B = 12 \times 5 = 60m^2$$

依题给出的天棚、墙壁与地板的颜色，查表得 $p_t = 0.7$，$p_q = 0.5$，$p_d = 0.1$，查表 2.5 取减光补偿系数 $k = 1.3$，设工作面高度为 0.8m，计算高度 $h = 3.8 - 0.8 = 3m$。

则室形指数

$$i = ab/h(a+b) = 12 \times 5/3 \times (12+5) = 1.176$$

查表 A.2 得

$$i = 1.1 \text{ 时}，\ K_u = 0.5；\ i = 1.25 \text{ 时}，\ K_u = 0.53$$

用插值法计算出

$$i = 1.176 \text{ 时}，\ K_u = 0.515$$

查表 3.3 知荧光灯光源特性 40W，光通量 2 200lm，故每盏荧光灯的总光通量为

$$\Phi = 2 \times 2\ 200 = 4\ 400lm$$

由 $E_{av} = N\Phi K_u/Sk$ 知，$N = E_{av}Sk/\Phi K_u = 150 \times 60 \times 1.3/4\ 400 \times 0.515 = 5.16$。

所以选 $2 \times 40W$ 荧光灯 6 盏。

2. 单位容量法

单位容量法是从利用系数法演变而来的，是在各种光通利用系数和光的损失等因素相对固定的条件下，得出的平均照度的简化计算方法。一般在知道房间的被照面积后，就可根据推荐的单位面积安装功率，来计算房间所需的总的电光源功率。这是一种常用的方法，它适用于设计方案或初步设计的近似计算和一般的照明计算。这对于估算照明负荷或进行简单的照明计算是很适用的，其具体方法如下。

1）计算公式

单位容量法也叫单位安装容量法。所谓单位容量，就是每平方米照明面积的安装功率，其公式为

$$\sum P = \omega S$$
$$N = \sum P / P$$

式中　$\sum P$——总安装容量（功率），不包括镇流器的功率损耗（W）；

　　　P——每套灯具的安装容量（功率），不包括镇流器的功率损耗（W）；

　　　N——在规定照度下所需灯具数（套）；

　　　S——房间面积，一般指建筑面积（m^2）；

　　　ω——在某最低照度值时的单位面积安装容量（功率，W/m^2）。

2）计算步骤

根据建筑物不同房间和场所对照明设计的要求，首先选择照明光源和灯具；

根据所要达到的照度要求，查相应灯具的单位面积安装容量表；

将查到的值按式$\sum P = \omega S$、式$N = \sum P / P$计算灯具数量，据此布置照明灯具，确定布灯方案。

【例3.2】　某办公室的建筑面积为 $3.3 \times 4.2 m^2$，拟采用 YG1-1 简式荧光灯照明。办公桌面高 0.8m，灯具吊高 3.1m，试计算需要安装灯具的数量。

解：根据题意知 $h = 3.1 - 0.8 = 2.3m$，$S = 3.3 \times 4.2 = 13.86 m^2$，设平均照度为 75lx。由表 A.7 得单位面积安装功率为 $\omega = 7.8 W/m^2$，则

$$\sum P = \omega S = 7.8 \times 13.86 = 108.11 W$$

每盏灯具内安装 40W 荧光灯两支，即 $P = 80W$，所以

$$N = \sum P / P = 108.11 / 80 = 1.35$$

应安装 $2 \times 40W$ 荧光灯 2 套。

3.2.3　照明供电与设计

1. 照明供电

照明供电一般采用单相交流 220V，1 500W 及以上的高强度气体放电灯的电源电压宜采用 380V，并应注意三相负荷平衡。照明的控制方式及开关的安装位置主要在安全前提下根据便于使用、管理和维修的原则确定。照明配电装置应靠近供电的负荷中心。一般采用二级控制方式。各独立工作场所的室外照明，可采用就地单独控制的供电方式。

对照明电压的要求是：照明灯具端电压的允许偏移不得高于额定电压的105%，也不宜低于额定电压的95%（应急照明和用安全特低电压供电的照明不低于额定电压的90%）。

正常照明一般可与其他电力负荷共用变压器供电，但不宜与较大冲击电力负荷共用变压器。当电压偏移或波动不能保证照明质量或光源寿命时，在技术经济合理的条件下，可采用有载调压变压器、调压器或照明专用变压器供电。

2. 照明负荷计算

照明供电、配电系统是由许多用电器具和多个支路组成的，负荷计算应从系统末端开始，先确定每个用电器具的容量，然后计算每条支路的计算负荷，再计算干线上的计算负荷，最后计算进户线的计算负荷。

1）确定设备容量 P_e

对于白炽灯、卤钨灯等热辐射型电光源，其设备容量是电光源的标称功率，即

$$P_e = P_N$$

对于有电感镇流器的气体放电型电光源，其设备容量是电光源的标称功率和镇流器的损耗之和，即

$$P_e = P_N(1 + a)$$

式中　P_e——照明设备容量；

　　　P_N——电光源的标称功率；

　　　a——电感镇流器的功率损耗系数。

气体放电灯的功率因数和电感镇流器的损耗系数见表3.8。

表3.8　气体放电灯的功率因数和电感镇流器的损耗系数

光源种类	额定功率/W	功率因数 $\cos\varphi$	电感镇流器损耗系数
荧光灯	40 30	0.53 0.42	0.2 0.26
高压贡灯	1 000 400 250 125	0.65 0.60 0.56 0.45	0.05 0.08 0.11 0.25
高压钠灯	250～400	0.4	0.18
低压钠灯	18～180	0.06	0.2～0.8
金属卤化物灯	1 000	0.45	0.14

自镇式气体放电灯的设备容量为其标称功率；

照明线路上的插座，若没有具体设备接入时，按100W计算；

计算机较多的办公室插座，按150W计算。

2）计算负荷 P_j

照明支线的计算负荷等于该支线上所有设备容量之和，即

$$P_{1j} = \sum P_e$$

照明干线的计算负荷等于该干线上所有支线的计算负荷之和，再乘以需要系数，即

$$P_{2j} = K_x \sum P_{1j}$$

式中 P_{1j}——支线计算负荷；

P_{2j}——干线计算负荷；

K_x——干线需要系数。

不同建筑物、不同工作场所的需要系数不同，各类民用建筑照明负荷需要系数见表3.9。

表3.9 民用建筑照明负荷需要系数

建筑物名称		需要系数（K_x）	备 注
一般住宅楼	20 户以下	0.6	单元式住宅，多数为每户两室，两室户内插座为6～8个，装户表
	20～50 户	0.5～0.6	
	50～100 户	0.4～0.5	
	100 户以上	0.4	
高级住宅楼		0.6～0.7	
单宿楼		0.6～0.7	一开间内1～2盏灯，2～3个插座
一般办公楼		0.7～0.8	一开间内2盏灯，2～3个插座
高级住宅楼		0.6～0.7	
科研楼		0.8～0.9	一开间内2盏灯，2～3个插座
发展与交流中心		0.6～0.7	
教学楼		0.8～0.9	三开间内6～11盏灯，1～2个插座
图书馆		0.6～0.7	
托儿所、幼儿园		0.8～0.9	
小型商业、服务业用房		0.85～0.9	
综合商业、服务楼		0.75～0.85	
食堂、餐厅		0.8～0.9	
高级餐厅		0.7～0.8	
一般旅馆、招待所		0.7～0.8	一开间内1盏灯，2～3个插座，集中卫生间
高级旅馆、招待所		0.6～0.7	带卫生间
旅游宾馆		0.35～0.45	单间客房4～5盏灯、4～6个插座
电影院、文化馆		0.7～0.8	
剧场		0.6～0.7	
礼堂		0.5～0.7	
体育练习馆		0.7～0.8	
体育馆		0.65～0.75	
展览馆		0.5～0.7	
门诊楼		0.6～0.7	
一般病房楼		0.65～0.75	
高级病房楼		0.5～0.6	
锅炉房		0.9～1	

3）计算电流 I_j

线路中的计算电流应根据计算负荷求得，当照明线路上光源为一种时，可按下面公式计算计算电流。

单相线路：

$$I_j = \frac{P_j}{U_p \cos \varphi}$$

三相线路：

$$I_j = \frac{P_j}{\sqrt{3}\,U_L\cos\varphi}$$

式中　P_j——计算负荷；

　　　U_p——线路相电压；

　　　U_L——线路线电压；

　　　$\cos\varphi$——线路功率因数；

　　　I_j——线路计算电流。

【例3.3】　某建筑物的配电系统图如图3.12所示，从分配电箱引出三条支线，分别带100W白炽灯15只、13只、14只，带电感镇流器的40W荧光灯为10只、12只、10只，求干线的计算电流。

解：（1）白炽灯。

设备容量：$P_e = P_N = 100\text{W}$

支线1计算负荷：$P_{1j11} = \sum P_e = 15 \times 100 = 1\,500\text{W}$

支线2计算负荷：$P_{1j12} = \sum P_e = 13 \times 100 = 1\,300\text{W}$

支线3计算负荷：$P_{1j13} = \sum P_e = 14 \times 100 = 1\,400\text{W}$

干线有功计算负荷：$P_{2j1} = K_x \sum P_{1j1} = 0.8 \times (1\,500 + 1\,300 + 1\,400) = 3\,360\text{W}$

（2）荧光灯。

设备容量：$P_e = P_N(1 + a) = 40 \times (1 + 0.2) = 48\text{W}$

支线1计算负荷：$P_{1j21} = \sum P_e = 10 \times 48 = 480\text{W}$

支线2计算负荷：$P_{1j22} = \sum P_e = 12 \times 48 = 576\text{W}$

支线3计算负荷：$P_{1j23} = \sum P_e = 10 \times 48 = 480\text{W}$

干线有功计算负荷：$P_{2j2} = K_x \sum P_{1j2} = 0.8 \times (480 + 576 + 480) = 1\,229\text{W}$

（3）干线总有功计算负荷：$P_{2j} = P_{2j1} + P_{2j2} = 3\,360 + 1\,229 = 4\,589\text{W}$

查表3.8知荧光灯功率因数为0.53。

干线总无功计算负荷：$Q_{2j} = Q_{2j1} + Q_{2j2} = 0 + 1\,229 \times \tan(\arccos 53°) = 1\,966\text{var}$

干线计算电流：$I_j = \dfrac{P_{2j}}{U_p\cos\varphi'} = \dfrac{4\,589}{220 \times \dfrac{4\,589}{\sqrt{4\,589^2 + 1\,966^2}}} = 22.7\text{A}$

图中：

干线　　支线1
　　　　支线2
　　　　支线3

图3.12　配电系统图

3. 照明设计

电气照明设计主要是根据建筑专业提供的建筑平面、立面和剖面图及总平面图，结合用户使用要求，按照有关设计规范进行合理设计的。其主要内容有：确定合理的照明种类和照明方式；选择照明光源及灯具，确定灯具的布置方案；进行照度计算和供电系统负荷计算，照明电气设备与线路的选择计算；绘制出照明系统布置图及相应的供电系统图等。照明设计的一般程序如下。

1）收集照明设计的原始资料

在进行电气照明设计之前，必须收集如下一些原始（设计）资料。

（1）该建筑物的建筑平面、立面和剖面图。全面了解该建筑的建设规模、生产工艺、建筑构造和总平面布置情况。

（2）向当地供电部门调查电力系统的情况，了解该建筑供电电源的供电方式、电源的回路数、对功率因数的要求、电费收取办法、电度表如何设置、进户电源的进线方位及进户标高的要求。

（3）向建设单位及有关专业了解工艺设备平面布置图和室内用具平面布置图及建设标准。了解工程建设地点的气象、地质资料，建筑物周围的土壤类别和自然环境，防雷接地装置有无障碍。

2）照度设计

（1）设计照度的确定。根据各个房间对视觉工作的要求和室内环境的清洁状况，按设计规程的照度标准，确定各房间的照度 E 和照度补偿系数 k。

（2）确定光源和灯具布置。依据房间装修的色彩、配光和光色的要求以及环境条件等因素选择光源和灯具。从照明光线的投射方向、工作面上的照度及照度的均匀性和眩光的限制，建设投资费用、维护检修应方便和安全等因素综合考虑，合理布置灯具。

（3）照度计算。根据各房间的照度标准，经过计算，确定各个房间的灯具数量或光源的容量（瓦），或以初拟的灯具数量来验算房间的照度值。

3）照明供配电系统设计

（1）考虑整个建筑的照明供电系统，确定配电方式。

（2）划分各配电箱的供电范围，确定各配电箱的安装位置。均衡分配各支线负荷，选定线路敷设方向。

（3）计算各支线和干线的工作电流，选择导线截面、型号、穿管管径、敷设方式，并进行电流和电压损失的验算。

（4）电气设备的选择。

（5）管道汇总。

（6）向土建提交资料。

4）绘制电气照明设计施工图

先绘制平面图，然后绘制系统干线图和配电系统图，编写工程总说明，列出主要材料表。

5）编制概、预算书

根据建设单位要求或设计委托书来决定是否编制概、预算书。

实训5　建筑照明工程认识

一、实训目的

（1）认识照明工程的基本概念；

（2）熟悉常用的电光源的特点和灯具种类、照明的种类和照度标准、灯具的选择。

二、实训器材

学校的典型建筑（如图书馆、大礼堂、校史馆等）。

三、实训步骤

1. 参观学校的典型建筑的电气照明工程

认识以下内容：

（1）整个照明的布置是不是很简单、得体、漂亮，看起来适不适合建筑物所代表的风格；

（2）普遍采用的灯具类型，还有灯具布置的方式；

（3）这些电光源的特点，以及使用这些电光源的注意事项；

（4）可以按照所学的照度标准与实际的相比较。

2. 整理工作

实训结束后，整理好参观的建筑物，不要留下垃圾。

四、注意事项

参观时必须严格听从老师的指示，不能弄坏建筑物内的设施。

五、实训思考

（1）常见的照明电光源有哪些？

（2）灯具布置的方法有哪些？

（3）如何合理选择照明的种类？

知识梳理与总结

本任务主要介绍建筑电气照明的基本概念；常用电光源的特点、灯具种类、建筑的照明种类和照度标准、灯具的选择及布置、照度常用计算方法等照明知识。通过本任务的学习，读者应掌握电气照明设计的一般过程，并依据建筑设计相关规范进行照明设计。基本技能要求如下：

（1）熟悉各种照明光源的特点，能够根据环境特点选择合适照明光源；

（2）熟悉建筑照明设计的方法，能够正确理解照明设计表达的含义；

（3）能够正确运用照度计算方法解决工程实际电气照明设计中的具体问题。

练习题 3

1. 选择题

（1）下列光源中属于热辐射光源的是（　　）。
    A. 白炽灯　　　　　B. 高压汞灯　　　　　C. 卤钨灯　　　　　D. 荧光灯

（2）使用白炽灯时，其电源电压偏移不宜大于（　　）。
    A. 1%　　　　　B. 1.5%　　　　　C. 2%　　　　　D. 2.5%

（3）卤钨灯的特点是（　　）。
    A. 体积小　　　　　B. 抗震性差　　　　　C. 显色性差　　　　　D. 发光效率高

（4）金属卤化物灯与高压汞灯相比，其（　　）。
    A. 红外线辐射强　　B. 显色性较差　　　C. 光效更高　　　　D. 寿命较低

（5）照度的单位是（　　）。
    A. lm　　　　　B. lx　　　　　C. cd　　　　　D. lm/m^2

（6）正常照明的方式有三种，分别是（　　）。
    A. 一般照明　　　　B. 特殊照明　　　　C. 局部照明　　　　D. 混合照明

（7）在正常照明因故而熄灭后，供继续工作或人员疏散照明的称为（　　）。
    A. 事故照明　　　　B. 警卫照明　　　　C. 安全照明　　　　D. 障碍照明

（8）照明灯具端电压的允许偏移不得高于额定电压的（　　）。
    A. 105%　　　　　B. 108%　　　　　C. 110%　　　　　D. 115%

（9）霓虹灯管和高压线路不能直接敷设在建筑物或构架上，与它们至少需保持（　　）的距离。
    A. 30mm　　　　　B. 40mm　　　　　C. 50mm　　　　　D. 60mm

（10）根据安全要求，一般霓虹灯变压器的二次侧空载电压不大于（　　）。
    A. 10kV　　　　　B. 15kV　　　　　C. 20kV　　　　　D. 30kV

2. 思考题

（1）光的度量有哪些主要参数？它们的物理意义及单位是什么？
（2）常用照明电光源有哪些？它们的特点是什么？
（3）照明灯具主要由哪几部分构成？
（4）照明灯具按配光曲线分有哪些类型？它们的光通量的分布有何不同？
（5）照明灯具的选择原则是什么？

3. 计算题

（1）某车间长 30m，宽 15m，高 5m，灯具安装距地高度为 4.2m，工作面高 0.75m，试计算其室形指数。

（2）某教室长 11m，宽 6m，高 3.6m，在离顶棚 0.5m 的高度处安装 YG1－1 型 40W 荧光灯，课桌高度为 0.8m。已知为白色顶棚、白色墙壁，墙壁开有大窗子，窗帘为深蓝色，地面为浅色水磨石地面，要求课桌面上的照度为 150lx，试计算安装灯具的数量。

（3）某商业营业厅的面积为 $30 \times 15m^2$，房间净高 3.5m，工作面高 0.8m，天棚反射系数为 70%，墙壁反射系数为 55%。拟采用荧光灯吸顶安装，试计算需安装灯具的数量。

（4）有一小餐厅，室内净长 8m，宽 5.5m，高 4.2m，拟采用六盏小花灯做照明，每盏花灯装有 220V 的 4 个 25W 和 1 个 40W 的白炽灯泡，其挂高为 3.3m，天棚采用白色钙塑板吊顶，墙壁采用白色涂料粉刷，地板为水泥地面，试计算可达到的照度。

（5）某住宅区各建筑均采用三相四线制进线，线电压为 380V，各幢楼的光源容量已由单相负荷换算为三相负荷，各荧光灯具均采用电容器补偿。住宅楼四幢，每幢楼安装白炽灯的光源容量为 5kW，安装荧光灯的光源容量为 4.8kW；托儿所一幢，安装荧光灯的光源容量为 2.8kW，安装白炽灯的光源容量为 0.8kW。试确定该住宅区各幢楼的照明计算负荷及变压器低压侧的计算负荷。

学习情境4

建筑物防雷及安全用电

教学导航

项目任务	任务4-1	认识建筑物防雷系统	学时	4
	任务4-2	安全用电		
教学载体	实训中心、教学课件、施工图纸及教材相关内容			
教学目标	知识方面	掌握建筑物防雷保护措施、安全用电基本知识和电击防护的措施；熟悉建筑物防雷系统的基本构架		
	技能方面	能够正确识读建筑物防雷系统施工图，解决工程实际中的具体问题		
过程设计	任务布置及知识引导——分组学习、讨论和收集资料——学生编写报告，制作 PPT，集中汇报——教师点评或总结			
教学方法	项目教学法			

任务 4-1 认识建筑物防雷系统

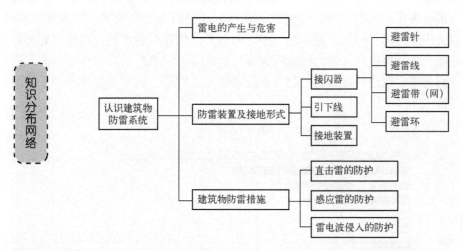

知识分布网络

认识建筑物防雷系统
- 雷电的产生与危害
- 防雷装置及接地形式
  - 接闪器
    - 避雷针
    - 避雷线
    - 避雷带（网）
    - 避雷环
  - 引下线
  - 接地装置
- 建筑物防雷措施
  - 直击雷的防护
  - 感应雷的防护
  - 雷电波侵入的防护

【任务背景】：当今全世界每年有几千人死于雷击，全球每年的雷击受伤人数可能是雷击死亡人数的 5～10 倍。我国每年有上千人遭雷击伤亡，广东省、云南省损失最为惨重。雷电灾害具有较大的社会影响，经常引起社会的震动和关注，例如，2004 年 6 月 26 日，浙江省某市某村有 30 人在 5 棵大树下避雨，遭雷击，造成 17 人死、13 人伤；而 2007 年 5 月 23 日 16 时 34 分，重庆市某县某村小学教室遭遇雷电袭击，造成四、六年级学生 7 人死亡、44 人受伤。从这些雷击事故分析可知，雷击地点发生在室外的占 69%。主要原因是室外缺乏临时躲避场所，而且人们防雷知识相对较贫乏，导致在室外受到雷电的严重威胁。可见学习一定的防雷知识对人们的生产、生活都是十分必要的。

4.1.1 雷电的产生与危害

1. 雷电的形成

雷电是一门古老的学科。人类对雷电的研究已经有了数百年的历史，然而有关雷电的一些问题至今尚未能得到完整的解释。

雷电的形成过程可以分为气流上升、电荷分离和放电三个阶段。在雷雨季节，地面上的水分受热变蒸汽上升，与冷空气相遇之后凝成水滴，形成积云。云中水滴受强气流摩擦产生电荷，小水滴容易被气流带走，形成带负电的云，较大水滴形成带正电的云。由于静电感应，大地表面与云层之间、云层与云层之间会感应出异性电荷，当电场强度达到一定的值时，即发生雷云与大地或雷云与雷云之间的放电。雷云对地放电示意图如图 4.1 所示。

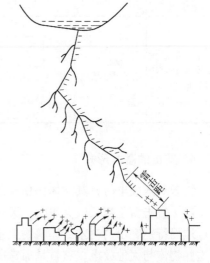

图 4.1　雷云对地放电示意图

2. 容易发生雷击灾害的环境

不同雷击环境下发生雷击灾害的比例是不相同的，如图4.2所示。农田、在建的建筑物、开阔地、水域等环境发生雷击灾害的比例最高，这是因为，在农田、开阔地、水域等，人们往往单独劳作或行动，而且地势平坦，相对而言人体位置可能较高，因而更容易被雷击中，雷电流可能会从头部进入人体，再从两脚流入大地。由于直接雷击时电流很大，很容易使被雷击者受到伤害。在建的建筑物一般没有防雷设备，钢筋、铁管等导体很多，因而也容易遭受雷电袭击。

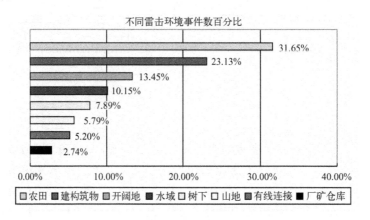

图4.2 不同雷击环境事件数百分比

3. 雷击的选择性

建筑物遭受雷击的部分是有一定规律的，建筑物易遭受雷击部分如表4.1所示。

表4.1 建筑物易遭受雷击部分

建筑物屋面的坡地	易受雷击部分	示意图	建筑物屋面的坡地	易受雷击部分	示意图
平屋面或坡度不大于1/10的屋面	檐角、女儿墙、屋檐	平屋顶 坡度不大于1/10	坡度大于1/10，小于1/2的屋面	屋角、屋脊、檐角、屋檐	坡度大于1/10，小于1/2
			坡度大于或等于1/2的屋面	屋角、屋脊、檐角	坡度大于或等于1/2

4. 雷击的基本形式

雷云对地放电时，其破坏作用表现为以下四种基本形式。

（1）直击雷。当天气炎热时，天空中往往存在大量雷云。当雷云较低飘近地面时，就在附近地面特别突出的树木或建筑物上感应出异性电荷。电场强度达到一定值时，雷云就会通过这些物体与大地放电，这就是通常所说的雷击。这种直接击在建筑物或其他物体上的雷电叫直击雷。直接雷击使被击物体产生很高的电位，从而引起过电压和过电流，不仅会击毙人

畜，烧毁或劈倒树木，破坏建筑物，甚至引起火灾和爆炸。

（2）感应雷。当建筑上空有雷云时，在建筑物上便会感应出相反电荷。在雷云放电后，云与大地之间的电场消失了，但聚集在屋顶上的电荷不能立即释放，因而屋顶对地面便有相当高的感应电压，造成屋内电线、金属管道和大型金属设备放电，引起建筑物内的易爆危险品爆炸或易燃物品燃烧。这里的感应电荷主要是由于雷电流的强大电场和磁场变化产生的静电感应和电磁感应造成的，所以称为感应雷或感应过电压。典型感应雷发展过程如图 4.3 所示。

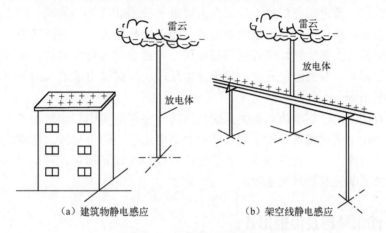

（a）建筑物静电感应 （b）架空线静电感应

图 4.3 典型感应雷发展过程

（3）雷电波侵入。当输电线路或金属管路遭受直接雷击或发生感应雷时，雷电波便沿着这些线路侵入室内，造成人员、电气设备和建筑物的伤害和破坏。雷电波侵入造成的事故在雷害事故中占相当大的比重，应引起足够重视。

（4）球形雷。球形雷的形成研究还没有完整的理论。通常认为它是一个温度极高的特别明亮的眩目发光球体，直径在 10 ～ 20cm 以上。球形雷通常在闪电后发生，以每秒几米的速度在空气中漂行，它能从烟囱、门、窗或孔洞进入建筑物内部造成破坏。

5. 雷暴日

雷电的大小与多少和气象条件有关，评价某地区雷电的活动频繁程度，一般以雷暴日为单位。在一天内只要听到雷声或者看到雷闪就算一个雷暴日。由当地气象台站统计的多年雷暴日的年平均值，称为年平均雷暴日数，单位为 d/a。年平均雷暴日不超过 15 天的地区称为少雷区，超过 40 天的地区称为多雷区。

6. 雷电的危害

雷电有多方面的破坏作用，雷电的危害一般分成两种类型，一是直接破坏作用，主要表现为雷电的热效应和机械效应；二是间接破坏作用，主要表现为雷电产生的电气效应和电磁效应。

（1）热效应。雷电流通过导体时，在极短时间内转换成大量热能，可造成物体燃烧，金属熔化，极易引起火灾、爆炸等事故。

（2）机械效应。雷电的机械效应所产生的破坏作用主要表现为两种形式：一是雷电流流入树木或建筑构件时在它们内部产生的内压力；二是雷电流流过金属物体时产生的电动力。

雷电流产生的热效应的温度很高，一般为 6 000 ～ 20 000℃，甚至高达数万摄氏度。当它通过树木或建筑物墙壁时，被击物体内部水分受热急剧汽化，或缝隙中分解出的气体剧烈膨胀，因而在被击物体内部出现了强大的机械力，使树木或建筑物遭受破坏，甚至爆裂成碎片。

另外，我们知道载流导体之间存在着电磁力的相互作用，这种作用力称电动力。当强大的雷电流通过电气线路、电气设备时，也会产生巨大的电动力使它们遭受破坏。

（3）电气效应。雷电引起的过电压，会击毁电气设备和线路的绝缘，产生闪络放电，以致开关掉闸，造成线路停电；会干扰电子设备，使系统数据丢失，造成通信、计算机、控制调节等电子系统瘫痪。绝缘损坏还可能引起短路，导致火灾或爆炸事故；防雷装置泄放巨大的雷电流时，使得其本身的电位升高，发生雷电反击；同时雷电流流入地下，又可能产生跨步电压，导致电击等。

（4）电磁效应。由于雷电流量值大且变化迅速，在它的周围空间就会产生强大且变化剧烈的磁场，处于这个变化磁场中的金属物体就会感应出很高的电动势，使构成闭合回路的金属物体产生感应电流，产生发热现象。此热效应可能会使设备损坏，甚至引起火灾。特别是存放易燃易爆物品的建筑物将更危险。

4.1.2 防雷装置及接地形式

防雷装置一般由接闪器、引下线和接地装置三个部分组成，接地装置又由接地体和接地线组成，如图 4.4 所示。

1. 接闪器

接闪器就是专门用来接收雷云放电的金属物体。接闪器的类型有避雷针、避雷线、避雷带、避雷网、避雷环等。

所有接闪器都必须经过引下线与接地装置相连。接闪器利用其金属特性，当雷云先导接近时，它与雷云之间的电场强度最大，因而可将雷云"诱导"到接闪器本身，并经引下线和接地装置将雷电流安全地泄放到大地中去，从而保护物体免受雷击，如图 4.5 所示。

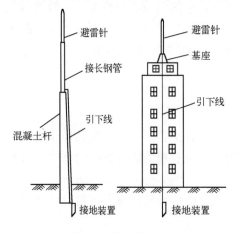

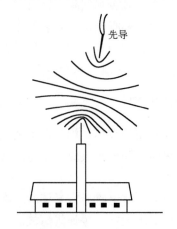

图 4.4　防雷装置　　　　　　图 4.5　避雷针接闪器顶端处的电场畸变

1）避雷针及保护范围

避雷针主要用来保护露天发电、配电装置、建筑物和构筑物。

避雷针通常采用镀锌圆钢、镀锌钢管或不锈钢钢管制成，可以安装在建筑物、支柱或电杆上，下端经引下线与接地装置焊接连接，将其顶端磨尖，以利于尖端放电。避雷针安装示意图如图4.6所示。为保证足够的雷电流流通量，对避雷针最小直径有所限制，其值如表4.2所示。

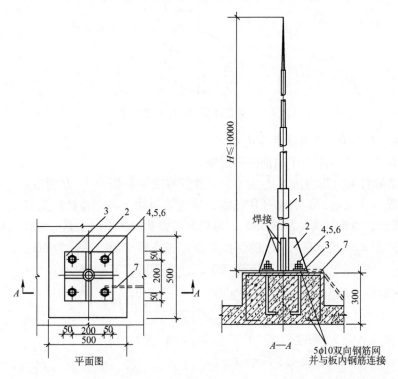

1—钢管接闪器；2—支撑钢管（固定）；3—底座钢板；4、5、6—埋地螺栓、螺母；7—接地引入线

图4.6 避雷针安装示意图

表4.2 避雷针最小直径

针　型 ＼ 直　径	圆钢/mm	钢管/mm
针长1m以下	12	20
针长1～2m	16	25
烟囱顶上的针	20	40

避雷针对周围物体保护的有效性，常用保护范围来表示。在一定高度的接闪器下面，有一个一定范围的安全区域，处在这个安全区域内的被保护物体遭受直接雷击的概率非常小，这个安全区域叫做避雷针的保护范围。确定避雷针的保护范围至关重要。避雷针对建筑物保护范围一般用滚球法确定。

滚球法是将一个以雷击距为半径的滚球，沿需要防直接雷击的区域滚动，利用这一滚球与避雷针及地面的接触位来限定保护范围的一种方法。

避雷针保护范围的确定方法如图4.7所示，具体步骤如下。

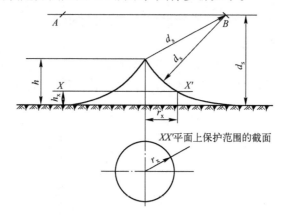

图4.7　避雷针保护范围的确定方法

（1）当避雷针高度 $h \leqslant$ 滚球半径 d_s 时。

① 距地面 d_s 处作一平行于地面的平行线。

② 以避雷针针尖为圆心，以 d_s 为半径，作弧线交平行线于 A、B 两点。

③ 以 A 或 B 为圆心，d_s 为半径作弧线，该两条弧线上与避雷针针尖相交，下与地面相切，再将此弧线以避雷针为轴旋转180°，形成的圆弧曲面体空间就是避雷针保护范围。

④ 避雷针在 h_x 高度 XX' 平面上的保护半径 r_x 按下式确定（单位为m）：

$$r_x = \sqrt{h(2d_s - h)} - \sqrt{h_x(2d_s - h_x)}$$

避雷针在地面上的保护半径 r_0 可确定为

$$r_0 = \sqrt{h(2d_s - h)}$$

式中　r_x——避雷针在 h_x 高度的 XX' 平面上的保护半径（m）；

　　　d_s——滚球半径，如表4.3所示（m）；

　　　h——避雷针的高度（m）；

　　　h_x——被保护物的高度（m）；

　　　r_0——避雷针在地面上的保护半径（m）。

表4.3　按建筑物防雷类别布置接闪器及其滚球半径

建筑物防雷类别	滚球半径 d_s/m	避雷网网格尺寸/m
第一类防雷建筑物	30	≤5×5 或 ≤6×4
第二类防雷建筑物	45	≤10×10 或 ≤12×8
第三类防雷建筑物	60	≤20×20 或 ≤24×16

（2）当避雷针高度 $h >$ 滚球半径 d_s 时。在避雷针上取高度为 d_s 的一点，代替避雷针针尖作为圆心，其余的作图步骤与 $h \leqslant$ 滚球半径 d_s 时的情况相同。用上述计算公式时，h 用 d_s 代替。据此可知，当 $h > d_s$ 时，避雷针的保护范围不再增大，并在其高出滚球半径 $h - d_s$ 部分，将会遭受侧面雷击。

2）避雷线

避雷线是由悬挂在架空线上的水平导线、接地引下线和接地体组成的。水平导线起接闪

器的作用，它对电力线路等较长的保护物最为适用。

避雷线一般采用截面积不小于 $35mm^2$ 的镀锌钢绞线，架设在长距离高压供电线路或变电站构筑物上，以保护架空电力线路免受直接雷击，如图 4.8 所示。由于避雷线是架空敷设的而且接地，所以避雷线又叫架空地线。避雷线的作用原理与避雷针相同。

3）避雷带（网）

避雷带和避雷网主要适用于建筑物。避雷带通常是沿着建筑物易受雷击的部位，如屋脊、屋檐、屋角等处装设的带形导体，如图 4.9 所示。

避雷网是将建筑物屋面上纵横敷设的避雷带组成网格，如图 4.10 所示。避雷带和避雷网一般无须计算保护范围，其网格尺寸大小按有关规范确定，对于防雷等级不同的建筑物，其要求也不同，如表 4.3 所示。

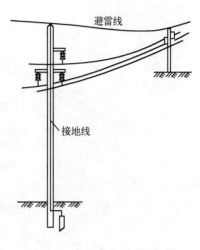

图 4.8　输电线上方的避雷线

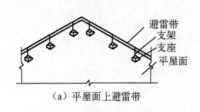

（a）平屋面上避雷带

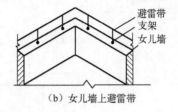

（b）女儿墙上避雷带

图 4.9　避雷带的设置

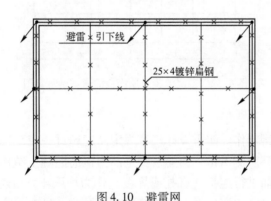

图 4.10　避雷网

避雷带（网）的安装方法有明装和暗装。明装避雷带（网）的安装一般都按标准图集施工，平房顶及挑檐避雷带的做法如图 4.11 所示。明装避雷带（网）可以采用圆钢或扁钢，但应优先采用圆钢。圆钢直径不得小于 8mm，扁钢厚度不小于 4mm，截面积不得小于 $48mm^2$。

暗装避雷带（网）是利用建筑物内的钢筋做避雷带（网），在工业厂房和高层建筑中应用较多。高层建筑物利用建筑物屋面板内钢筋作为避雷网装置，将避雷网、引下线和接地装置三部分组成一个钢铁大网笼，也称为笼式避雷网。整个现浇屋面板的钢筋都连成一体，如图 4.12 所示。

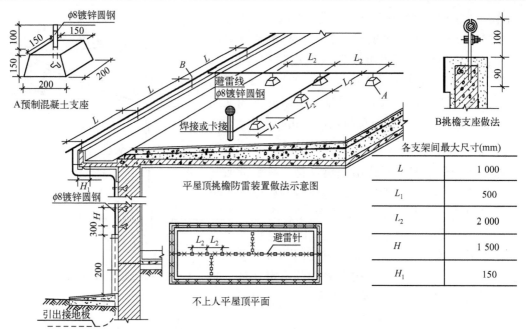

各支架间最大尺寸(mm)	
L	1 000
L_1	500
L_2	2 000
H	1 500
H_1	150

图 4.11　平房顶及挑檐避雷带的做法

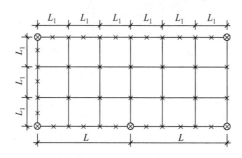

图 4.12　现浇混凝土屋面板的避雷网示意图

4）避雷环

避雷环用圆钢或扁钢制作。防雷设计规范规定高度超过一定范围的钢筋混凝土结构、钢结构建筑物，应设均压环防侧击雷。当建筑物全部为钢筋混凝土结构时，即可将框架梁钢筋与柱内充当引下线的钢筋进行连接（绑扎或焊接）作为均压环。当建筑物为砖混结构但有钢筋混凝土组合柱和圈梁时，均压环做法同钢筋混凝土结构。没有组合柱和围梁的建筑物，应每三层在建筑物外墙内敷设一圈 $\phi12mm$ 镀锌圆钢作为均压环，并与防雷装置的所有引下线连接，引下线的间距 L 应小于 12m，如图 4.13 所示。

2. 引下线

引下线是连接接闪器与接地装置的金属导体。其作用是构成将雷电能量向大地泄放的通道。引下线一般采用圆钢或扁钢，要求镀锌处理。引下线应满足机械强度、耐腐蚀和热稳定性的要求。

（1）一般要求。引下线可以专门敷设，也可利用建筑物内的金属构件。

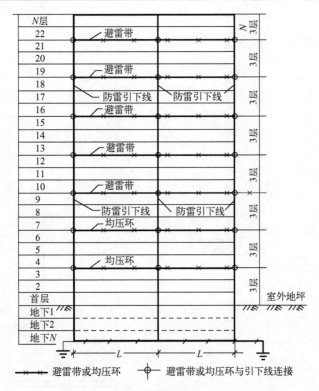

图 4.13　高层建筑物均压环与引下线连接示意图

明装引下线应沿建筑物外墙敷设，并经最短路径接地，如图 4.14 所示。采用圆钢时，直径应不小于 8mm；采用扁钢时，其截面积不应小于 48mm²，厚度不小于 4mm。暗装时截面积应放大一级。

在我国高层建筑中，优先利用柱或剪力墙中的主钢筋作为引下线，即引下线暗敷设，如图 4.15 所示。当钢筋直径不小于 16mm 时，应采用两根主钢筋（焊接）作为一组引下线；当钢筋直径为 10 ~ 16mm 时，应采用四根钢筋（焊接）作为一组引下线。建筑物在屋顶敷设的避雷网与防侧击雷的接闪环应与引下线连成一体，以利于雷电流的分流。

防雷引下线的数量多少影响到反击电压大小及雷电流引下的可靠性，所以引下线及其布置应按不同防雷等级确定，一般不得少于两根。

为了便于测量接地电阻和检查引下线与接地装置的连接情况，人工敷设的引下线宜在引下线距地面 0.3 ~ 1.8m 之间设置断接卡子。当利用混凝土内钢筋、钢柱作为自然引下线并同时采用基础接地时，不设断接卡子。但利用钢筋做引下线时应在室内或室外的适当地点设置若干连接板，该连接板可供测量、接人工接地体和做等电位连接用。

（2）引下线施工要求。明敷的引下线应镀锌，焊接处应涂防腐漆。地面上约 1.7m 至地下 0.3m 的一段引下线应有保护措施，防止受机械损伤和人身接触。

引下线施工不得直角转弯，与雨水管相距较近时可以焊接在一起。

高层建筑的引下线应该与金属门窗电气连通，当采用两根主筋时，其焊接长度应不小于直径的 6 倍。

引下线是防雷装置极重要的组成部分，必须可靠敷设，以保证防雷效果。

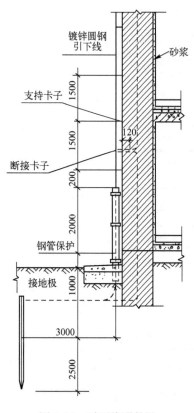

图 4.14　引下线明敷设

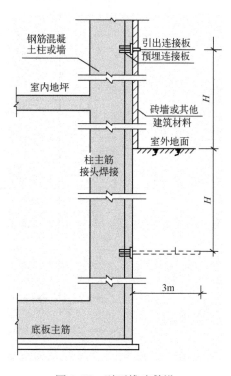

图 4.15　引下线暗敷设

3. 接地装置

无论工作接地还是保护接地，都是经过接地装置与大地连接的。接地装置包括接地体和接地线两部分，它是防雷装置的重要组成部分。接地装置示意图和图例如图 4.16 所示。接地装置的主要作用是向大地均匀地泄放电流，使防雷装置对地电压不至于过高。

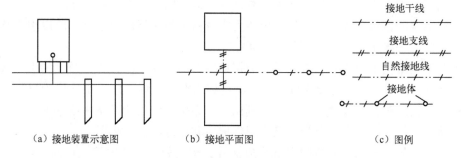

（a）接地装置示意图　　　（b）接地平面图　　　（c）图例

图 4.16　接地装置示意图和图例

（1）接地体。接地体是人为埋入地下与土壤直接接触的金属导体。

接地体一般分为自然接地体和人工接地体。自然接地体是指兼做接地用的直接与大地接触的各种金属体，如利用建筑物基础内的钢筋构成的接地系统，如图 4.17 所示。有条件时应首先利用自然接地体。因为它具有接地电阻较小，稳定可靠，减少材料和安装维护费用等优点。

　　有时自然接地体安装完毕并经测量后，接地电阻不能满足要求时，需要增加敷设人工接地体来减小接地电阻值。人工接地体专门作为接地用的接地体，安装时需要配合土建施工进行，在基础开挖时，也同时挖好接地沟，并将人工接地体按设计要求埋设好。

　　人工接地体按其敷设方式分为垂直接地体和水平接地体两种。垂直接地体一般为垂直埋入地下的角钢、圆钢、钢管等。水平接地体一般为水平敷设的扁钢、圆钢等。

　　① 垂直接地体。垂直接地体多使用镀锌角钢和镀锌钢管，一般应按设计所提数量及规格进行加工。镀锌角钢一般可选用 $40mm \times 40mm \times 5mm$ 或 $50mm \times 50mm \times 5mm$ 两种规格，其长度一般为 $2.5m$。镀锌钢管一般直径为 $50mm$，壁厚不小于 $3.5mm$。垂直接地体打入地下的部分应加工成尖形，其形状如图 4.18 所示。

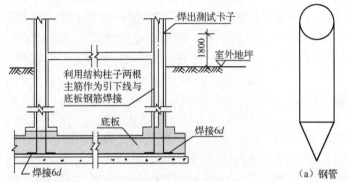

图 4.17　自然接地体的做法

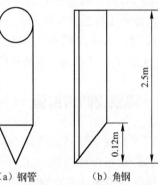

（a）钢管　　（b）角钢

图 4.18　垂直接地体端部处理

　　接地装置需埋于地表层以下，一般深度不应小于 $0.6m$。为减小相邻接地体的屏蔽作用，垂直接地体之间的间距不宜小于接地体长度的 2 倍，一般间距不应小于 $5m$，并应保证接地体与地面的垂直度。

　　接地体与接地体之间的连接一般采用镀锌扁钢。扁钢应立放，这样既便于焊接又可减小流散电阻。

　　② 水平接地体。水平接地体是将镀锌扁钢或镀锌圆钢水平敷设于土壤中，水平接地体可采用 $40mm \times 4mm$ 的扁钢或直径为 $16mm$ 的圆钢。水平接地体埋深不小于 $0.6m$。水平接地体一般有三种形式，即水平接地体、围绕建筑物四周的环式接地体以及延长外引接地体。普通水平接地体埋设方式如图 4.19 所示。普通水平接地体如果有多根水平接地体平行埋设，其间距应符合设计规定，当无设计规定时不宜小于 $5m$。围绕建筑物四周的环式接地体如图 4.20 所示。当受地方限制或建筑物附近的土壤电阻率高时，可外引接地装置，将接地体延伸到电阻率小的地方去，但要考虑到接地体的有效长度范围限制，否则不利于雷电流的泄散。

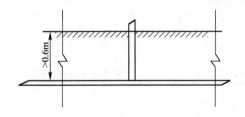

图 4.19　普通水平接地体埋设方式

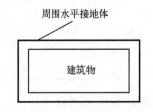

图 4.20　围绕建筑物四周的环式接地体

（2）接地线。接地线是连接接地体和引下线或电气设备接地部分的金属导体，它可分为自然接地线和人工接地线两种类型。

自然接地线可利用建筑物的金属结构，如梁、柱、桩等混凝土结构内的钢筋及金属管路等。利用自然接地线必须符合下列要求。

① 应保证全长管路有可靠的电气通路。

② 利用电气配线钢管做接地线时管壁厚度不应小于 3.5mm。

③ 用螺栓或铆钉连接的部位必须焊接跨接线。

④ 利用串联金属构件做接地线时，其构件之间应以截面积不小于 $100mm^2$ 的钢材焊接。

⑤ 不得用蛇皮管、管道保温层的金属外皮或金属网做接地线。

人工接地线材料一般采用扁钢和圆钢，但移动式电气设备、采用钢质导线在安装上有困难的电气设备，可采用有色金属作为人工接地线，绝对禁止使用裸铝导线做接地线。采用扁钢作为地下接地线时，其截面积不应小于 $25mm \times 4mm$；采用圆钢做接地线时，其直径不应小于 10mm。人工接地线不仅要有一定的机械强度，而且接地线截面积应满足热稳定性的要求。

4.1.3 建筑物防雷措施

前面介绍了各种主要防雷装置的基本结构、工作原理、保护特性和适用范围。对建筑物的防雷，需要针对各种建筑物的实际情况因地制宜地采取防雷保护措施，这样才能达到既经济又能有效地防止或减小雷击的目的。GB50057—1997 对建筑物的防雷进行了分类，并规定了相对应的防雷措施。

1. 建筑物的防雷分类

根据建筑物的重要性、使用性质、受雷击可能性的大小和一旦发生雷击事故可能造成的后果，按防雷要求分为三类，各类防雷建筑的具体划分方法在国标 GB50057—1997 中有明确规定，如表 4.4 所示。

表 4.4　建筑物防雷等级划分

防雷建筑等级	防雷建筑划分条件
第一类防雷建筑物	凡制造、使用或储存有炸药、火药、起爆药、火工品等大量爆炸物质的建筑物，因火花而引起爆炸，会造成巨大破坏和人身伤亡的
第二类防雷建筑物	国家级重点文物保护建筑物、会堂、办公建筑物、大型展览和博览建筑物、大型火车站、国宾馆、国家级档案馆、大型城市的重要给水泵房等特别重要的建筑物。 制造、使用或储存爆炸物质的建筑物，且电火花不易引起爆炸或不致造成巨大破坏和人身伤亡的
第三类防雷建筑物	省级重点文物保护的建筑物及省级档案馆。 预计雷击次数大于或等于 0.012 次/a，且小于或等于 0.06 次/a 的省级办公建筑物及其他重要或人员密集的公共建筑物。 预计雷击次数大于或等于 0.06 次/a，且小于或等于 0.3 次/a 的住宅、办公楼等一般性的民用建筑物。 平均雷暴日大于 15d/a 的地区，高度在 20m 及以上的烟囱、水塔等孤立的高耸建筑物

2. 建筑物防雷保护措施

接闪器、引下线与接地装置是各类防雷建筑都应装设的防雷装置，但由于对防雷的要求不同，各类防雷建筑物在使用这些防雷装置时的技术要求就有所差异。

在可靠性方面，对第一类防雷建筑物所提的要求相对来说是最为苛刻的。通常第一类防雷建筑物的防雷保护措施应包括防直击雷、防雷电感应和防雷电波侵入等保护内容，同时这些基本措施还应当被高标准地设置；第二类防雷建筑物的防雷保护措施与第一类相比，既有相同之处，又有不同之处，综合来看，第二类防雷建筑物仍采取与第一类防雷建筑物相类似的措施，但其规定的指标不如第一类防雷建筑物严格；第三类防雷建筑物主要采取防直击雷和防雷电波侵入的措施。各类防雷建筑物的防雷装置的技术要求对比如表 4.5 所示。

表 4.5　各类防雷建筑物的防雷装置的技术要求对比

防雷类别＼防雷措施特点	一 类	二 类	三 类
防直击雷	应装设独立避雷针或架空避雷线（网），使保护物体均处于接闪器的保护范围之内。 当建筑物太高或由于其他原因难以装设独立避雷针、架空避雷线（网）时，可采用装设在建筑物上的避雷网、避雷针或混合组成的接闪器进行直击雷防护。网格尺寸≤5×5(m)或≤6×4(m)	宜采用装设在建筑物上的避雷网（带）、避雷针或混合组成的接闪器进行直击雷防护。避雷网的网格尺寸≤10×10(m)或≤12×8(m)	宜采用装设在建筑物上的避雷网（带）、避雷针或混合组成的接闪器进行直击雷防护。避雷网的网格尺寸≤20×20(m)或≤24×16(m)
防雷电感应	1. 建筑物的设备、管道、构架、电缆金属外皮、钢屋架和钢窗等较大金属物，以及突出屋面的放散管和风管等金属物，均应接到防雷电感应的接地装置上。 2. 平行敷设的管道、构架和电缆金属外皮等长金属物，其净距小于 100mm 时应采用金属跨接，跨接点的间距不应大于 30m。长金属物连接处应用金属线跨接	1. 建筑物内的设备、管道、构架等主要金属物，应就近接到接地装置上，可不另设接地装置。 2. 平行敷设的管道、构架和电缆金属外皮等长金属物应符合一类防雷建筑物要求，但长金属物连接处可不跨接	
防雷电波侵入	1. 低压线路宜全线用电缆直接埋地敷设，入户端应将电缆的金属外皮、钢管接到防雷电感应的接地装置上。 2. 架空金属管道，在进出建筑物处也应与防雷电感应的接地装置相连。距离建筑物 100m 内的管道，应每隔 25m 左右接地一次。埋地的或地沟内的金属管道，在进出建筑物处也应与防雷电感应的接地装置相连	1. 当低压线路全线采用电缆直接埋地敷设时，入户端应将电缆金属外皮、金属线槽与防雷的接地装置相连。 2. 平均雷暴日小于 30d/a 地区的建筑物，可采用低压架空线入户。 3. 架空和直接埋地的金属管道在进出建筑物处应就近与防雷接地装置相连	1. 电缆进出线，应在进出端将电缆的金属外皮、钢管和电气设备的保护接地相连。 2. 架空线进出线，应在进出处装设避雷器，避雷器应与绝缘子铁脚、金具连接并接入电气设备的保护接地装置上。 3. 架空金属管道在进出建筑物处应就近与防雷接地装置相连或独自接地
防侧击雷	1. 从 30m 起每隔不大于 6m 沿建筑物四周设环形避雷带，并与引下线相连。 2. 30m 及以上外墙上的栏杆、门窗等较大的金属物与防雷装置连接	1. 高度超过 45m 的建筑物采取防侧击雷及等电位的保护措施。 2. 将 45m 及以上外墙上的栏杆、门窗等较大的金属物与防雷装置连接	1. 高度超过 60m 的建筑物应采取防侧击雷及等电位的保护措施。 2. 将 60m 及以上外墙上的栏杆、门窗等较大的金属物与防雷装置连接
引下线间距	≤12m	≤18m	≤25m

3. 浪涌保护

所谓浪涌也叫突波，顾名思义就是超出正常工作电压的瞬间过电压。浪涌包括浪涌冲击、电流冲击和功率冲击，可分为由雷击引起的浪涌以及电气系统内部产生的操作浪涌。出现在建筑物内的浪涌从近千伏（kV）到几十千伏（kV），如不加以限制导致：电子设备的误动作；电源设备和贵重的计算机及各种硬件设备的损坏，造成直接经济损失；在电子芯片中留下潜伏性的隐患，使电子设备运行不稳定和老化加速。可能引起浪涌的具体原因有：闪电，重型设备启停、短路、电源切换或大型发动机投切等。而含有浪涌阻绝装置的产品（如浪涌保护器）可以有效地吸收这些突发的巨大能量，以保护连接设备免于受损。

1）浪涌保护器

浪涌保护器（SPD）也叫防雷保护器，是一种为各种电子设备、仪器仪表、通信线路及配电线路提供安全防护的电气装置，其外形如图 4.21 所示。当电气回路或通信线路中因为外界的干扰突然产生尖峰电流或浪涌电压时，浪涌保护器能在极短的时间内导通分流，从而避免浪涌对回路中其他设备的损害。

（a）电源线路型　　　　　　（b）视频信号型　　　　　　（c）网络信号型

图 4.21　浪涌保护器外形

2）浪涌保护器的分类

浪涌保护器（SPD）的分类方法很多，常用的分类方法有按工作原理和用途来分类。

（1）按用途分。分为电源保护器（如交流电源保护器、直流电源保护器、开关电源保护器等）和信号保护器（如低频信号保护器、高频信号保护器、天馈保护器等）。

（2）按工作原理分。分为开关型、限压型、分流型或扼流型。

开关型：其工作原理是当没有瞬时过电压时呈现为高阻抗，但一旦响应雷电瞬时过电压，其阻抗就突变为低值，允许雷电流通过。用做此类装置的器件有：放电间隙、气体放电管、闸流晶体管等。

限压型：其工作原理是当没有瞬时过电压时呈现为高阻抗，但随电涌电流和电压的增加，其阻抗会不断减小，其电流、电压特性为非线性。用做此类装置的器件有：氧化锌、压敏电阻、抑制二极管、雪崩二极管等。

分流型或扼流型：分流型与被保护的设备并联，对雷电脉冲呈现为低阻抗，而对正常工作频率呈现为高阻抗；扼流型与被保护的设备串联，对雷电脉冲呈现为高阻抗，而对正常的工作频率呈现为低阻抗。用做此类装置的器件有：扼流线圈、高通滤波器、低通滤波器、1/4波长短路器等。

3）低压配电系统中电源线路 SPD 的配置结构

现代的建筑物大都有外部防雷措施，当避雷设施的引下线在接闪以后，会有很大的瞬变电流通过，也就是说在周围会产生很大的瞬变电磁场（LEMP），安装了避雷针以后，建筑物的避雷系统遭受雷击的可能性会增大，也就是说 LEMP 发生的概率会变大。因此，采取了外部避雷措施不能代替内部防雷措施。根据 IEC 防雷分区和分级保护原则，在配电线路上采用分级加装浪涌保护器，使进入设备端的过电压值低于设备耐压值。低压配电系统电源线路浪涌保护配置结构图如图 4.22 所示。

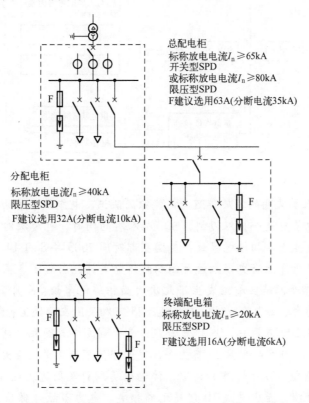

图 4.22　低压配电系统电源线路浪涌保护配置结构图

（1）低压配电系统电源线路保护系统中安装 SPD 的数量是依据雷电防护区概念的要求、被保护设备的抗扰能力和雷电防护分级而定的。

一般在低压配电系统中我们采用三级防护，具体配置如下。

电源总配电柜输出端——应安装标称放电电流 $I_n \geqslant 65\text{kA}$（$10/350\mu\text{s}$ 波形）的开关型浪涌保护器；也可安装标称放电电流 $I_n \geqslant 80\text{kA}$（$8/20\mu\text{s}$ 波形）的限压型 SPD 作为一级防护。

分配电柜输出端——应安装标称放电电流 $I_n \geqslant 40\text{kA}$（$8/20\mu\text{s}$ 波形）的限压型 SPD 作为二级防护。

住宅终端配电箱输出端——应安装标称放电电流 $I_n \geqslant 20\text{kA}$（$8/20\mu\text{s}$ 波形）限压型 SPD 作为三级防护。

SPD 连接导线应短而直，其长度不宜大于 0.5m。

（2）基于电气安全原因，并联安装在市电电源的 SPD，为防止其失效后造成故障短路，必须在 SPD 前安装短路保护器件。SPD 的后备保护有熔断器、断路器和漏电断路器三种，具体规格如图 4.22 所示。

任务 4-2 安全用电

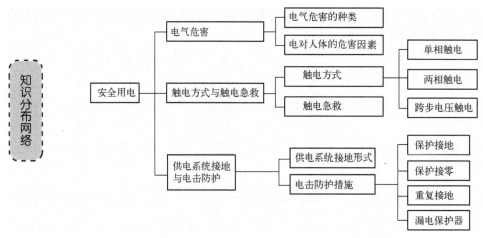

【任务背景】：人类文明的发展伴随着对能源的认识，电能是优质的二次能源，在近代得到了充分利用，但电能也是一把双刃剑，在造福人类的同时，也屡次对人类造成威胁。近年来，世界各地屡屡发生大面积停电事故：美国东部时间 2003 年 8 月 14 日，美国东北部和加拿大联合电网发生了世界上有史以来最大面积的停电事件，引起了各国关注。继美、加停电事故后，2003 年夏季西欧地区相继发生了几次大面积停电事故：8 月 28 日，英国伦敦和英格兰东部部分地区停电，2/3 的地铁陷入瘫痪，25 万人被困在地铁里；9 月 23 日，瑞典和丹麦大面积停电，波及 200 万用户；9 月 28 日夜，意大利发生大面积停电，造成 550 万人停电 18h。莫斯科当地时间 2005 年 5 月 25 日上午，发生了俄罗斯历史上最大规模的停电事故，一座 500kV 变电站不堪重负发生爆炸和火灾，停电使莫斯科及周边地区 34 个城市的工商业和交通运输一度陷入瘫痪，至少造成 10 亿美元的损失。电力事故传播快、范围广，对社会和企业的影响往往是灾难性的。

安全用电关系到千家万户、各行各业。在我国，电气事故已成为引起人身伤亡，爆炸、火灾事故的重要原因。如果设备安装不恰当，使用不合理，维修不及时，或者缺乏用电知识，都可能引发事故。在我国每三起火灾中就有一起是由电气事故造成的，经济发达地区电气火灾造成的损失占火灾总损失的 50% 以上。因此，学习安全用电基本知识，掌握常规触电防护技术，这是保证用电安全的有效途径。

4.2.1 电气危害

1. 电气危害的种类

电气危害有两个方面：一方面是对系统自身的危害，如短路、过电压、绝缘老化等；另一方面是对用电设备、环境和人员的危害，如触电、电气火灾、电压异常升高造成用电设备损坏等，其中尤以触电和电气火灾危害最为严重。触电可直接导致人员伤残、死亡，或引发坠落等二次事故致人伤亡。电气火灾是近 20 年来在我国迅速蔓延的一种电气灾害，我国电气火灾在火灾总数中所占的比例已达30%左右。另外，在有些场合，静电产生的危害也不能忽视，它是电气火灾的原因之一，对电子设备的危害也很大。

触电又分为电击和电伤。

电击指电流通过人体内部，造成人体内部组织、器官损坏，以致死亡的一种现象。电击伤害在人体内部，人体表皮往往不留痕迹。

电伤是指由电流的热效应、化学效应等对人体造成的伤害。它对人体外部组织造成局部伤害，而且往往在肌体上留下伤疤。

2. 电对人体的危害因素

电危及人体生命安全的直接因素是电流，而不是电压，而且电流对人体电击伤害的严重程度与通过人体的电流大小、频率、持续时间、流经途径和人体的健康状况有关。现就其主要因素分述如下。

1）电流的大小

通过人体的电流越大，人体的生理反应也越大，如表4.6所示。人体对电流的反应虽然因人而异，但相差不甚大，可视做大体相同。根据人体反应，可将电流划分为三级。

表4.6 电流对人体的影响

电流/mA	交流电源/50Hz		直流电源
	通电时间	人体反应	人体反应
0～0.5	连续	无感觉	无感觉
0.5～5	连续	有麻刺、疼痛感，无抽搐	无感觉
5～10	几分钟内	痉挛、剧痛，尚可摆脱电源	针刺、压迫及灼热感
10～30	几分钟内	迅速麻痹，呼吸困难，不自主	压痛，刺痛，灼热强烈，抽搐
30～50	几秒到几分钟内	心跳不规则，昏迷，强烈痉挛	感觉强烈，剧痛，痉挛
50～100	超过3s	心室颤动，呼吸麻痹，心脏停止跳动	剧痛，强烈痉挛，呼吸困难或麻痹

感知电流——引起人感觉的最小电流，称感知阈。感觉轻微颤抖、刺痛，可以自己摆脱电源，此时大致为工频交流电1mA。感知阈与电流的持续时间长短无关。

摆脱电流——通过人体的电流逐渐增大，人体反应增大，感到强烈刺痛、肌肉收缩，但是由于人的理智还是可以摆脱带电体的，此时的电流称为摆脱电流，也叫摆脱阈。当通过人体的电流大于摆脱阈时，受电击者自救的可能性就小。摆脱阈主要取决于接触面积、电极形状和尺寸及个人的生理特点，因此不同的人摆脱电流也不同。摆脱阈一般取10mA。

致命电流——当通过人体的电流能引起心室颤动或呼吸窒息而死亡时，称为致命电流。人体心脏在正常情况下，是有节奏地收缩与扩张的。这样，可以把新鲜血液送到全身。当通过人体的电流达到一定数量时，心脏的正常工作受到破坏。每分钟数十次变为每分钟数百次以上的细微颤动，称为心室颤动。心脏在细微颤动时，不能再压送血液，血液循环终止。若在短时间内不摆脱电源，不设法恢复心脏的正常工作，人将会死亡。

引起心室颤动与人体通过的电流大小有关，还与电流持续时间有关。一般认为30mA以下是安全电流。

2）人体阻抗和安全电压

人体的阻抗主要由皮肤阻抗和人体内阻抗组成，且阻抗的大小与触电电流通过的途径有关。皮肤阻抗可视为由半绝缘层和许多小的导电体（毛孔）构成，为容性阻抗，当接触电压小于 50V 时，其阻值相对较大；当接触电压超过 50V 时，皮肤阻抗值将大大降低，以至于完全被击穿后阻抗可忽略不计。人体内阻抗则由人体脂肪、骨骼、神经、肌肉等组织及器官所构成，大部分为阻性的，不同的电流通路有不同的内阻抗。据测量，人体表皮 0.05 ～ 0.2mm 厚的角质层阻抗最大，约为 1 000 ～ 10 000Ω，其次是脂肪、骨骼、神经、肌肉等。但是，若皮肤潮湿、出汗、有损伤或带有导电性粉尘，则人体电阻会下降到 800 ～ 1 000Ω。所以在考虑电气安全问题时，人体的电阻只能按 800 ～ 1 000Ω 计算。不同条件下的人体电阻如表 4.7 所示。

表 4.7 不同条件下的人体电阻

加于人体的电压/V	人体电阻/Ω			
	皮肤干燥	皮肤潮湿	皮肤湿润	皮肤浸入水中
10	7 000	3 500	1 200	600
25	5 000	2 500	1 000	500
50	4 000	2 000	875	440
100	3 000	1 500	770	375
200	2 000	1 000	650	325

注：（1）表内数值的前提是电流为基本通路，接触面积较大；

（2）皮肤潮湿，相当于有水或汗痕；

（3）皮肤湿润，相当于有水蒸气或处于特别潮湿的场合中；

（4）皮肤浸入水中，相当于游泳或在浴池中，基本上是体内电阻；

（5）此表数值为大多数人的平均值。

安全电压是指人体不戴任何防护设备时，触及带电体不受电击或电伤时的电压。人体触电的本质是电流通过人体产生了有害效应，然而触电的形式通常都是人体的两部分同时触及了带电体，而且这两个带电体之间存在着电位差。因此在电击防护措施中，要将流过人体的电流限制在无危险范围内，即在形式上将人体能触及的电压限制在安全的范围内。国家标准制定了安全电压系列，称为安全电压等级或额定值，这些额定值指的是交流有效值，分别为：42V、36V、24V、12V、6V 等几种。

要注意安全电压指的是一定环境下的相对安全，并非是确保无电击的危险。对于安全电压的选用，一般可参考下列数值：隧道、人防工程手持灯具和局部照明应采用 36V 安全电压；潮湿和易触及带电体的场所的照明，电源电压应不大于 24V；特别潮湿的场所、导电良好的地面、锅炉或金属容器内使用的照明灯具应采用 12V 电压。

3）触电时间

人的心脏在每一收缩扩张周期中间，有 0.1 ～ 0.2s 称为易损伤期。当电流在这一瞬间通过时，引起心室颤动的可能性最大，危险性也最大。

人体触电，当通过电流的时间越长，能量积累增加，引起心室颤动所需的电流也就越小；触电时间越长，越易造成心室颤动，生命危险性就越大。据统计，触电 1min 后开始急救，90% 有良好的效果。

4）电流途径

如表4.8所示为电流途径与通过人体心脏电流的比例关系。电流途径有从人体的左手至右手、左手至脚、右手至脚等，其中电流经左手至脚的流通是最不利的一种情况，因为这一通道的电流最易损伤心脏。电流通过心脏，会引起心室颤动，通过神经中枢会引起中枢神经失调。这些都会直接导致死亡，电流通过脊髓，还会导致半身瘫痪。

表4.8　电流途径与通过人体心脏电流的比例关系

电流途径	左手至脚	右手至脚	左手至右手	左脚至右脚
流经心脏的电流与通过人体总电流的比例/%	6.4	3.7	3.3	0.4

5）电流频率

电流频率不同，对人体伤害也不同。据测试，15～100Hz的交流电流对人体的伤害最严重。由于人体皮肤的阻抗是容性的，所以与频率成反比，随着频率增加，交流电的感知、摆脱阈值都会增大。虽然频率增大，对人体伤害程度有所减轻，但高频高压还是有致命的危险的。

6）人体状况

人体不同，对电流的敏感程度也不一样，一般说来，儿童较成年人敏感，女性较男性敏感。患有心脏病者，触电后的死亡可能性就更大。

4.2.2　触电方式与触电急救

1. 触电方式

按照人体触及带电体的方式和电流通过人体的途径，触电可分为以下三种情况。

1）单相触电

单相触电是指人体在地面或其他接地导体上，人体某一部分触及一相带电体的触电事故。大部分触电事故都是单相触电事故。单相触电的危险程度与电网运行方式有关。采用电源中性点接地运行方式时，单相触电的电流途径如图4.23所示。中性点不接地系统的单相触电方式如图4.24所示。一般情况下，中性点接地电网里的单相触电比中性点不接地电网里的单相触电危险性大。

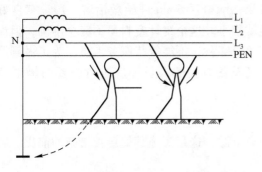

图4.23　中性点接地系统的单相触电方式

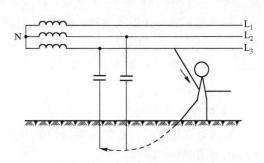

图4.24　中性点不接地系统的单相触电方式

2）两相触电

两相触电是指人体两处同时触及两相带电体的触电事故，如图 4.25 所示。其危险性一般是比较大的。

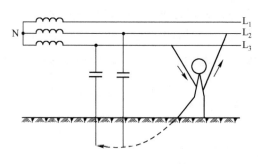

图 4.25　两相触电示意图

3）跨步电压触电

当带电体接地有电流流入地下时，电流在接地点周围土壤中产生电压降。人在接地点周围，两脚之间出现的电压即跨步电压。由此引起的触电事故叫跨步电压触电，如图 4.26 所示。高压故障接地处，或有大电流流过的接地装置附近都可能出现较高的跨步电压。离接地点越近，两脚距离越大，跨步电压值就越大。一般在 10m 以外就没有危险。设备不停电时的安全距离如表 4.9 所示。

表 4.9　设备不停电时的安全距离

电压等级/kV	安全距离/m	电压等级/kV	安全距离/m
10 及以下（13.8）	0.7	154	1.50
20～35	1.00	220	2.00
44	1.20	330	4.00
60～110	1.50	500	5.00

2. 触电急救

现场急救对抢救触电者是非常重要的，因为人触电后不一定立即死亡，而往往处于"假死"状态，如现场抢救及时，方法得当，呈"假死"状态的人就可以获救。据国外资料记载，触电后 1min 开始救治者，90% 有良好效果；触电后 6min 开始救治者，10% 有良好效果；触电后 12min 开始救治者，救活的可能性就很小。这个统计资料虽不完全准确，但说明抢救的时间是个重要因素。因此，触电急救应争分夺秒，不能等待医务人员。为了做到及时急救，平时就要了解触电急救常识，对与电气设备有关的人员还应进行必要的触电急救训练。

1）解脱电源

发现有人触电时，首先是尽快使触电人脱离电源，这是实施其他急救措施的前提。解脱电源的方法有：

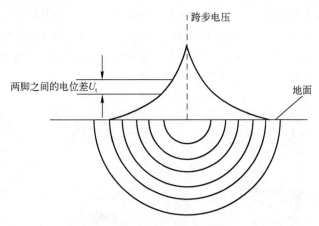

图 4.26　跨步电压触电示意图

（1）如果电源的闸刀开关就在附近，应迅速拉开开关。一般的电灯开关、拉线开关只控制单线，而且控制的不一定是相线（俗称火线），所以拉开这种开关并不保险，还应该拉开闸刀开关。

（2）如闸刀开关距离触电地点很远，则应迅速用绝缘良好的电工钳或有干燥木把的利器（如刀、斧、掀等）把电线砍断（砍断后，有电的一头应妥善处理，防止又有人触电），或用干燥的木棒、竹竿、木条等物迅速将电线拨离触电者。拨线时应特别注意安全，能拨的不要挑，以防电线甩在别人身上。

（3）若现场附近无任何合适的绝缘物可利用，而触电人的衣服又是干的，则救护人员可用包有干燥毛巾或衣服的一只手去拉触电者的衣服，使其脱离电源。若救护人员未穿鞋或穿湿鞋，则不宜采用这样的办法抢救。

以上抢救办法不适用于高压触电情况，遇有高压触电应及时通知有关部门拉掉高压电源开关。

2）对症救治

当触电人脱离了电源以后，应迅速根据具体情况做对症救治，同时向医务部门呼救。

（1）如果触电人的伤害情况并不严重，神志还清醒，只是有些心慌，四肢发麻，全身无力或虽曾一度昏迷，但未失去知觉，要使之就地安静休息 1 ～ 2h，不要走动，并做仔细观察。

（2）如果触电人的伤害情况较严重，无知觉、无呼吸，但心脏有跳动（头部触电的人易出现这种症状），应采用口对口人工呼吸法抢救。如有呼吸，但心脏停止跳动，则应采用人工胸外心脏挤压法抢救。

（3）如果触电人的伤害情况很严重，心跳和呼吸都已停止，则需同时进行口对口人工呼吸和人工胸外心脏挤压。如现场仅有一人抢救，则可交替使用这两种办法，先进行口对口吹气两次，再做心脏挤压 15 次，如此循环连续操作。

3）人工呼吸法和人工胸外心脏挤压法

（1）口对口人工呼吸法。

① 迅速解开触电人的衣领，松开上身的紧身衣、围巾等，使胸部能自由扩张，以免妨碍

建筑电气与施工用电（第 2 版）

呼吸。置触电人为向上仰卧位置，将颈部放直，把头侧向一边掰开嘴巴，清除其口腔中的血块和呕吐物等，如图 4.27 所示。如舌根下陷，应把它拉出来，使呼吸道畅通，如图 4.28 所示。如触电者牙关紧闭，可用小木片、金属片等从嘴角伸入牙缝慢慢撬开，然后使其头部尽量后仰，鼻孔朝天，这样，舌根部就不会阻塞气流。

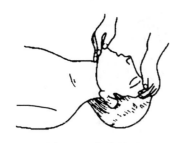

图 4.27　仰头抬颚

（a）气道畅通

（b）气道堵塞

图 4.28　气道状况

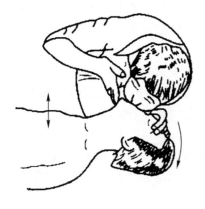

图 4.29　口对口人工呼吸

② 救护人站在触电人头部的一侧，用一只手捏紧其鼻孔（不要漏气），另一只手将其下颌拉向前方（或托住其后颈），使嘴巴张开（嘴上可盖一块纱布或薄布），准备接受吹气。

③ 救护人做深吸气后，紧贴触电人的嘴巴向他大量吹气，同时观察其胸部是否膨胀，以确定吹气是否有效和适度，如图 4.29 所示。

④ 救护人员吹气完毕换气时，应立即离开触电人的嘴巴，并放松捏紧的鼻子，让他自动呼气。

按照以上步骤连续不断地进行操作，每 5s 一次。

（2）人工胸外心脏挤压法。

① 使触电人仰卧，松开衣服，清除口内杂物。触电人后背着地处应是硬地或木板。

② 救护人位于触电人的一边，最好是跨骑在其胯骨（腰部下面腹部两侧的骨）部，两手相叠，将掌根放在触电人胸骨下 1/3 的部位，把中指尖放在其颈部凹陷的下边缘，即"当胸一手掌、中指对凹膛"，手掌的根部就是正确的压点，如图 4.30 所示。

③ 找到正确的压点后，自上而下均衡地用力向脊柱方向挤压，压出心脏里的血液。对成年人的胸骨可压下 3 ～ 4cm，如图 4.31 所示。

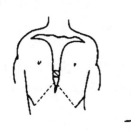

图 4.30　正确的按压位置

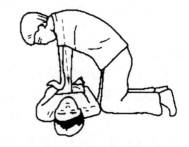

图 4.31　按压姿势与用力方法

④ 挤压后，掌根要突然放松（但手掌不要离开胸壁），使触电人胸部自动恢复原状，心脏扩张后血液又回到心脏。

按以上步骤连续不断地进行操作，每秒一次。挤压时定位必须准确，压力要适当，不可用力过大过猛，以免挤压出胃中的食物，堵塞气管，影响呼吸，或造成肋骨折断、气血胸和内脏损伤等。但也不能用力过小而达不到挤压的作用。

触电急救应尽可能就地进行，只有在条件不允许时，才可把触电人抬到可靠的地方进行急救。在运送医院途中，抢救工作也不要停止，直到医生宣布可以停止时为止。

抢救过程中不要轻易注射强心针（肾上腺素），只有当确定心脏已停止跳动时才可使用。

4.2.3　供电系统接地与电击防护

低压配电系统是电力系统的末端，分布广泛，几乎遍及建筑的每一角落，平常使用最多的是 380/220V 的低压配电系统。从安全用电等方面考虑，低压配电系统有三种接地形式：IT 系统、TT 系统、TN 系统。TN 系统又分为 TN-S 系统、TN-C 系统、TN-C-S 系统三种形式。

1. 供电系统接地形式

1）IT 系统

IT 系统就是电源中性点不接地，用电设备外壳直接接地的系统，如图 4.32 所示。IT 系统中，连接设备外壳可导电部分和接地体的导线，就是 PE 线。

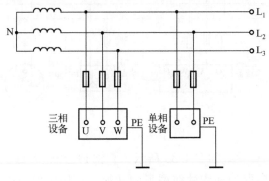

图 4.32　IT 系统

2）TT 系统

TT 系统就是电源中性点直接接地，用电设备外壳也直接接地的系统，如图 4.33 所示。通常将电源中性点的接地叫做工作接地，而将设备外壳接地叫做保护接地。TT 系统中，这两个接地必须是相互独立的。设备接地可以是每一设备都有各自独立的接地装置，也可以若干设备共用一个接地装置，图 4.33 中单相设备和单相插座就是共用接地装置的。

在有些国家中 TT 系统的应用十分广泛，工业与民用的配电系统都大量采用 TT 系统。在我国 TT 系统主要用于城市公共配电网和农村电网，现在也有一些大城市如上海等在住宅配电系统中采用 TT 系统。

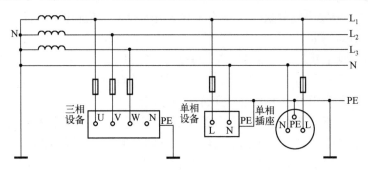

图 4.33　TT 系统

3）TN 系统

TN 系统即电源中性点直接接地，设备外壳等可导电部分与电源中性点有直接电气连接的系统，它有三种形式，分述如下。

（1）TN-S 系统。TN-S 系统如图 4.34 所示。图中中性线 N 与 TT 系统相同，在电源中性点工作接地，而用电设备外壳等可导电部分通过专门设置的保护线 PE 连接到电源中性点上。在这种系统中，中性线和保护线是分开的，这就是 TN-S 中"S"的含义。TN-S 系统的最大特征是 N 线与 PE 线在系统中性点分开后，不能再有任何电气连接。TN-S 系统是我国现在应用最为广泛的一种系统。

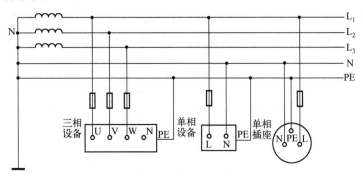

图 4.34　TN-S 系统

（2）TN-C 系统。TN-C 系统如图 4.35 所示，它将 PE 线和 N 线的功能综合起来，由一根保护中性线 PEN 同时承担保护和中性线两者的功能。在用电设备处，PEN 线既连接到负荷中性点上，又连接到设备外壳等可导电部分。

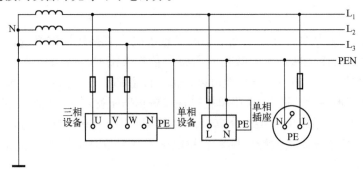

图 4.35　TN-C 系统

TN-C 现在已很少采用，尤其是在民用配电中已基本上不允许采用 TN-C 系统。

（3）TN-C-S 系统。TN-C-S 系统是 TN-C 系统和 TN-S 系统的结合形式，如图 4.36 所示。TN-C-S 系统中，从电源出来的那一段采用 TN-C 系统，只起电能的传输作用，到用电负荷附近某一点处，将 PEN 线分开成单独的 N 线和 PE 线，从这一点开始，系统相当于 TN-S 系统。TN-C-S 系统也是现在应用比较广泛的一种系统。这里采用了重复接地这一技术。

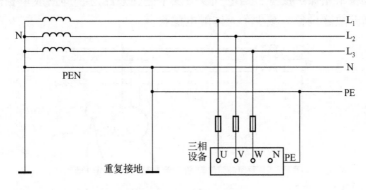

图 4.36 TN-C-S 系统

2. 电击防护措施

为降低因绝缘破坏而遭到电击的危险，对于以上不同的低压配电系统形式，电气设备常采用保护接地、保护接零、重复接地等不同的安全措施。

1）保护接地

保护接地是将与电气设备带电部分相绝缘的金属外壳或架构通过接地装置同大地连接起来，如图 4.37 所示。保护接地常用在 IT 低压配电系统和 TT 低压配电系统的形式中。在 IT 中性点不接地的配电系统中，保护接地的作用是：若用电设备设有接地装置，当绝缘破坏外壳带电时，接地短路电流将同时沿着接地装置和人体两条通路流过。流过每一条通路的电流值将与其电阻的大小成反比。通常人体的电阻（1 000Ω 以上）比接地体电阻大几百倍以上，所以当接地装置电阻很小时，流经人体的电流几乎等于零，因而，人体触电的危险大大降低，如图 4.37 所示。

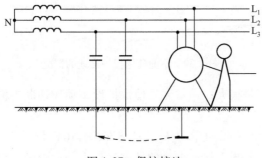

图 4.37 保护接地

在 TT 配电系统中，保护接地的作用是：若用电设备设有接地装置，当绝缘破坏外壳带电时，多数情况下，能够有效降低人体的接触电压，但要降低到安全限值以下有困难，因此

需要增加其他附加保护措施，达到避免人体触电危险的目的。

2）保护接零

保护接零是把电气设备正常时不带电的金属导体部分，如金属机壳，同电网的 PEN 线或 PE 线连接起来，如图 4.38 所示。保护接零适用于 TN 低压配电系统形式。在中性点接地的供电系统中，设备采用保护接零，当电气设备发生碰壳短路时，即形成单相短路，使保护设备能迅速动作断开故障设备，减少了人体触电危险。

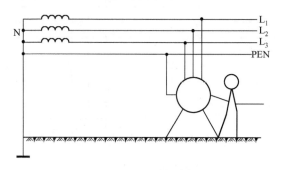

图 4.38　保护接零

在 TN 低压配电系统中若采用保护接地的方法，则不能有效地防止人身触电事故，如图 4.39 所示。此时一相碰壳引起的短路电流为

$$I_d = \frac{U_P}{R_0 + R_e} = \frac{220}{4 + 4} = 27.5A$$

式中　　R_0——系统中性点接地电阻，取 4Ω；

　　　　R_e——用电设备接地电阻，取 4Ω。

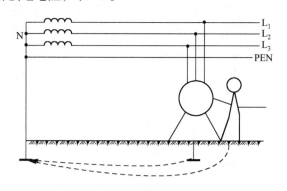

图 4.39　不能使用保护接地的情况

由于这个短路电流不是很大，通常无法使保护设备动作切断电源，所以此时设备外壳对地的电压为

$$U_d = I_d R_e = 27.5 \times 4 = 110V$$

该电压大于安全电压，当人触及带电的外壳时是十分危险的。因此在低压中性点接地的配电系统中常采用保护接零，而不采用保护接地。

在采用保护接零方法时，注意要适当选择 PE 导线的截面，尽量降低 PE 线的阻抗，从而降低接触电压。同时要注意在 TT 和 TN 低压配电系统中不得混用保护接地和保护接零的方法。

3）重复接地

将电源中性接地点以外的其他点一次或多次接地，称为重复接地，如图 4.40 所示。重复接地是为了保护导体在故障时尽量接近大地电位。重复接地时，当系统中发生碰壳或接地短路时，一则可以降低 PEN 线的对地电压；二则当 PEN 线发生断线时，可以降低断线后产生的故障电压；在照明回路中，也可避免因零线断线所带来的三相电压不平衡而造成电气设备的损坏。

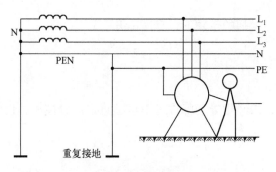

图 4.40　重复接地

4）漏电保护器

以上分析的电击防护措施是从降低接触电压方面进行考虑的。但实际上这些措施往往还不够完善，需要采用其他保护措施作为补充。例如，采用漏电保护器、过电流保护电器和等电位连接等补充措施。

实训6　建筑防雷系统认识

一、实训目的

（1）建立建筑防雷系统的概念；
（2）了解防雷系统的几个组成部分之间的关系和作用。

二、实训器材

建筑防雷系统教学模型（或便于参观学习的典型防雷建筑物）。

三、实训步骤

1. 了解建筑防雷系统

由指导老师对建筑物防雷系统及功能进行整体介绍。

2. 参观学习

依次参观建筑物防雷系统的各个组成部分，并结合现场讲解和提问答疑。

（1）接闪器的形式与做法；

（2）引下线的形式与做法；

（3）接地装置的形式与做法；

（4）接地测试端子的形式与做法；

（5）等电位连接的形式与做法。

3. 实训结束

实训结束后，在指导老师的带领下，有序离开。

四、注意事项

参观时要注意安全，未经指导老师许可不可随意走动触摸相关设备。

五、实训思考

（1）建筑防雷装置由哪几部分组成？

（2）避雷带常用的选材有哪些？

（3）自然接地体与人工接地体如何选择？

知识梳理与总结

本任务主要介绍建筑防雷和安全用电的相关知识，对雷电的产生与危害、防雷装置及接地形式、建筑物防雷措施、电气危害的种类、触电方式与触电急救，以及电击防护措施进行了系统论述。通过本任务的学习，读者应熟悉建筑物防雷系统的基本构架，掌握建筑物防雷保护措施，掌握安全用电基本知识和电击防护的措施。基本技能要求如下：

（1）能够理解建筑防雷装置及接地装置的作用；

（2）能够按施工图进行建筑防雷装置及接地装置施工；

（3）具备安全用电能力及触电急救能力；

（4）能够选择合适的电击防护措施。

练习题4

1. 选择题

（1）平屋面或坡度不大于1/10的屋面不易受雷击的部位是（　　）。

    A. 屋檐　　　　　B. 檐角　　　　　C. 屋脊　　　　　D. 女儿墙

（2）接闪器是用来防止（　　）的防雷设备。

    A. 直击雷　　　B. 感应雷　　　C. 雷电波侵入　　D. 球形雷

（3）三类防雷建筑物的避雷网网格尺寸应（　　　）。

    A. ≤5m×5m 或 ≤6m×4m　　　　B. ≤10m×10m 或 ≤12m×8m

    C. ≤20m×20m 或 ≤24m×16m　　D. 无特殊要求

（4）明装避雷带（网）可以采用圆钢或扁钢，但应优先采用圆钢。圆钢直径不得小于（　　　），扁钢厚度不小于4mm，截面积不得小于48mm²。

    A. 8mm　　　　　B. 10mm　　　　C. 12mm　　　　D. 16mm

（5）用于防止侧击雷的接闪器为（　　　）。

    A. 避雷针　　　　B. 避雷线　　　　C. 避雷带　　　　D. 避雷环

（6）防雷引下线的数量多少影响到反击电压大小及雷电流引下的可靠性，所以引下线及其布置应按不同防雷等级确定，一般不得少于（　　　）根。

    A. 1　　　　　　B. 2　　　　　　C. 3　　　　　　D. 4

（7）二类防雷建筑高度超过（　　　）应采取防侧击雷及等电位的保护措施。

    A. 20m　　　　　B. 30m　　　　　C. 45m　　　　　D. 60m

（8）浪涌保护器的主要作用是（　　　）。

    A. 短路保护　　B. 过载保护　　C. 欠电压保护　　D. 防雷

（9）安全电流是指（　　　）以下的电流。

    A. 1mA　　　　　B. 10mA　　　　C. 30mA　　　　D. 300mA

（10）我国现在应用最为广泛的接地系统是（　　　）。

    A. IT 系统　　　　B. TT 系统　　　C. TN-C 系统　　D. TN-S 系统

2. 思考题

（1）什么叫雷击距？雷击距大小与哪些因素有关？

（2）雷电危害主要体现在哪些方面？

（3）什么叫滚球法？接闪器的保护范围如何确定？建筑物防雷等级与滚球半径有何关系？为什么？

（4）引下线数量与什么有关？

（5）简述自然接地体与人工接地体的区别。

（6）为什么垂直接地体之间要保持一定的距离？

（7）水平接地体有哪几种形式？

（8）什么叫保护接地？什么叫保护接零？什么情况下采用保护接地？什么情况下采用保护接零？

（9）重复接地的功能是什么？

（10）同一供电系统中，为什么不能同时采取保护接零和保护接地？

学习情境 5

建筑电气工程识图

教学导航

项目任务	任务 5-1	建筑电气工程图的阅读方法	学时	4
	任务 5-2	建筑电气工程图阅读实例		
教学载体	识图用施工图、教学课件及教材相关内容			
教学目标	知识方面	掌握建筑电气施工图纸的种类及表达内容，掌握建筑电气工程图的识图步骤和方法		
	技能方面	能够正确理解施工图表达含义，进行正确施工		
过程设计	任务布置及知识引导——分组学习、讨论和收集资料——学生编写读图报告，制作 PPT，集中汇报——教师点评或总结			
教学方法	项目教学法			

任务 5-1　建筑电气工程图的阅读方法

知识分布网络

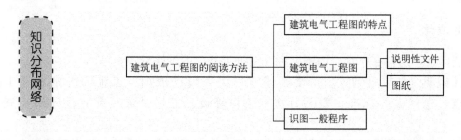

【任务背景】：建筑电气工程图是整个建筑工程设计的重要组成部分，是安排和组织施工安装的主要依据，因此有必要学会阅读建筑电气工程图。本章主要介绍建筑电气工程图的特点、建筑电气工程图的内容及阅读建筑电气工程图的一般程序，并通过一套建筑电气工程图来详细说明建筑电气工程图的识图过程。

5.1.1　建筑电气工程图的特点

建筑电气工程图具有不同于机械图、建筑图的特点，掌握建筑电气工程图的特点，对阅读建筑电气工程图将会提供很多方便。它们的主要特点是：

（1）建筑电气工程图大多是采用统一的图形符号并加注文字符号绘制出来的。绘制和阅读建筑电气工程图，首先必须明确和熟悉这些图形符号所表示的内容和含义，以及它们之间的相互关系。

（2）建筑电气工程图中的各个回路是由电源、用电设备、导线和开关控制设备组成的。要真正理解图纸，还应该了解设备的基本结构、工作原理、工作程序、主要性能和用途等。

（3）电路中的电气设备、元件等，彼此之间都是通过导线将其连接起来构成一个整体的。在阅读过程中要将各有关的图纸联系起来，对照阅读。一般而言，应通过系统图、电路图找联系；通过布置图、接线图找位置；交错阅读，这样读图效率可以提高。

（4）建筑电气工程施工往往与主体工程及其他安装工程施工相互配合进行，如暗敷线路、电气设备基础及各种电气预埋件与土建工程密切相关。因此，阅读建筑电气工程图时应与有关的土建工程图、管道工程图等对应起来阅读。

（5）阅读电气工程图的主要目的是用来编制工程预算和施工方案，指导施工，指导设备的维修和管理。在电气工程图中安装、使用、维修等方面的技术要求一般不反映，仅在说明栏内做一说明"参照××规范"，所以，在读图时，应熟悉有关规程、规范的要求，这样才能真正读懂图纸。

5.1.2　建筑电气工程图

建筑电气工程图是应用非常广泛的电气图之一。建筑电气工程图可以表明建筑电气工程的构成规模和功能，详细描述电气装置的工作原理，提供安装技术数据和使用维护方法。建筑物的规模和要求不同，建筑电气工程图的种类和图纸数量也不同。常用的建筑电气工程图主要有以下几类。

1. 说明性文件

（1）图纸目录。内容有序号、图纸名称、图纸编号、图纸张数等。

（2）设计说明（施工说明）。主要阐述电气工程设计依据、工程的要求和施工原则、建筑特点、电气安装标准、安装方法、工程等级、工艺要求及有关设计的补充说明等。

（3）图例。即图形符号和文字代号，通常只列出本套图纸中涉及的一些图形符号和文字代号所代表的意义。

（4）设备材料明细表（零件表）。列出该项电气工程所需要的设备和材料的名称、型号、规格及数量，供设计概算、施工预算及设备订货时参考。

2. 系统图

系统图是表现电气工程的供电方式、电力输送、分配、控制和设备运行情况的图纸。从系统图中可以粗略地看出工程的概貌。系统图可以反映不同级别的电气信息，如变配电系统图、动力系统图、照明系统图、弱电系统图等。

3. 电气平面图

电气平面图是表示电气设备、装置与线路平面布置的图纸，是进行电气安装的主要依据。电气平面图以建筑平面图为依据，在图上绘出电气设备、装置及线路的安装位置，敷设方法等。常用的电气平面图有变配电所平面图、室外供电线路平面图、动力平面图、照明平面图、防雷平面图、接地平面图、弱电平面图等。

4. 布置图

布置图是表现各种电气设备和器件的平面与空间的位置、安装方式及其相互关系的图纸。通常由平面图、立面图、剖面图及各种构件详图等组成。一般来说，设备布置图是按三视图原理绘制的。

5. 安装接线图

安装接线图在现场常被称为安装配线图，主要是用来表示电气设备、电气元件和线路的安装位置、配线方式、接线方法、配线场所特征的图纸。

6. 电路图

现场常将其称为电气原理图，主要是用来表现某一电气设备或系统的工作原理的图纸，它是按照各个部分的动作原理图采用分开表示法展开绘制的。通过对电路图的分析，可以清楚地看出整个系统的动作顺序。电路图可以用来指导电气设备和器件的安装、接线、调试、使用与维修。

7. 详图

详图是表现电气工程中设备某一部分的具体安装要求和做法的图纸。

5.1.3　识图一般程序

阅读建筑电气工程图，除应了解建筑电气工程图的特点外，还应该按照一定顺序进行阅读，才能比较迅速全面地读懂图纸，以完全实现读图的意图和目的。

一套建筑电气工程图所包括的内容比较多，图纸往往有很多张。一般应按以下顺序依次阅读和做必要的相互对照阅读。

（1）看标题栏及图纸目录。了解工程名称、项目内容、设计日期及图纸数量和内容等。

（2）看总说明。了解工程总体概况及设计依据，了解图纸中未能表达清楚的各有关事项，如供电电源的来源、电压等级、线路敷设方法、设备安装高度及安装方式、补充使用的非国标图形符号、施工时应注意的事项等。有些分项局部问题是在各分项工程的图纸上说明的，看分项工程图纸时，也要先看设计说明。

（3）看系统图。各分项工程的图纸中都包含有系统图，如变配电工程的供电系统图、电力工程的电力系统图、照明工程的照明系统图及电缆电视系统图等。看系统图的目的是了解系统的基本组成，主要电气设备、元件等连接关系及它们的规格、型号、参数等，掌握该系统的基本概况。

（4）看平面布置图。平面布置图是建筑电气工程图纸中的重要图纸之一，如变配电所电气设备安装平面图、电力平面图、照明平面图和防雷、接地平面图等，都是用来表示设备安装位置、线路敷设方法及所用导线型号、规格、数量、管径大小的。通过阅读系统图，了解了系统组成概况之后，就可依据平面图编制工程预算和施工方案，具体组织施工了。所以对平面图必须熟读。对于施工经验还不太丰富的同志，有必要在阅读平面图时，选择阅读相应内容的安装大样图。

（5）看电路图和接线图。了解各系统中用电设备的电气自动控制原理，用来指导设备的安装和控制系统的调试工作。因电路图多是采用功能图法绘制的，看图时应依据功能关系从上至下或从左至右一个回路、一个回路地阅读。若能熟悉电路中各电器的性能和特点，对读懂图纸将是一个极大的帮助。在进行控制系统的配线和调校工作中，还可配合阅读接线图和端子图。

（6）看安装大样图。安装大样图是按照机械制图方法绘制的，用来详细表示设备安装方法的图纸，也是用来指导安装施工和编制工程材料计划的重要图纸。特别是对于初学安装的同志更显重要，甚至可以说是不可缺少的。安装大样图多采用全国通用电气装置标准图集。

（7）看设备材料表。设备材料表提供了该工程使用的设备、材料的型号、规格和数量，是编制购置主要设备、材料计划的重要依据之一。

阅读图纸的顺序没有统一的规定，可以根据需要，自己灵活掌握，并应有所侧重。有时一张图纸可反复阅读多遍。为更好地利用图纸指导施工，使安装质量符合要求，阅读图纸时，还应配合阅读有关施工及验收规范、质量检验评定标准，以及全国通用电气装置标准图集，以详细了解安装技术要求及具体安装方法等。

任务5-2　建筑电气工程图阅读实例

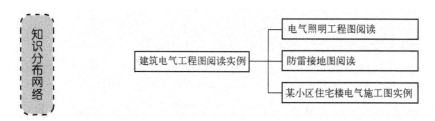

【任务背景】：下面通过一套住宅楼的电气施工图来熟悉建筑电气工程图的阅读方法。本套图纸为普通住宅电气施工图，共有图纸6张，分别是配电系统图（如图5.1所示），一层、二～五层照明平面图（如图5.2所示），一层、二～五层插座平面图（如图5.3所示），屋顶防雷及基础接地平面图（如图5.4所示），电缆电视、电话通信系统图（略），一层、二～五层弱电平面图（略）。

5.2.1　电气照明工程图阅读

电气照明工程图是设计单位提供给施工单位从事电气照明安装用的图纸，在看电气照明工程图时，先要了解建筑物的整个结构、楼板、墙面、棚顶材料结构、门窗位置、房间布置等，在分析照明工程时要掌握以下内容。

（1）照明配电箱的型号、数量、安装标高、配电箱的电气系统；

（2）照明线路的配线方式、敷设位置、线路走向、导线型号、规格及根数；

（3）灯具的类型、功率、安装位置、安装方式及安装高度；

（4）开关的类型、安装位置、离地高度、控制方式；

（5）插座及其他电器的类型、容量、安装位置、安装高度等。

有时图纸标注是不齐全的，施工者可以依据施工及验收规范进行安装。一般开关安装高度距地1.3m，距门0.15～0.2m。

从一、二层照明平面布置图中可以看出，电源380/220V采用电缆直接埋地进线，一梯一进线，进线电缆选用YJV-1kV-4×50，由小区变电所引来，3根相线，1根中性线。

总配电箱有两个，即AL1、AL2，分别设于各单元的一层楼梯间。以AL1为例，可以看出电源从一层总配电箱的分路开关引出11个回路，分别送到各用户的户配电箱及供楼梯间照明。总开关、分路开关采用施耐德公司的产品，规格见一、二单元住宅配电系统图所示。各单元的用户配电箱除照明回路和空调插座外，均采用带漏电保护功能的断路器，各开关也采用施耐德公司的产品。

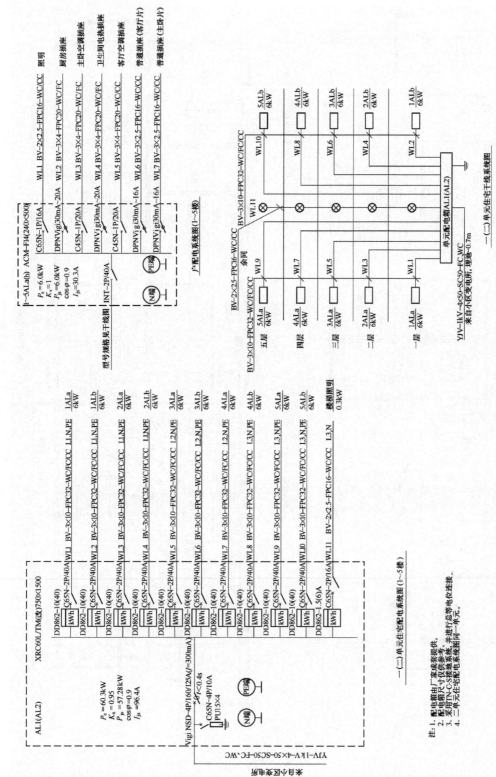

图5.1　配电系统图

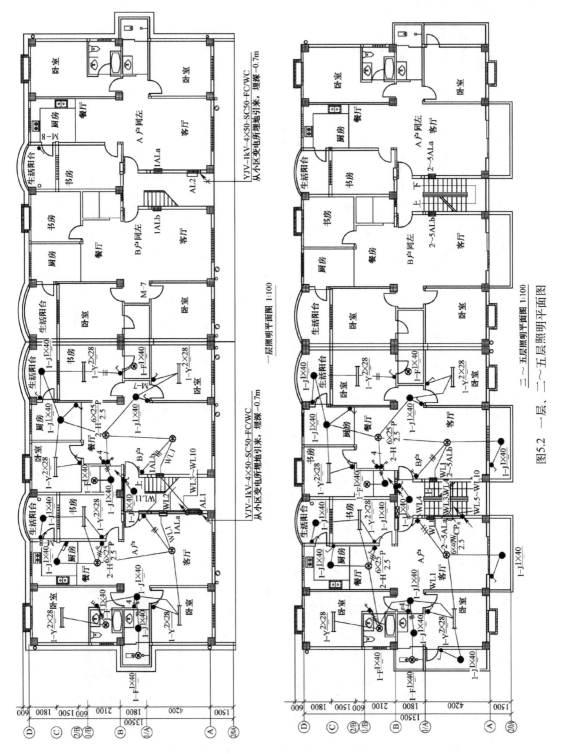

图5.2 一层、二～五层照明平面图

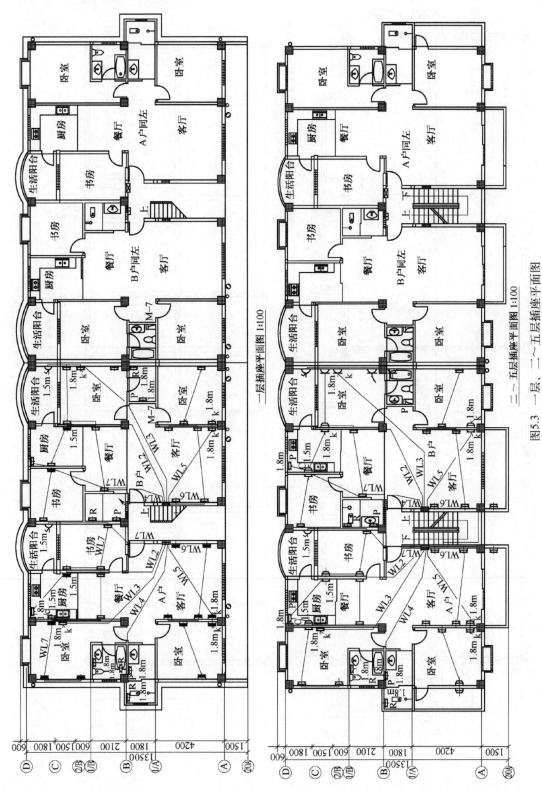

图5.3　一层、二～五层插座平面图

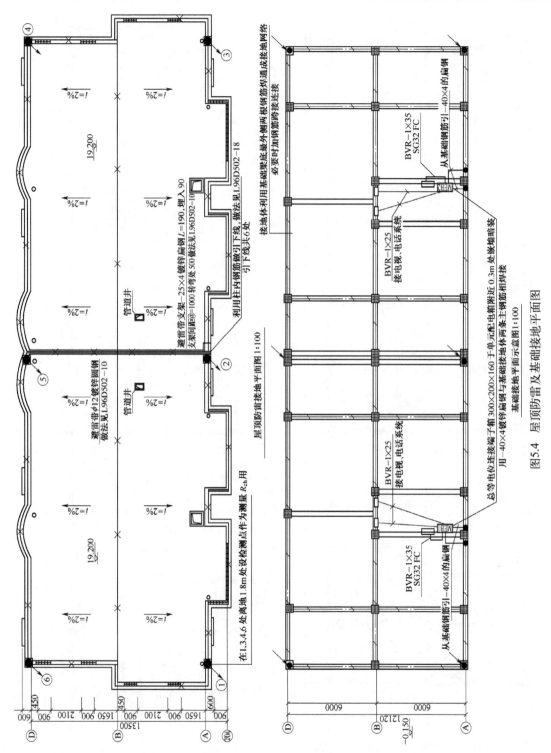

图5.4 屋顶防雷及基础接地平面图

5.2.2　防雷接地图阅读

防雷平面图是指导具体防雷接地施工的图纸。通过阅读，可以了解工程的防雷接地装置所采用设备和材料的型号、规格、安装敷设方法、各装置之间的连接方式等情况，在阅读的同时还应结合相关的数据手册、工艺标准及施工规范，从而对该建筑物的防雷接地系统有一个全面的了解和掌握。

本工程为普通住宅，从防雷接地图中可以看出，工程按三类防雷建筑物保护措施设计，采用 $\phi 12$mm 镀锌圆钢在屋面沿屋脊、女儿墙等四周明设避雷带。防雷引下线利用结构柱内两根对角主筋通长焊通，间距不大于 25m，上连避雷带，下与综合接地装置焊成封闭网。

本工程的接地形式采用 TN-C-S 系统。在 AL1 和 AL2 的两电表箱电源进线处的 PEN 线应进行重复接地，在 AL1 箱距地 0.5m 处设 MEB 箱，卫生间做局部等电位连接，设 LEB 端子板。

接地体是利用基础梁最外边两根主筋焊通成不大于 15×15（m）的接地网格。

5.2.3　某小区住宅楼电气施工图实例

图纸目录

图纸目录	××××建筑工程勘察设计研究院						工程编号 2000-0001
	工程名称	××××小区					
	子项名称	××号住宅楼					共1页第1页
序号	图纸编号	图纸名称	张　数					备　注
			0	1	2	3	4	
1	电施1	图纸目录、电气设计说明及主要材料表			1			
2	电施2	配电系统图			1			
3	电施4	一层、二～五层照明平面图			1			
4	电施5	一层、二～五层插座平面图			1			
5	电施7	屋顶防雷及基础接地平面图			1			

主要设备及材料表

序 号	图 例	名 称	规 格	单 位	数 量	备 注
1		动力照明配电箱	按系统图配装	台	1	
2		壁龛交接箱	XF6-10-30P	台	2	
3		电视设备前端箱		台	1	
4	●	乳白玻璃球形灯	220V 40W	盏	106	
5	⊗	防水防尘灯	220V 40W	盏	40	
6		双管荧光灯	220V 2×28W	盏	60	
7	⊗	花灯	220V 6×25W	盏	40	
8		暗装单极开关	220V 10A	个	158	
9		暗装双极开关	220V 10A	个	70	
10		暗装三极开关	220V 10A	个	3	
11		双联二孔三孔暗装插座	220V 10A	个	294	
12		厨房炊用防水双联二孔三孔插座	220V 16A	个	20	
13		抽油烟机、换气扇防水三孔插座	220V 10A	个	55	
14		空调插座带开关三孔插座	220V 16A	个	60	
15		洗衣机三孔带开关插座	220V 10A	个	20	
16		厨房防水二孔三孔插座	220V 16A	个	20	
17		卫生间防水电热插座	220V 16A	个	35	
18		带指示灯的延时开关	220V 10A	个	10	

电气设计说明

1. 工程概况及设计依据

1.1 本工程为五层普通住宅楼，共两个单元，属三类建筑，建筑面积为××××m²。

1.2 设计依据为××市××规划办公室文件，甲方的有关要求及电气设计相关规范与标准。

2. 设计范围

2.1 照明、动力配电。

2.2 防雷、接地。

3. 负荷级别及电源

3.1 本工程属三类建筑物，按三级负荷供电。

3.2　按小康住宅标准，每户设计容量为 6kW。

3.3　电源 380/220V 采用电缆直接埋地进线，一梯一进线，进线电缆选用 YJV-1kV-4 × 50 由小区变电所引来，过基础穿 SC50 保护，其安装详见 D164 有关规定，并分别引至各梯电表箱 AL1 和 AL2。

4.　线路敷设

4.1　室内线路均选用铜芯塑料绝缘导线 BV-500V 穿阻燃 PVC 管沿建筑物墙、地面、顶板暗敷设。插座回路采用单相三线制供电，图中不再标注。

4.2　所有导线的连接均在灯头盒或插座内滚接或分线盒内分接。

5.　设备安装

5.1　灯具仅预留接线盒，灯具型号由用户自理。

5.2　单元电表箱安装于一楼楼梯间，单元电表箱距地 1.2m。户开关箱暗装，底边距地 1.8m。

5.3　居室、客厅、门厅插座均选用安全型；空调插座、洗衣机插座选用带开关的三孔插座，卫生间插座、厨房插座、排气扇插座选用密闭防水型插座。

5.4　跷板开关底边距地 1.4m，声控开关距地 2.0m。插座除图上标注高度外其余底边距地 0.3m。

6.　防雷与接地

6.1　本工程为普通住宅，经计算按三类防雷建筑物保护措施设计，采用 ϕ12mm 镀锌圆钢在屋面沿屋脊、女儿墙等四周明设网格不大于 20×20（m）或 24×16（m）的避雷带，且屋面上所有的金属构件，外露金属管道等均用 ϕ12mm 镀锌圆钢与避雷网焊接。

6.2　防雷引下线利用结构柱内两根对角主筋通长焊通，间距不大于 25m，上连避雷带，下与综合接地装置焊成封闭网。防雷接地施工应符合 86D562 和 86D563 有关规定。

6.3　本工程的接地形式采用 TN-C-S 系统。在 AL1 和 AL2 的两电表箱电源进线处的 PEN 线应进行重复接地，所有电气设备外露或导电部分均应可靠接地，PE 线不得采用串联连接。

6.4　本工程设总电位连接，在 AL1 箱距地 0.5m 处设 MEB 箱，应将建筑物的 PE 干线、电气装置接地极的接地干线、水管、煤气管等金属管道、建筑物的金属构件等导体做等电位连接。卫生间做局部等电位连接，设 LEB 端子板，所有正常不带电的金属构件、物体均用 BV-1×6mm^2 导线与 LEB 端子板连接。总等电位及局部等电位连接做法按国标 02D501-2《等电位连接安装》进行施工，等电位连接板图如图 5.5 所示。

6.5　接地体利用基础梁最外边两根主筋焊通成不大于 15×15（m）的接地网格。本工程防雷接地、保护接地、弱电接地共用同一接地体，综合接地电阻不大于 1Ω，实测达不到要求，补打人工接地极。

7.　其他

7.1　应配合土建做好预埋及质检记录。

7.2　施工时应严格按国家有关施工质量验收规范、施工技术操作规程执行。

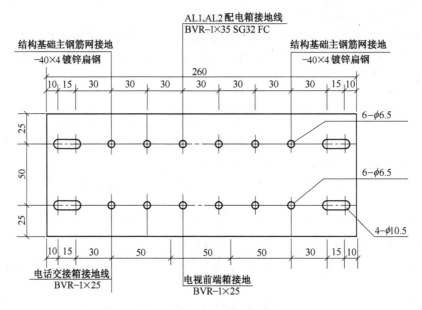

图 5.5　等电位连接板图

实训 7　建筑照明施工图识图

一、实训目的

（1）理解及运用所学的建筑照明的基本知识；

（2）掌握建筑照明施工图识图的方法。

二、实训器材

某建筑照明施工图（提供电子版图）。

三、实训步骤

1. 看标题栏及图纸目录

（1）了解工程名称、项目内容；

（2）设计的日期及图纸的数量。

2. 看总说明

（1）了解工程总体概况及设计依据；

（2）了解图纸中未能表达清楚的各有关事项。

3. 看系统图

了解系统的基本组成，主要电气设备、元件等连接关系及它们的规格、型号、参数等，掌握该系统的组成概况。

4. 看平面布置图

（1）用来表示设备安装位置、线路敷设部位、敷设方法及所用导线型号、规格、数量、管径大小。

（2）隔离开关、断路器配置情况，开关、断路器的编号情况。

5. 看原理图

了解各系统中用电设备的电气自动控制原理。

6. 看设备材料表

设备材料表提供了该工程所使用的设备、材料的型号、规格和数量，是编制购置设备、材料计划的重要依据之一。

四、注意事项

读图时要仔细，一步一步按步骤来，不然会看不懂或看错。

五、实训思考

根据某建筑照明施工图回答以下题目。

（1）会议室、办公用房、机房采用什么光源？

（2）应急疏散指示灯安装高度沿墙布置时距地多少米？

（3）n1、n2、n3 是什么意思？

（4）AL4 是由哪个配电箱哪个线路引出的？

（5）ZR-YJV-3×25+2×16-SC50-CT-WC 中 ZR、YJV、SC50、CT、WC 表示什么意思？是几芯电缆？

（6）AL1 配电箱在一层照明平面图中的哪个位置？

（7）一层照明平面图中有几种不同类型的灯？分别是什么灯？

（8）一层照明平面图中值班室灯具采用何种控制方式？

（9）一层照明平面图中女卫中，灯与灯线中标的 3 代表什么？

实训 8　建筑防雷系统施工图识读

一、实训目的

通过建筑防雷系统施工图的阅读：

（1）掌握建筑防雷系统施工图的阅读方法；

（2）了解一般民用建筑防雷系统的设计和施工要求；

（3）进一步巩固所学，了解建筑防雷系统设计施工的相关规范。

二、实训器材

某建筑照明施工图（提供电子版图）的防雷施工图。

三、实训步骤

1. 阅读建筑防雷系统设计说明

了解工程概况，明确建筑防雷等级、低压配电系统接地形式及该工程建筑防雷所采取的措施。

2. 阅读防雷平面图

（1）明确该建筑物所采用的防雷措施及做法；

（2）明确引下线的根数及做法；

（3）明确接地测试卡的设置与做法。

3. 阅读基础接地平面图

（1）明确接地装置的选择与做法；

（2）明确防雷接地的形式及接地电阻的要求；

（3）明确等电位连接的方式与做法。

4. 实训结束

实训结束后，整理好图纸，撰写读图报告。

四、注意事项

读图时一定要仔细阅读防雷设计说明和平面图上的标注，并将防雷平面图和基础接地平面图对照阅读。

五、实训思考

（1）如何确定建筑防雷避雷网的网格大小？

（2）引下线的数量如何确定？

（3）选用梁柱内的主钢筋作为引下线应如何做法？

（4）屋顶金属构件应采取何种防雷措施？

知识梳理与总结

本任务主要介绍建筑电气施工图的种类、图纸表达的内容，以及识读电气施工图的一般程序和方法。通过本任务的学习，读者应掌握正确理解建筑电气施工图图纸内容，并依据其进行施工的基本技能。基本技能要求如下：

（1）掌握建筑电气施工图的种类及内容。

（2）能够正确运用电气施工图的方法理解施工图表达含义；

（3）能够依据施工图进行电气施工。

练习题5

1. 选择题

（1）建筑电气工程图大多是采用统一的图形符号并加注（　　）符号绘制出来的。

  A. 线条　　　　　B. 点　　　　　C. 文字　　　　　D. 字母

（2）建筑电气工程图说明性文件包括图纸目录、设计说明、图例和（　　）。

  A. 工程等级　　　B. 设备材料明细表　　C. 图纸编号　　　D. 设计依据

（3）电气平面图是表示电气设备、装置与线路平面布置的图纸，是进行电气安装的主要依据。电气平面图以（　　）平面图为依据。

  A. 结构　　　　　B. 设备　　　　　C. 接地　　　　　D. 建筑

（4）阅读建筑电气工程图，除应了解建筑电气工程图的特点外，还应该按照一定顺序进行阅读，一般应按（　　）顺序依次阅读和做必要的相互对照阅读。

  A. 先看系统图再看平面图　　　　　B. 先看平面图再看系统图

  C. 先看平面图再看设计说明　　　　D. 先看平面图再看图纸目录

2. 思考题

（1）建筑电气工程图的特点是什么？

（2）常用的建筑电气工程图主要有哪些内容？

（3）阅读建筑电气工程图的程序是什么？

（4）结合建筑电气工程图阅读实例体会建筑电气工程图的阅读方法，学会阅读建筑电气工程图。

学习情境6

建筑施工现场临时用电

项目任务	任务6-1	认识施工现场临时用电	学时	6
	任务6-2	施工现场临时用电设计		
	任务6-3	施工现场临时用电组织设计		
教学载体	教学课件及教材相关内容			
教学目标	知识方面	认识施工现场临时用电管理的重要性，掌握施工现场用电负荷计算的目的和方法，熟知施工现场常用电气设备使用及安装要求，熟悉施工现场临时用电组织设计的重要性和基本内容		
	技能方面	能初步进行施工现场临时用电组织设计		
过程设计	任务布置及知识引导——收集资料，学习相关知识——学生编写临时用电方案——集中汇报——教师点评或总结			
教学方法	项目教学法			

任务 6-1　认识施工现场临时用电

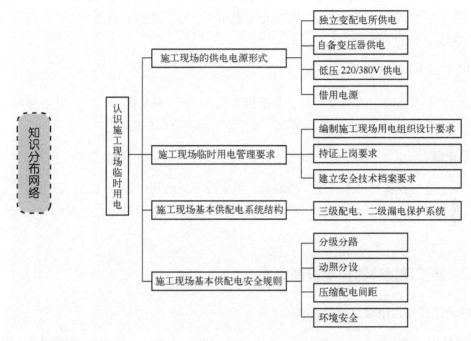

【任务背景】：随着社会的不断发展，国力的不断增强，我国的建设项目越来越多，规模大的项目也不在少数，故施工现场的用电量也越来越大。近几年来，国家相关部门在政策上、制度上、管理上逐步形成了一套完善的管理体系，但不可否认的是，由于施工环境比较恶劣，用电设备流动性大，临时性强，负荷变化大，施工人员的素质良莠不齐，故目前许多施工现场临时用电方面还存在不少问题。因此，对于施工现场的施工人员，了解临时用电的安全知识，增强其电气安全意识及自我保护能力是至关重要的。

6.1.1　施工现场的供电电源形式

施工现场供电的形式有多种，具体采用哪一种应根据项目的性质、规模和供电条件确定。下面介绍施工现场供电电源的几种形式。

1. 独立变配电所供电

对一些规模比较大的项目，如规划小区、新建学校、新建工厂等工程，可利用配套建设的变配电所供电。即先建设好变配电所，由其直接供电，这样可避免重复投资，造成浪费。永久性变配电所投入使用，从管理的角度上看比较规范，供电的安全性有了基本的保障。变配电所主要由高压配电屏（箱、柜、盘）、变压器和低压配电屏（箱、柜、盘）组成。

2. 自备变压器供电

目前，城市中高压输电的电压一般为 10kV，而通常用电设备的额定电压为 220/380V。因此，对于建筑施工现场的临时用电，可利用附近的高压电网，增设变压器等配套设备供电。变电所的结构形式一般可分为户内与户外变电所两种，为了节约投资，在计算负荷不是特别大的情况下，施工现场的临时用电均采用户外式变电所。户外式变电所又以采用杆上变电所居多。

户外式变电所的结构比较简单，主要由降压变压器、高压开关、低压开关、母线、避雷装置、测量仪表、继电保护等组成。

3. 低压 220/380V 供电

对于电气设备容量较小的建设项目，若附近有低压 220/380V 电源，则在其余量允许的情况下，可到有关部门申请，采用附近低压 220/380V 电源直接供电。

4. 借用电源

若建设项目电气设备容量小，施工周期短，可采取就近借用电源的方法，解决施工现场的临时用电问题。如借用就近原有变压器供电或借用附近单位电源供电，但需征得有关部门的审核批准。

6.1.2　施工现场临时用电管理要求

1. 编制施工现场用电组织设计要求

《施工现场临时用电安全技术规范》（以下简称规范）中规定：施工现场临时用电设备在 5 台及以上或设备总容量在 50kW 及以上者，应编制施工现场用电组织设计。施工现场用电组织设计应包括下列内容：现场勘查；确定电源进线、变电所或配电室、用电设备位置及线路走向；进行负荷计算；选择变压器；设计配电系统；设计防雷装置；确定防护措施；确定安全用电措施和电气防火措施。

施工现场临时用电组织设计及变更时，必须履行"编制、审核、批准"程序，由电气工程技术人员组织编制，经相关部门审核及经具有法人资格企业的技术负责人批准后实施。变更用电组织设计时应补充有关图纸资料。临时用电工程必须经编制、审批、批准部门和使用单位共同验收，合格后方可投入使用。

2. 持证上岗要求

《规范》中规定：电工必须按国家现行标准经考核合格后，持证上岗工作；其他用电人员必须通过相关安全教育培训和技术交底，考核合格后方可上岗工作。安装、巡检、维修或拆除临时用电设备和线路，必须由电工完成，并应有人监护。电工等级应同工程的难易程度和技术复杂性相适应。

3. 建立安全技术档案要求

《规范》中规定：施工现场临时用电必须建立安全技术档案，并应包括用电组织设计的全部资料；修改用电组织设计的资料；用电技术交底资料；用电工程检查验收表；电气设备的试、检验凭单和调试记录；接地电阻、绝缘电阻和漏电保护器漏电动作参数测定记录表；

定期检（复）查；电工安装、巡检、维修、拆除工作记录。临时用电工程定期检查应按分部、分项工程进行，对安全隐患必须及时处理，并应履行复查验收手续。

6.1.3 施工现场基本供配电系统结构

建筑施工现场临时用电系统的基本结构采用三级配电、二级漏电保护系统。三级配电是指施工现场从电源进线开始至用电设备之间，经过三级配电装置配送电力。按照《规范》的规定，即由总配电箱（一级箱）或配电室的配电柜开始，依次经由分配电箱（二级箱）、开关箱（三级箱）到用电设备。这种分三个层次逐级配送电力的系统就称为三级配电系统。它的基本结构形式可用一个系统框图来形象化地描述，如图 6.1 所示。220V 或 380V 单相用电设备宜均匀接入 220/380V 三相四线制系统，当单相照明线路电流大于 30A 时，宜采用 220/380V 三相四线制供电，宜使配电系统三相负荷平衡。

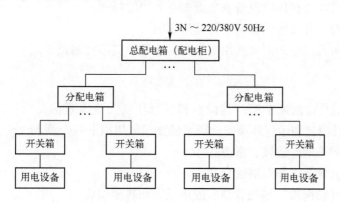

图 6.1 三级配电系统结构形式示意图

6.1.4 施工现场基本供配电安全规则

按照《规范》的规定，为了保证所设三级配电、二级漏电保护系统能够安全、可靠、有效地运行，在实际设置系统时尚应遵守一些必要的规则。概括起来说可以归结为四项规则，即分级分路规则、动照分设规则、压缩配电间距规则、环境安全规则。

1. 分级分路

分级分路规则是指施工现场用电从电源进线开始至用电设备分级分路配送电力。按照《规范》的规定，分级分路规则可用以下三个要点说明。

（1）从一级总配电箱（配电柜）向二级分配电箱配电可以分路。即一个总配电箱（配电柜）可以分若干分路向若干分配电箱配电；每一分路也可分支支接若干分配电箱。

（2）从二级分配电箱向三级开关箱配电同样也可以分路。即一个分配电箱也可以分若干分路向若干开关箱配电，而每一分路也可以支接或链接若干开关箱。

（3）从三级开关箱向用电设备配电实行所谓的"一机一闸"制，不存在分路问题。即每一开关箱只能控制一台与其相关的用电设备（含插座），包括一组不超过 30A 负荷的照明器。

2. 动照分设

动照分设规则是指施工现场动力配电和照明配电要分别设置。按照《规范》的规定，动照分设规则可用以下两个要点说明。

（1）动力配电箱与照明配电箱宜分别设置；若动力与照明合置于同一配电箱内共箱配电，则动力与照明应分路配电。这里所说的配电箱包括总配电箱和分配电箱。

（2）动力开关箱与照明开关箱必须分箱设置，不存在共箱分路设置问题。

3. 压缩配电间距

压缩配电间距规则是指除总配电箱、配电室（配电柜）外，分配电箱与开关箱之间，开关箱与用电设备之间的空间间距应尽量缩短。按照《规范》的规定，压缩配电间距规则可用以下三个要点说明。

（1）分配电箱应设在用电设备或负荷相对集中的场所。

（2）分配电箱与开关箱的距离不得超过30m。

（3）开关箱与其供电的固定式用电设备的水平距离不宜超过3m。

4. 环境安全

环境安全规则是指配电系统对其设置和运行环境安全因素的要求。按照《规范》的规定，配电系统对其设置和运行环境安全因素的要求可用以下五个要点说明。

（1）环境保持干燥、通风、常温。

（2）周围无易燃易爆物及腐蚀介质。

（3）能避开外物撞击、强烈振动、液体浸溅和热源烘烤。

（4）周围无灌木、杂草丛生。

（5）周围不堆放器材、杂物。

任务 6-2　施工现场临时用电设计

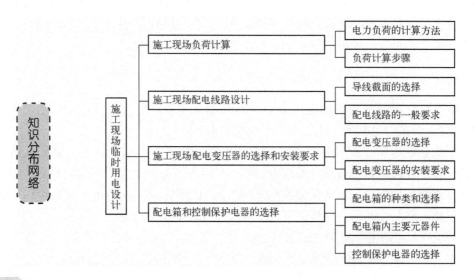

【任务背景】： 随着建筑工程规模的日益增大，施工现场用电量也随之增大，如何确定施工现场的总用电量，是目前国内建筑工程中相当普遍的技术难题。临时用电是保证建筑工程正常施工和安全施工的基础，是施工现场能够安全、可靠生产的技术保障。施工现场临时用电设计主要包括确定施工现场临时用电配电线路、变压器容量及台数，以及配电箱数量和规格等，确定的前提是对用电负荷进行计算，通过相关方法计算得出的功率称为计算功率或计算负荷。换句话说，施工现场用电负荷计算的目的是为了合理地选择供配电系统中导线截面和开关、变压器及保护设备的型号、规格等。由于施工现场用电设备的种类很多，实际用电情况不同，故在负荷计算前应先进行分类计算。

6.2.1 施工现场电力负荷计算方法

确定计算负荷的方法很多，常用的有需要系数法。在用需要系数法进行负荷计算时，首先要把工作性质相同，具有相近需要系数的同类用电设备合并成组，求出各组用电设备的计算负荷。计算负荷又分为有功计算负荷、无功计算负荷和视在计算负荷，计算负荷确定后，便可确定计算电流。它们的计算公式为

有功计算负荷： $\qquad P_{\mathrm{j}} = K_{\mathrm{x}} P_{\mathrm{e}}$

无功计算负荷： $\qquad Q_{\mathrm{j}} = P_{\mathrm{j}} \tan\varphi$

视在计算负荷： $\qquad S_{\mathrm{j}} = P_{\mathrm{j}}/\cos\varphi = \sqrt{P_{\mathrm{j}}^2 + Q_{\mathrm{j}}^2}$

三相负荷计算电流： $\qquad I_{\mathrm{j}} = \dfrac{S_{\mathrm{j}} \times 100}{\sqrt{3}\, U_{\mathrm{N}}}$

式中　K_{x}——某类用电设备的需要系数（可根据设备种类查表获得）；

　　　P_{e}——某类用电设备经过折算后的设备容量（kW）；

　　　φ——某类用电设备的功率因数角；

　　　U_{N}——电源额定线电压（V）。

下面通过实例介绍施工现场负荷的计算步骤。

【例6.1】 某建筑施工现场，采用三相四线制电源（220/380V）。施工现场有如下用电设备，详见表6.1，试计算该工地上变压器低压侧总的计算负荷和总的计算电流。

表6.1　某建筑施工现场用电设备

序　号	用电设备名称	容　量	台　数	总容量	备　注
1	混凝土搅拌机	10kW	4	40kW	
2	砂浆搅拌机	4.5kW	2	9kW	
3	提升机	4.5kW	2	9kW	
4	起重机	30kW	2	60kW	$\varepsilon = 25\%$（暂载率）
5	电焊机	22kV·A	3	66kV·A	$\varepsilon = 65\%$，$\cos\varphi = 0.4$，单机380V
6	照明			15kW	白炽灯

解：（1）首先求出各组用电设备的计算负荷。

① 混凝土搅拌机组：查表，得 $K_{\mathrm{x}} = 0.7$，$\cos\varphi = 0.65$，$\tan\varphi = 1.17$。

$$P_{j1} = K_x P_{N1} = 0.7 \times 40 = 28 \text{kW}$$

$$Q_{j1} = P_{j1} \tan\varphi = 28 \times 1.17 = 32.76 \text{kvar}$$

② 砂浆搅拌机组：查表，得 $K_x = 0.7, \cos\varphi = 0.65, \tan\varphi = 1.17$。

$$P_{j2} = K_x P_{N2} = 0.7 \times 9 = 6.3 \text{kW}$$

$$Q_{j2} = P_{j2} \tan\varphi = 6.3 \times 1.17 = 7.37 \text{kvar}$$

③ 提升机组：查表，得 $K_x = 0.25, \cos\varphi = 0.7, \tan\varphi = 1.02$。

$$P_{j3} = K_x P_{N3} = 0.25 \times 9 = 2.25 \text{kW}$$

$$Q_{j3} = P_{j3} \tan\varphi = 2.25 \times 1.02 = 2.3 \text{kvar}$$

④ 起重机组：因为起重机是反复短时工作的负荷，其设备容量要求换算到暂载率为 25% 时的功率，由于本例中起重机的暂载率 $\varepsilon = 25\%$，所以可不必进行换算。

查表，得 $K_x = 0.25, \cos\varphi = 0.7, \tan\varphi = 1.02$。

$$P_{j4} = K_x P_{N4} = 0.25 \times 60 = 15 \text{kW}$$

$$Q_{j4} = P_{j4} \tan\varphi = 15 \times 1.02 = 15.3 \text{kvar}$$

⑤ 电焊机组：因为电焊机也是反复短时工作的，在进行负荷计算时，应先将电焊机换算到 100% 暂载率下。

查表，得 $K_x = 0.45, \cos\varphi = 0.45, \tan\varphi = 1.99$。

$$P_{N5} = \frac{\sqrt{\varepsilon}}{\sqrt{\varepsilon_{100}}} P_N = \sqrt{\varepsilon} S_N \cos\varphi = \sqrt{0.65} \times 22 \times 0.45 = 8 \text{kW}$$

$$P_{j5} = K_x \sum P_{N5} = 0.45 \times 3 \times 8 = 10.8 \text{kW}$$

$$Q_{j5} = P_{j5} \tan\varphi = 10.8 \times 1.99 = 21.5 \text{kvar}$$

⑥ 照明负荷：因为照明负荷取 $K_x = 1$，又 $\cos\varphi = 1$（白炽灯），所以

$$P_{j6} = K_x P_{N6} = 1 \times 15 = 15 \text{kW}$$

（2）求总计算负荷。

取同时系数 $K_\Sigma = 0.9$。

$$P_{\Sigma j} = K_\Sigma \cdot \sum P_j = 0.9 \times (28 + 6.3 + 2.25 + 15 + 10.8 + 15) = 69.6 \text{kW}$$

$$Q_{\Sigma j} = K_\Sigma \cdot \sum Q_j = 0.9 \times (32.76 + 7.37 + 2.3 + 15.3 + 21.5 + 0) = 71.3 \text{kvar}$$

$$S_{\Sigma j} = \sqrt{P_{\Sigma j}^2 + Q_{\Sigma j}^2} = \sqrt{69.6^2 + 71.3^2} = 99.6 \text{kV} \cdot \text{A}$$

（3）求总计算电流。

$$I_{\Sigma j} = \frac{S_{\Sigma j} \times 1000}{\sqrt{3} \times U} = \frac{99.6 \times 1000}{\sqrt{3} \times 380} = 151 \text{A}$$

上述介绍的负荷计算是选择变压器、开关、控制设备的规格及导线截面的重要依据。

6.2.2 施工现场配电线路设计

施工现场有架空线配线和电缆直埋配线两种。架空线配线具有架设简单，造价低，材料供应充足，分支、维修方便，便于发现和排除故障等优点，缺点是易受外界环境的影响，供

电可靠性较差；影响环境的整洁美观等。

施工现场电缆直埋配线如图 6.2 所示。电缆直埋配线和架空线配线相比，供电可靠，受气候、环境影响小，且线路上的电压损失也比较小，故是一种比较安全可靠的供配电线路。但是电缆线路也有一些不足之处，如投资费用较大，敷设后不宜变动，线路不宜分支，寻测故障较难，电缆头制作工艺复杂等。

> 埋深不应小于 0.7m，并在电缆紧邻上、下、左、右侧均匀敷设不小于 50mm 厚的细砂，应设方位标志

图 6.2　施工现场电缆直埋配线

1. 导线截面的选择

（1）导线中的负荷电流不大于其允许载流量。

（2）线路末端电压偏移不大于额定电压的 5%。

（3）单相线路的零线截面与相线截面相同，三相四线制的工作零线和保护零线截面不小于相线截面的 50%。

（4）为满足机械强度要求，绝缘铝线截面积不小于 $16mm^2$，绝缘铜线截面积不小于 $10mm^2$；跨越铁路、公路、河流、电力线路档距内的架空绝缘铝线最小截面积不小于 $35mm^2$，绝缘铜线截面积不小于 $16mm^2$。

2. 配电线路的一般要求

（1）架空线必须采用绝缘导线。架空线必须架设在专用电杆，即木杆和钢筋混凝土杆上，严禁架设在树木、脚手架及其他设施上，钢筋混凝土杆不得有露筋、宽度大于 0.4mm 的裂纹和扭曲，木杆不得腐朽，其梢径不应小于 140mm。

（2）导线中的计算负荷电流不大于其长期连续负荷允许载流量；线路末端电压偏移不大于其额定电压的 5%。

（3）三相四线制的 N 线和 PE 线截面不小于相线截面的 50%，单相线路的零线截面与相线截面相同。

6.2.3　施工现场配电变压器的选择和安装要求

1. 配电变压器的选择

在选择配电变压器时，首先应根据负载性质和对压降的要求选择变压器的类型；其次，根据当地高压电源的电压和用电负荷需要的电压来确定变压器原、副边的额定电压。在我国，一般用户电压均为 10kV，而拖动施工机械的电动机的额定电压一般都是 380V 或 220V，所以，施工现场选择的变压器，高压侧额定电压为 10kV，低压侧的额定电压为 400/230V。

变压器的容量应大于计算容量，即

$$S_N \geq S_j$$

施工现场计算负荷也可通过估算确定，且变压器的容量应大于估算的计算容量，即

$$S_N \geq S_J$$

式中　S_N——选用变压器的额定容量；

　　　S_j——计算容量；

　　　S_J——估算的计算容量。

2. 配电变压器的安装要求

（1）变压器试运行前，必须由质量监督部门检验合格后方可运行。

（2）在施工现场，500kV·A 以下的可采用杆上安装，否则应做基础墩。

（3）照明变压器必须使用双绕组型安全隔离变压器，严禁使用自耦变压器。

（4）油浸变压器带电后，检查油系统是否有渗油现象及油色。

（5）安装箱式变电站的一般规定如下。

① 10kV 电缆出线应穿钢管敷设。

② 箱式变电所的基础应高于室外地坪，周围排水通畅。用地脚螺栓固定的螺帽齐全，拧紧牢固；自由安放的应垫平放正。金属箱式变电所，箱体应接地（PE）或接零（PEN）可靠，且有标识。

③ 箱式变电所的交接试验必须符合相关规定。

6.2.4　配电箱和控制保护电器的选择

配电箱是临时用电的核心部分，对施工现场的用电设备配送能量并对其实行控制和保护，对保证用电设备的安全运行起到了至关重要的作用。也有人将配电箱称为配电柜、配电盘、配电屏等，根据其用途及安装场所不同，配电箱的结构、规格及配电方案等均不同。

1. 配电箱的种类和选择

配电箱种类很多，按用途，有高压配电箱、低压配电箱及照明、动力和计量箱等之分；按安装形式，有明装和暗装之分；按大小，有悬挂式和落地式之分；按制作工艺，有标准和非标准之分；按结构类型，有固定式、抽屉式、小车式和活动式之分。

动力、照明用配电箱有悬挂式和落地式之分，悬挂式配电箱大多用于负荷不大且控制范围小的低压用电场所，如照明系统、小型电力设备等；落地式配电箱则反之。

配电箱选择是以保证三级配电两级保护及一机一闸一漏一箱为原则。

配电箱壳体选择要考虑如下几点。

（1）材质应选择铁质、玻璃钢及硬质阻燃塑料等材料，不能采用木质。箱体及配电板应有足够的强度和刚度。

（2）箱体及配电板的尺寸应能满足箱内带电体之间的电气间隙不小于 10mm，与漏电保

护器距离不小于15mm，同时保证便于安全操作。

（3）箱体的外形应留进出线管孔并有利于开启使用和防雨防尘等，其箱门上应有电气警标符号。

2. 配电箱内主要元器件

施工现场临时用电的配电箱分总配电箱、分配电箱、开关箱三种。总配电箱内部一般设置有电压表、电流表、电度表、隔离开关、熔断器（或自动空气开关）、漏电保护器、互感器等元器件。分配电箱内有隔离开关、熔断器（或自动空气开关）、漏电保护器。若总配电箱内设有漏电保护，则其分箱内只要有总分隔离开关及断路器即可。开关箱内有隔离开关、熔断器、热继电器、断相保护装置、漏电保护器。当漏电保护器是同时具有短路、过载、漏电保护功能的漏电断路器时，可不装设断路器或熔断器。配电箱的安装板上必须分设N线端子板和PE线端子板。N线端子板必须与金属电器安装板绝缘；PE线端子板必须与金属电器安装板做电气连接，开关箱内布置图如图6.3所示。

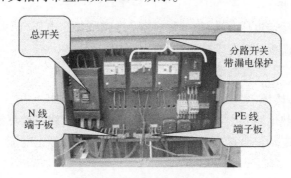

图6.3　开关箱内布置图

隔离开关应采用分断时具有可见断开点的，如图6.4所示，能同时断开电源所有极的隔离电器，并应设置于电源进线端。当断路器具有可见断开点时，可不另设隔离开关。

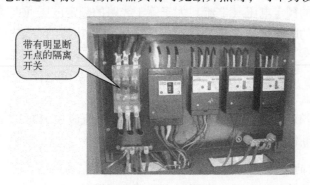

图6.4　带有明显断开点的隔离开关

配电箱、开关箱的金属箱体、金属电器安装板，以及电器正常不带电的金属底座、外壳等必须通过PE线端子板与PE线做电气连接。金属箱门与金属箱体必须采用编织软铜线做电气连接。

开关箱中的隔离开关只可直接控制照明电路和容量不大于3.0kW的动力电路，但不应频

繁操作。容量大于 3.0kW 的动力电路应采用断路器控制，操作频繁时还应附设接触器或其他启动控制装置。

开关箱中漏电保护器的额定漏电动作电流不应大于 30mA，额定漏电动作时间不应大于 0.1s。使用于潮湿或有腐蚀介质场所的漏电保护器应采用防溅型产品，其额定漏电动作电流不应大于 15mA，额定漏电动作时间不应大于 0.1s。

总配电箱中漏电保护器的额定漏电动作电流应大于 30mA，额定漏电动作时间应大于 0.1s，但其额定漏电动作电流与额定漏电动作时间的乘积不应大于 30mA·s。

总配电箱、分配电箱、开关箱应注意上下级开关参数的匹配，照明回路与动力回路的分开。漏电保护器应装设在总配电箱、开关箱靠近负荷的一侧，且不得用于启动电气设备的操作；总配电箱和开关箱中漏电保护器的极数和线数必须与其负荷侧负荷的相数和线数一致。

3. 控制保护电器的选择

1）隔离开关的选择

（1）隔离开关的额定电压（电流）大于等于线路的额定电压（计算电流）。

（2）隔离开关的遮断电流大于被遮断的负荷电流。

（3）三相短路电流不超过制造厂规定的动热稳定值。

2）熔断器熔丝的选择

（1）在照明及电热电路熔断器熔丝的额定电流大于等于线路计算电流。

（2）在单台异步电动机直接启动电路中，熔断器熔丝的额定电流一般取 1.5～2.5 倍电动机额定电流。

（3）在多台异步电动机直接启动电路中，熔断器熔丝的额定电流一般取 1.5～2.5 倍容量最大电动机额定电流加上其余各台电动机额定电流。

3）空气开关的选择

（1）空气开关的额定电压（电流）大于等于线路的额定电压（电流）。

（2）空气开关的瞬时（或短延时）动作的过电流脱扣器的整定电流：单台电动机空气开关的整定电流应大于启动电流的 K 倍（K 在动作时间 >0.02s 时取 1.35，否则取 1.7～2）；配电线路空气开关的整定电流应大于 1.35 倍线路的尖峰电流（考虑电动机自启动时为正常电流和启动电流之和）。

（3）空气开关长延时动作的过电流脱扣器的整定电流应大于 1.1 倍的线路计算电流。

（4）校验其分断能力。

4）漏电保护器的选择

（1）漏电保护器的额定电压（电流）大于等于线路的额定电压（电流）。

（2）漏电保护器的动作电流和时间如下。

总箱内：漏电保护器的动作电流应大于干线实测泄漏电流的 2 倍，动作时间为 0.02s；

分箱内：漏电保护器的动作电流应大于支线实测泄漏电流的 2.5 倍，同时动作电流 > 泄漏电流最大用电设备的 4 倍，动作时间为 0.1s；

开关箱内：漏电保护器的动作电流为 30mA，动作时间 0.1s，潮湿环境漏电保护器的动

作电流为 15mA ，动作时间为 0.1s；不动作电流为其动作电流的一半。

（3）校验其分断能力。

6.2.5 某教学楼施工现场临时用电设计实例

施工现场的用电设备主要包括照明和动力两大类，在确定施工现场电力供应方案时，首先应确定电源形式，再确定计算负荷、导线规格型号，最后确定配电室、变压器位置及容量等内容。下面对某一学校教学楼的具体项目来确定施工现场电力供应的方案。

该学校教学大楼施工现场临时电源由附近杆上 10kV 电源供给。根据施工方案和施工进度的安排，需要使用下列机械设备。

国产 JZ350 混凝土搅拌机一台，总功率 11kW；

国产 QT25-1 型塔吊一台，总功率 21.2kW；

蛙式打夯机四台，每台功率 1.7kW；

电动振捣器四台，每台功率 2.8kW；

水泵一台，电动机功率 2.8kW；

钢筋弯曲机一台，电动机功率 4.7kW；

砂浆搅拌机一台，电动机功率 2.8kW；

木工场电动机械，总功率 10kW。

根据以上给定的这些条件以及施工总平面图，就可以做出如下的施工现场供电的设计方案。

1. 施工现场的电源确定

施工现场的电源要视具体情况而定，现给出架空线 10kV 的电源，该项目电源可采取安装自备变压器的方法引出低压电源，电杆上一般应配备高压油开关或跌落式熔断器、避雷器等，这些工作应与主管电力部门协商解决。

2. 估算施工现场的总用电量

施工现场实际用电负荷即计算负荷，可以采用需要系数法来求得，也可采用更为简单的估算法来计算。首先计算出施工用电量的总功率，即

$$\sum P = 11 + 21.2 + 1.7 \times 4 + 2.8 \times 4 + 2.8 + 4.7 + 2.8 + 10 = 70.5 \text{kW}$$

考虑到所有设备不可能同时使用，每台设备工作时也不可能是满负载，故取需要系数 $K_x = 0.56$，取电动机的平均效率 $\eta = 0.85$，平均功率因数 $\cos\varphi = 0.6$。则计算负荷为

$$S_j = \frac{K_x \sum P}{\eta \cdot \cos\varphi} = \frac{0.56 \times 70.5}{0.85 \times 0.6} = 77.41 \text{kV} \cdot \text{A}$$

另加 10% 的照明负荷，则总的估算计算负荷为

$$S_J = S_j + 10\% S_j = 77.41 + 7.741 = 85.15 \text{kV} \cdot \text{A}$$

经估算，施工现场总计算负荷约为 85kV·A。

3. 选用变压器和确定变电站位置

根据生产厂家制造的变压器的等级，以及选择变压器的原则：$S_N \geq S_J$，查有关变压器产

品目录，选用 S_9-125/10 型（变压器额定容量为 125kV·A，额定电压为 10/0.4kV，并且做 △/Y_0 连接）三相电力变压器一台即可。

从施工组织总平面图可以看出，工地东北角较偏僻，离人们工作活动中心较远，比较隐蔽和安全，并且接近高压电源，距各机械设备用电地点也较为适中，交通也方便，而且变压器的进出线和运输较方便，故工地变电站位置设在工地东北角是较为合适的。

4. 供电线路的布置及导线截面的选择

从经济、安全的角度考虑，供电线路采用 BLXF 型橡皮绝缘线架空敷设。根据设备布置情况，在初步设计的供电平面图中，1 号配电箱控制的设备有钢筋弯曲机和木工场电动机械，总功率为 14.7kW；2 号配电箱控制的设备有塔吊，总功率为 21.2kW；3 号配电箱控制的设备有打夯机和振捣器，总功率为 18kW；4 号配电箱控制的设备有水泵，总功率为 2.8kW；5 号配电箱控制的设备有混凝土搅拌机和砂浆搅拌机，总功率为 13.8kW。在计算中除注明外需要系数 K_x 取 0.7，功率因数 $\cos\varphi$ 取 0.6，效率 η 取 0.85。

从变电站引出 I_1 和 I_2 两条干线。干线 I_1 用电量大，并且供电距离较短，在选择导线截面时，只需要考虑发热条件即可。根据该线路所供给的负载功率，可用下式简单估算出线路上的工作电流，即

$$I_1 = K_x \sum P_1 / (\sqrt{3} \, U \cos\varphi \eta)$$

而

$$\sum P_1 = 21.2 + 4.7 + 10 + 1.7 \times 4 + 2.8 \times 4 + 2.8 = 56.7 \text{kW}$$

所以

$$I_1 = 0.7 \times 56.7 \times 1\,000 / (\sqrt{3} \times 380 \times 0.6 \times 0.85) = 118.2 \text{A}$$

查表 A.15 橡皮绝缘电线明敷设的载流量可知（环境温度按 40℃ 考虑），干线 I_1 应选择截面积为 50mm² 的橡皮绝缘铝芯导线（BLXF）。由于三相四线制中，零线的选用有一定准则，则选零线截面积为 25mm²。

支路 I_a 的工作电流为

$$I_a = K_x \sum P_a / (\sqrt{3} \, U \cos\varphi \eta) = 0.7 \times (21.2 + 11.2 + 6.8 + 2.8) \times 1\,000 / (\sqrt{3} \times 380 \times 0.6 \times 0.85) = 88 \text{A}$$

查表 A.15 橡皮绝缘电线明敷设的载流量可知，支路 I_a 应选用截面积为 25mm² 的线 3 根，16mm² 的线 1 根。

支路 I_b 的工作电流为

$$I_b = K_x \sum P_b / (\sqrt{3} \, U \cos\varphi \eta) = 0.7 \times 14.7 \times 1\,000 / (\sqrt{3} \times 380 \times 0.6 \times 0.85) = 30.7 \text{A}$$

查表 A.15 橡皮绝缘电线明敷设的载流量可知，支路 I_b 只需 6mm² 的 BLXF 型导线即可，但是考虑到机械强度的要求，还是应采用 16mm² 的 BLXF 型导线 4 根。

支线 I_c 由于没有确定的设备，所以该支线按机械强度选择导线截面积，即选 4 根 16mm² 的 BLXF 型导线。

支路 I_d 的工作电流为

$$I_d = K_x \sum P_d / (\sqrt{3} \, U \cos\varphi \eta) = 0.7 \times (11.2 + 6.8 + 2.8) \times 1\,000 / (\sqrt{3} \times 380 \times 0.6 \times 0.85) = 43 \text{A}$$

查表 A.15 橡皮绝缘电线明敷设的载流量可知，支路 I_d 采用 10mm² 的 BLXF 型导线即可，但从机械强度上考虑，也应采用 16mm² 的 BLXF 型导线。

支线 I_e 的工作电流为（该支线设备不多，故 K_x 取 1）

$$I_e = K_x P_e / (\sqrt{3} U \cos\varphi\eta) = 1 \times 2.8 \times 1\,000 / \sqrt{3} \times 380 \times 0.6 \times 0.85) = 8A$$

由于 I_e 支线的电流较小，所以也只按机械强度选择导线的截面积，即选择 4 根 $16mm^2$ 的 BLXF 型导线。

干线 I_2 是引至混凝土搅拌机处和门房照明用电。搅拌机处用电量大，而且离电源变压器也不远，只需要根据发热条件来选择导线的截面积。

干线 I_2 的工作电流为

$$I_2 = K_x \sum P_2 / (\sqrt{3} U \cos\varphi\eta) = 0.7 \times (11 + 2.8) \times 1\,000 / (\sqrt{3} \times 380 \times 0.6 \times 0.85) = 29A$$

查表 A.15 橡皮绝缘电线明敷设的载流量可知，支路 I_2 采用 $6.0mm^2$ 的 BLXF 型导线即可，但从机械强度上考虑，则应采用 4 根 $16mm^2$ 的 BLXF 型导线。

从分配电箱再到门房的照明线，因供电距离较远，且负荷比较小，所以不必考虑发热条件和电压损失，只需从机械强度上考虑即可。故 I_3 也还是应选用 $16mm^2$ 的 BLXF 型导线。

按实际情况，架空线一般取同规格的导线架设，但根据计算负荷选择导线截面积，这是合理、安全配线的关键。

5. 配电箱数量和位置的确定

配电系统应设置配电柜或总配电箱、分配电箱、开关箱，实行三级配电。根据设备布置情况，共设分配电箱 5 只。

6. 绘制施工现场电力供应平面图

在施工平面图上，应标明变压器位置、配电箱位置、低压配电线路的走向、导线的规格、电杆的位置等。施工现场电力供应平面图如图 6.5 所示。

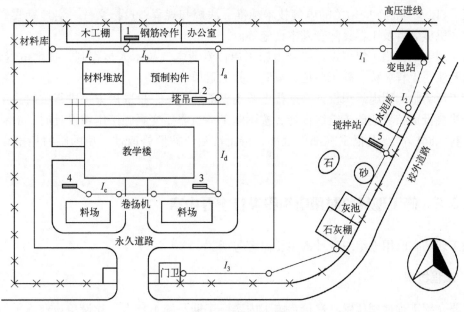

图 6.5　施工现场电力供应平面图

任务6-3 施工现场临时用电组织设计

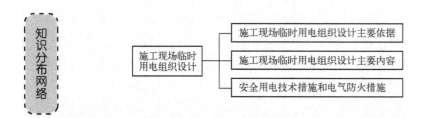

【任务背景】：由于施工现场用电存在临时性特点，容易造成思想上的不重视，管理上的不配套，制度上的不完善，加之施工环境普遍较为恶劣，施工人员的素质大多较低，企业往往追求利润，忽视安全，故施工伤亡事故屡有发生。为了安全施工及保质保量顺利完成工程，编制施工现场临时用电组织设计是很有必要的。编制临时用电组织设计可以使施工现场临时用电工程有一个可遵循的科学依据，从而保障其运行的安全可靠性。

6.3.1 施工现场临时用电组织设计主要依据

施工现场临时用电组织设计作为临时用电工程的主要技术资料，有助于加强对临时用电工程的技术管理，从而保障其使用的安全和可靠性。按《施工现场临时用电安全技术规范》（JGJ46—2005）的规定，施工现场临时用电设备在5台及以上或设备总容量在50kW及以上者，应编制用电组织设计，否则也应制定安全用电和电气防火措施，并经有关部门审核批准。

编制施工现场临时用电组织设计的主要依据是JGJ46—2005《施工现场临时用电安全技术规范》，以及其他一些相关的电气技术标准、法规和规程；投标文件、实地勘察资料、本工程配套机械装备及工器具配套基本设施等。

临时用电工程施工组织设计必须由施工单位专业电气技术人员编制，技术负责人审核。封面上要注明工程名称、施工单位、编制人并加盖单位公章。

施工现场临时用电组织设计必须报上级主管部门审核，批准后方可进行临时施工。施工时要严格执行审核后的施工组织设计，按图施工。当需要变更施工组织设计时，应补充有关图纸资料，同样需要上报主管部门批准，待批准后，按照修改前、后的临时用电设计对照施工。

6.3.2 施工现场临时用电组织设计主要内容

施工现场临时用电组织设计的主要内容包括：

1. 工程概况

主要介绍工程地理位置、造价、施工内容、工期及施工特点、建设单位、施工单位、监理单位、设计单位等内容。

2. 供配电方案

确定进线电源电压、进线路数及具体位置；确定配线方式、计量方式。

3. 现场勘测

现场勘测工作包括调查测绘现场的地形、地貌，正式工程的位置，上下水等地上、地下管线和沟道的位置，建筑材料，器具堆放位置，生产、生活暂设建筑物位置，用电设备装设位置及现场周围环境等。

临时用电设计的现场勘测工作与建筑工程施工组织设计的现场勘测工作同时进行，或直接借用其勘测资料。

4. 临时用电设计

1）负荷计算

为合理选择变电所的变压器容量、各种电气设备及配电导线提供科学依据。具体包括变压器数量、容量及控制范围选择；导线型号及规格选择；控制保护设备型号及规格选择。

2）配电线路设计

主要是选择和确定线路走向、配电方式（架空线或埋地电缆等）、敷设要求、导线排列，选择和确定配线型号、规格，选择和确定其周围的防护设施等。配电线路设计不仅要与供电系统设计相衔接，还要与配电箱设计相衔接，尤其要与供电系统的基本防护方式（应采用TN-S保护系统）相结合，统筹考虑零线的敷设和接地装置的敷设。

3）配电箱与开关箱设计

为现场所用的非标准电箱与开关箱的设计，配电箱与开关箱的设计包括选择箱体材料，确定箱体结构尺寸，确定箱内电器配置和规格，确定箱内电气接线方式和电气保护措施等。配电箱与开关箱的设计要和配电线路设计相适应，还要与配电系统的基本保护方式相适应，并满足用电设备的配电和控制要求，尤其要满足防漏触电的要求。

4）接地与接地装置设计

接地是现场临时用电工程配电系统安全、可靠运行和防止人身直接或间接触电的基本保护措施。接地与接地装置的设计主要根据配电系统的工作和基本保护方式的需要确定接地类别，确定接地电阻值，并根据接地电阻值的要求选择或确定自然接地体或人工接地体。对于人工接地体，还要根据接地电阻值的要求，设计接地的结构、尺寸和埋深，以及相应的土壤处理，并选择接地材料。接地装置的设计还包括接地线的选用和确定，接地装置各部分之间的连接要求等。

5）防雷设计

防雷设计包括防雷装置装设位置的确定，防雷装置型号的选择，以及相关防雷接地的确定。防雷设计应保证根据设计所设置的防雷装置其保护范围能可靠地覆盖整个施工现场，并对雷害起到有效的防护作用。

5. 编制安全用电技术措施和电气防火措施

编制安全用电技术措施和电气防火措施要与现场的实际情况相适应，其中主要内容包括电气设备的接地（重复接地）、接零（TN-S系统）保护，装设漏电保护器，一机、一闸、一漏、一箱，外用防护，开关电器的装设，维护、检修，更换，以及对水源、火源、腐蚀变质、易燃易爆物的妥善处置等方面。

编制安全用电技术措施和电气防火措施时，不仅要考虑现场的自然环境和工作条件，还要兼顾现场的整个配电系统，包括从变电所到用电设备的整个临时用电工程。

6. 施工现场临时用电设计施工图

对于施工现场临时用电工程来说，由于其设置一般只具有暂设的意义，所以可综合绘出体现设计要求的设计施工图，又由于施工现场临时用电工程相对来说是一个比较简单的用电系统，同时其中一些主要的，相对比较复杂的用电设备的控制系统已由制造厂家确定，无须重新设计。临时供电施工图是施工组织设计的具体表现，也是临时用电设计的重要内容。进行计算后的导线截面及各种电气设备的选择都要体现在施工图中，施工人员依照施工图布置配电箱、开关箱，按照图纸进行线路敷设。它主要提供临时用电系统图和施工现场平面图。

1）临时用电平面图设计
临时用电平面图的内容应包括：
（1）在建工程临建、在施、原有建筑物的位置。
（2）电源进线位置、方向及各种供电线路的导线敷设方式、截面、根数及线路走向。
（3）变压器、配电室、总配电箱、分配电箱及开关箱的位置，箱与箱之间的电气关系。
（4）施工现场照明及临建内的照明，室内灯具开关控制位置。
（5）工作接地、重复接地、保护接地、防雷接地的位置及接地装置的材料做法等。

2）临时供电系统图
临时供电系统图是表示施工现场动力及照明供电的主要图纸，其内容应包括：
（1）标明变压器高压侧的电压级别、导线截面、进线方式，高低压侧的继电保护及电能计量仪表型号、容量等。
（2）低压侧供电系统的形式是TT还是TN-S。
（3）各种箱体之间的电气联系。
（4）配电线路的导线截面、导线敷设方式及线路走向。
（5）各种电气开关型号、容量、熔体、自动开关熔断器的整定、熔断值。
（6）标明各用电设备的名称、容量。

6.3.3 安全用电措施和电气防火措施

1. 安全用电措施

安全用电技术措施包括两个方面的内容：一是安全用电在技术上所采取的措施；二是为

了保证安全用电和供电的可靠性在组织上所采取的各种措施，它包括各种制度的建立、组织管理等一系列内容。

1）安全用电技术措施

（1）正确选择接地系统。事实证明，许多电气故障都来自接地线，而人们往往对接地系统的概念模糊，对接地线认识不全面，以致造成电气设备不能正常工作，甚至损坏；造成火灾，甚至危及生命。施工现场临时用电应采用 TN-S 接零保护系统，在专用变压器供电的 TN-S 接零保护系统中，电气设备的金属外壳必须与保护零线连接。保护零线应由工作接地线、配电室（总配电箱）电源侧零线处引出，如图6.6所示。

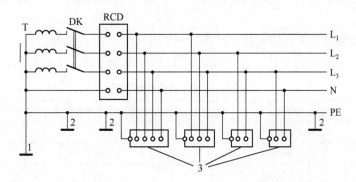

1—工作接地；2—PE 线重复接地；3—电气设备金属外壳（正常不带电的外露可导电部分）；
L₁、L₂、L₃—相线；N—工作零线；PE—保护零线；DK—总电源隔离开关；
RCD—总漏电器（兼有短路、过载、漏电保护功能的断路器）；T—变压器

图6.6　专用变压器供电时 TN-S 接零保护系统示意图

① 当施工现场与外电线路共用同一供电系统时，电气设备的接地、接零保护应与原系统保持一致，不得一部分设备做保护接零，另一部分设备做保护接地。

② 采用 TN 系统做保护接零时，工作零线（N 线）必须通过总漏电保护器，保护零线（PE 线）必须由电源进线零线重复接地处或总漏电保护电源侧零线处，引出形成局部 TN-S 接零保护系统，如图6.7所示。在 TN 接零保护系统中，通过总漏电保护器的工作零线与保护零线之间不得再做电气连接。

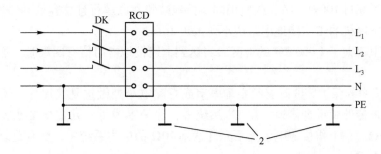

1—PEN 线重复接地；2—PE 线重复接地；L₁、L₂、L₃—相线；N—工作零线；PE—保护零线；
DK—总电源隔离开关；RCD—总漏电器（兼有短路、过载、漏电保护功能的断路器）

图6.7　三相四线供电时局部 TN-S 接零保护系统保护零线引出示意图

③ 使用一次侧由 50V 以上电压的接零保护系统供电，二次侧为 50V 及以下电压的安全隔离变压器时，二次侧不得接地，并应将二次线路用绝缘管保护或采用橡皮护套软线。

当采用普通隔离变压器时，其二次侧一端应接地，且变压器正常不带电的外露可导电部分应与一次回路保护零线相连接。

以上变压器尚应采取防直接接触带电体的保护措施。

④ 施工现场的临时用电电力系统严禁利用大地做相线或零线。

⑤ 接地装置的设置应考虑土壤干燥或结冻等季节变化的影响，并符合规范规定。

⑥ 保护零线必须采用绝缘导线。配电装置和电动机械相连接的 PE 线应为截面积不小于 2.5mm^2 的绝缘多股铜线，手持式电动工具的 PE 线应为截面积不小于 1.5mm^2 的绝缘多股铜线。

PE 线上严禁装设开关或熔断器，严禁通过工作电流，且严禁断线。

为满足 PE 线机械强度要求，PE 线截面积的选择应满足表 6.2 的规定。

表 6.2　PE 线最小截面积

相线的截面积 S/mm^2	相应保护导体的最小截面积 S_p/mm^2
$S \leqslant 16$	S
$16 < S \leqslant 35$	16
$35 < S \leqslant 400$	$S/2$
$400 < S \leqslant 800$	200
$S > 800$	$S/2$

注：S 指柜（屏、台、箱、盘）电源进线相线截面积，且两者（S、S_p）材质相同。

⑦ 相线、N 线、PE 线的颜色标记必须符合以下规定：相线 L_1（A）、L_2（B）、L_3（C）相序的绝缘颜色依次为黄、绿、红色；N 线的绝缘颜色为淡蓝色；PE 线的绝缘颜色为绿/黄双色。任何情况下上述颜色标记严禁混用和互相代用。

⑧ 在 TN 系统中，手持式电动工具的金属外壳，以及城防、人防、隧道等潮湿或条件特别恶劣施工现场的电气设备必须采用保护接零。

⑨ 单台容量超过 $100 \text{kV} \cdot \text{A}$，或使用同一接地装置并联运行且总容量超过 $100 \text{kV} \cdot \text{A}$ 的电力变压器或发电机的工作接地电阻值不得大于 4Ω。

单台容量不超过 $100 \text{kV} \cdot \text{A}$，或使用同一接地装置并联运行且总容量不超过 $100 \text{kV} \cdot \text{A}$ 的电力变压器或发电机的工作接地电阻值不得大于 10Ω。

在土壤电阻率大于 $1\,000 \text{M}\Omega$ 的地区，当达到上述接地电阻值有困难时，工作接地电阻值可提高到 30Ω。

⑩ TN 系统中的保护零线除必须在配电室或总配电箱处做重复接地外，还必须在配电系统的中间处和末端处做重复接地。在 TN 系统中，保护零线每一处重复接地装置的接地电阻值不应大于 10Ω。在工作接地电阻值不允许达到 10Ω 的电力系统中，所有重复接地的等效电阻值不应大于 10Ω。

每一接地装置的接地线应采用两根及以上导体，在不同点与接地体做电气连接。不得采用铝导体做接地体或地下接地线，垂直接地体宜采用角钢、钢管或光面圆钢，不得采用螺纹钢。可利用自然接地体，但应保证其有可靠的电气连接和热稳定。

（2）设置漏电保护器。

① 施工现场的总配电箱和开关箱应至少设置两级漏电保护器，而且两级漏电保护器的额定漏电动作电流和额定漏电动作时间应合理配合，使之具有分级保护的功能。

② 开关箱中必须设置漏电保护器，施工现场所有用电设备，除做保护接零外，必须在设备负荷线的首端处安装漏电保护器。

③ 漏电保护器应装设在配电箱电源隔离开关的负荷侧和开关箱电源隔离开关的负荷侧。

④ 漏电保护器的选择应符合 GB6829—86《漏电动作保护器（剩余电流动作保护器）》的要求，开关箱内的漏电保护器其额定漏电动作电流应不大于 30mA，额定漏电动作时间应小于 0.1s。

在潮湿和有腐蚀介质场所的漏电保护器应采用防溅型产品。其额定漏电动作电流应不大于 15mA，额定漏电动作时间应小于 0.1s。

（3）采用安全电压。安全电压指不戴任何防护设备，接触时对人体各部位不造成任何损害的电压。我国国家标准 GB3805—83《安全电压》中规定，安全电压值的等级有 42V、36V、24V、12V、6V 五种。同时还规定：当电气设备电压超过 24V 时，必须采取防直接接触带电体的保护措施。对下列特殊场所应使用安全电压照明器。

① 对隧道，人防工程，有高温、导电灰尘或灯具离地面高度低于 2.4m 等场所的照明，电源电压应不大于 36V。

② 在潮湿和易触及带电体场所的照明电源电压不得大于 24V。

③ 在特别潮湿的场所，导电良好的地面、锅炉或金属容器内工作的照明电源电压不得大于 12V。

（4）合理设置配电箱。

① 总配电箱以下可设若干分配电箱，分配电箱以下可设若干开关箱。总配电箱应设在靠近电源的区域，分配电箱应设在用电设备或负荷相对集中的区域，分配电箱与开关箱的距离不得超过 30m，开关箱与其控制的固定式用电设备的水平距离不宜超过 3m。

② 动力配电箱与照明配电箱宜分别设置。当合并设置为同一配电箱时，动力和照明应分路配电；动力开关箱与照明开关箱必须分设；每台用电设备必须有各自专用的开关箱，严禁用同一个开关箱直接控制两台及两台以上用电设备（含插座）。

③ 配电箱、开关箱周围应有足够两人同时工作的空间和通道，不得堆放任何妨碍操作维修的物品，不得有灌木、杂草。

配电箱、开关箱应装设端正、牢固。固定式配电箱、开关箱的中心点与地面的垂直距离应为 1.4～1.6m。移动式配电箱、开关箱应装设在坚固、稳定的支架上，其中心点与地面的垂直距离宜为 0.8～1.6m。

④ 配电箱、开关箱中导线的进线口和出线口应设在箱体下底面，严禁设在箱体的上顶面、侧面、后面或箱门处。

⑤ 配电箱、开关箱的电源进线端严禁采用插头和插座做活动连接。对配电箱、开关箱进行定期维修、检查时，必须将其前一级相应的电源隔离开关分闸断电，并悬挂"禁止合闸，有人工作"停电标志牌，严禁带电作业。

（5）正确安装电气设备。

① 配电箱内的电器应首先安装在金属或非木质的绝缘电器安装板上，然后整体紧固在配

电箱箱体内，金属板与配电箱体应做电气连接。

②配电箱、开关箱内的各种电器应按规定的位置紧固在安装板上，不得歪斜和松动。并且电气设备之间、设备与板四周的距离应符合有关工艺标准的要求。

③配电箱、开关箱内的工作零线应通过接线端子板连接，并应与保护零线接线端子板分设。

④配电箱、开关箱内的连接线应采用绝缘导线，导线的型号及截面应严格执行临时用电图纸的要求。各种仪表之间的连接线应使用截面积不小于 $2.5mm^2$ 的绝缘铜芯导线。导线接头不得松动，不得有外露带电部分。

⑤各种箱体的金属构架、金属箱体，金属电器安装板及箱内电器的正常不带电的金属底座、外壳等必须做保护接零，保护零线应经过接线端子板连接。

⑥配电箱后面的排线需排列整齐，绑扎成束，并用卡钉固定在盘板上，盘后引出及引入的导线应留出适当余度，以便检修。

⑦导线剥削处不应伤线芯，也不应过长。导线压头应牢固可靠，多股导线不应盘卷压接，应加装压线端子（有压线孔者除外）。如必须穿孔用顶丝压接时，多股线应涮锡后再压接，不得减少导线股数。

（6）做好电气设备的防护。

①在建工程不得在高低压线路下方施工。高低压线路下方，不得搭设作业棚、建造生活设施，或堆放构件、架具、材料及其他杂物。

②施工时各种架具的外侧边缘与外电架空线路的边线之间必须保持安全操作距离。当外电架空线路的电压为 1kV 以下时，其最小安全操作距离为 4m；当外电架空线路的电压为 1～10kV 时，其最小安全操作距离为 6m；当外电架空线路的电压为 35～110kV 时，其最小安全操作距离为 8m。上下脚手架的斜道严禁搭设在有外电线路的一侧。旋转臂架式起重机的任何部位或被吊物边缘与 10kV 以下的架空线路边线最小水平距离不得小于 2m。

③施工现场的机动车道与外电架空线路交叉时，架空线路的最低点与路面的最小垂直距离应符合以下要求：外电线路电压为 1kV 以下时，最小垂直距离为 6m；外电线路电压为 1～35kV 时，最小垂直距离为 7m。

④当达不到最小安全距离时，施工现场必须采取保护措施，可以增设屏障、遮栏、围栏或保护网，并悬挂醒目的警告标志牌。在架设防护设施时应有电气工程技术人员或专职安全人员负责监护。

⑤对于既不能达到最小安全距离，又无法采取防护措施的施工现场，施工单位必须与有关部门协商，采取停电、迁移外电线或改变工程位置等措施，否则不得施工。

（7）规范操作、持证上岗。

①施工现场内临时用电的施工和维修必须由经过培训后取得上岗证书的专业电工完成，电工的等级应同工程的难易程度和技术复杂性相适应，初级电工不允许进行中、高级电工的作业。

②各类用电人员应做到：掌握安全用电基本知识和所用设备的性能；使用设备前必须按规定穿戴和配备好相应的劳动防护用品，并检查电气装置和保护设施是否完好；严禁设备带"病"运转；停用的设备必须拉闸断电，锁好开关箱；负责保护所用设备的负荷线、保护零线和开关箱；发现问题，及时报告解决；搬迁或移动用电设备，必须经电工切断电源并做妥

善处理后进行。

（8）电气设备的正确使用与维护。

① 施工现场的所有配电箱、开关箱应每月进行一次检查和维修。检查、维修人员必须是专业电工。工作时必须穿戴好绝缘用品，必须使用电工绝缘工具。

② 检查、维修配电箱、开关箱时，必须将其前一级相应的电源开关分闸断电，并悬挂停电标志牌，严禁带电作业。

③ 配电箱内盘面上应标明各回路的名称、用途，同时要做出分路标记。

④ 总、分配电箱门应配锁，配电箱和开关箱应指定专人负责。施工现场停止作业 1h 以上时，应将动力开关箱上锁。

⑤ 各种电气箱内不允许放置任何杂物，并应保持清洁。箱内不得挂接其他临时用电设备。

⑥ 熔断器的熔体更换时，严禁用不符合原规格的熔体代替。

（9）安全使用架空配电线路。

① 现场中所有架空线路的导线必须采用绝缘铜线或绝缘铝线。导线架设在专用电线杆上。

② 架空线路的导线截面积最低不得小于下列截面积：当架空线用铜芯绝缘线时，其导线截面积不小于 $10mm^2$；当用铝芯绝缘线时，其截面积不小于 $16mm^2$。跨越铁路、公路、河流、电力线路档距内的架空绝缘铝线最小截面积不小于 $35mm^2$，绝缘铜线截面积不小于 $16mm^2$。

③ 架空线路的导线接头：在一个档距内每一层架空线的接头数不得超过该层导线数的 50%，且一根导线只允许有一个接头；线路在跨越铁路、公路、河流、电力线路档距内不得有接头。

④ 架空线路相序的排列如下。

TT 系统供电时，其相序排列：面向负荷从左向右为 L_1、N、L_2、L_3；

TN-S 系统或 TN-C-S 系统供电时，和保护零线在同一横担架设时的相序排列：面向负荷从左至右为 L_1、N、L_2、L_3、PE；

TN-S 系统或 TN-C-S 系统供电时，动力线、照明线同杆架设上、下两层横担，相序排列方法：上层横担，面向负荷从左至右为 L_1、L_2、L_3，下层横担，面向负荷从左至右为 L_1、（L_2、L_3）、N、PE。当照明线在两个横担上架设时，最下层横担面向负荷，最右边的导线为保护零线 PE。

⑤ 架空线路的档距一般为 30m，最大不得超过 35m；线间距离应大于 0.3m。

⑥ 施工现场内导线最大弧垂与地面距离不小于 4m，跨越机动车道时为 6m。

⑦ 架空线路所使用的电杆应为专用混凝土杆或木杆。当使用木杆时，木杆不得腐朽，其梢径应不小于 130mm。

⑧ 架空线路所使用的横担、角钢及杆上的其他配件应视导线截面、杆的类型具体选用。杆的埋设、拉线的设置均应符合有关施工规范。

（10）安全使用电缆配电线路。

① 电缆线路应采用穿管埋地或沿墙、电杆架空敷设，严禁沿地面明设。

② 电缆在室外直接埋地敷设的深度应不小于 0.7m，并应在电缆上下左右均匀铺设不小

于50mm厚的细砂，然后覆盖砖等硬质保护层。

③ 橡皮电缆沿墙或电杆敷设时应用绝缘子固定，严禁使用金属裸线做绑扎。固定点间的距离应保证橡皮电缆能承受自重和所带的荷重。橡皮电缆的最大弧垂距地不得小于2.5m。

④ 电缆的接头应牢固可靠，绝缘包扎后的接头不能降低原来的绝缘强度，并不得承受张力。

⑤ 在有高层建筑的施工现场，临时电缆必须采用埋地引入。电缆垂直敷设的位置应充分利用在建工程的竖井、垂直孔洞等，同时应靠近负荷中心，固定点每楼层不得小于一处。电缆水平敷设沿墙固定，最大弧垂距地不得小于1.8m。

（11）室内导线的敷设及照明装置的正确选用。

① 室内配线必须采用绝缘铜线或绝缘铝线，采用瓷瓶、瓷夹或塑料夹敷设，距地面高度不得小于2.5m。

② 进户线在室外处要用绝缘子固定，进户线过墙应穿套管，距地面应大于2.5m，室外要做防水弯头。

③ 室内配线所用导线截面应按图纸要求施工，但铝线截面积最小不得小于2.5mm²，铜线截面积不得小于1.5mm²。

④ 金属灯具外壳必须做保护接零，所用配件均应使用镀锌件。

⑤ 室外灯具距地面不得小于3m，室内灯具距地面不得小于2.4m。插座接线时应符合规范要求。

⑥ 螺口灯头及接线应符合下列要求：相线接在与中心触头相连的一端，零线接在与螺纹口相连的一端；灯头的绝缘外壳不得有损伤和漏电。

⑦ 各种用电设备、灯具的相线必须经开关控制，不得将相线直接引入灯具。

⑧ 临时用的照明灯具应优先选用拉线开关。拉线开关距地面高度为2～3m，与门口的水平距离为0.1～0.2m，拉线出口应向下。

⑨ 严禁将插座与搬把开关靠近装设；严禁在床上设开关。

2）安全用电组织措施

（1）建立临时用电施工组织设计和安全用电技术措施的编制、审批制度，并建立相应的技术档案。

（2）建立技术交底制度。向专业电工、各类用电人员介绍临时用电施工组织设计和安全用电技术措施的总体意图、技术内容和注意事项，并应在技术交底文字资料上履行交底人和被交底人的签字手续，注明交底日期。

（3）建立安全检测制度。从临时用电工程竣工开始，定期对临时用电工程进行检测，主要内容是：接地电阻值、电气设备绝缘电阻值、漏电保护器动作参数等，以监视临时用电工程是否安全可靠，并做好检测记录。

（4）建立电气维修制度。加强日常和定期维修工作，及时发现和消除隐患，并建立维修工作记录，记载维修时间、地点、设备、内容、技术措施、处理结果、维修人员、验收人员等。

（5）建立工程拆除制度。建筑工程竣工后，临时用电工程的拆除应有统一的组织和指挥，并须规定拆除时间、人员、程序、方法、注意事项和防护措施等。

（6）建立安全检查和评估制度。施工管理部门和企业要按照 JGJ59—88《建筑施工安全检查评分标准》定期对现场用电安全情况进行检查评估。

（7）建立安全用电责任制，对临时用电工程各部位的操作、监护、维修分片、分块、分机落实到人，并辅以必要的奖惩。

（8）建立安全教育和培训制度。定期对专业电工和各类用电人员进行用电安全教育和培训，凡上岗人员必须持有劳动部门核发的上岗证书，严禁无证上岗。

2. 安全用电防火措施

1）施工现场发生火灾的主要原因

（1）电气线路过负荷引起火灾。线路上的电气设备长时间超负荷使用，使用电流超过了导线的安全载流量。这时如果保护装置选择不合理，时间长了，线芯过热使绝缘层损坏燃烧，造成火灾。

（2）线路短路引起火灾。因导线安全距离不够，绝缘等级不够，日久老化、破损等或人为操作不慎等原因造成线路短路，强大的短路电流很快转换成热能，使导线严重发热，温度急剧升高，造成导线熔化，绝缘层燃烧，引起火灾。

（3）接触电阻过大引起火灾。导线接头连接不好，接线柱压接不实，开关触点接触不牢等造成接触电阻增大，随着时间增长引起局部氧化，氧化后增大了接触电阻。电流流过电阻时，会消耗电能产生热量，导致过热引起火灾。

（4）变压器、电动机等设备运行故障引起火灾。变压器长期过负荷运行或制造质量不良，造成线圈绝缘损坏，匝间短路，铁芯涡流加大引起过热，变压器绝缘油老化、击穿、发热等引起火灾或爆炸。

（5）电热设备、照明灯具使用不当引起火灾。电炉等电热设备表面温度很高，如使用不当会引起火灾；大功率照明灯具等与易燃物距离过近引起火灾。

（6）电弧、电火花引起火灾。电焊机、点焊机使用时电气弧光、火花等会引燃周围物体，引起火灾。

施工现场由于电气引发的火灾原因远不止以上几点，这就要求用电人员和现场管理人员认真执行操作规程，加强检查，应该说电气火灾完全是可以预防的。

2）预防电气火灾的措施

针对电气火灾发生的原因，施工组织设计中要制定出有效的预防措施。

（1）施工组织设计时要根据电气设备的用电量正确选择导线截面，从理论上杜绝线路过负荷使用，保护装置要认真选择，当线路上出现长期过负荷时，能在规定时间内动作保护线路。

（2）导线架空敷设时其安全间距必须满足规范要求，当配电线路采用熔断器做短路保护时，熔体额定电流一定要小于电缆或穿管绝缘导线允许载流量的 2.5 倍，或明敷绝缘导线允许载流量的 1.5 倍。经常教育用电人员要正确执行安全操作规程，避免作业不当造成火灾。

（3）电气操作人员要认真执行规范，正确连接导线，接线柱要压牢、压实。各种开关触头要压接牢固。铜铝连接时要有过渡端子，多股导线要用端子或涮锡再与设备安装，以防加大电阻引起火灾。

（4）配电室的耐火等级要大于三级，室内配置砂箱和绝缘灭火器。严格执行变压器的运行检修制度，按季度每年进行四次停电清扫和检查。

现场中的电动机严禁超载使用，电动机周围无易燃物，发现问题及时解决，保证设备正常运转。

（5）施工现场内严禁使用电炉。室内不准使用功率超过100W的灯泡，严禁使用床头灯。

（6）使用焊机时要执行用火证制度，并有人监护，施焊周围不能存放易燃物体，并备齐防火设备。电焊机要放在通风良好的地方。

（7）施工现场的高大设备和有可能产生静电的电气设备要做好防雷接地和防静电接地，以免雷电及静电火花引起火灾。

（8）存放易燃气体、易燃物仓库内的照明装置一定要采用防爆型设备，导线敷设、灯具安装、导线与设备连接均应满足有关规范要求。

（9）配电箱、开关箱内严禁存放杂物及易燃物体，并派专人负责定期清扫。

（10）设有消防设施的施工现场，消防泵的电源要由总箱中引出专用回路供电，而且此回路不得设置漏电保护器，当电源发生接地故障时可以设单相接地报警装置。有条件的施工现场，此回路应由两个电源供电，供电线路应在末端可切换。

（11）施工现场应建立防火检查制度，强化电气防火领导体制，建立电气防火队伍。

（12）施工现场一旦发生电气火灾，灭火时应注意以下事项。

① 迅速切断电源，以免事态扩大。切断电源时应戴绝缘手套，使用有绝缘柄的工具。当火场离开关较远需剪断电线时，火线和零线应分开错位剪断，以免在钳口处造成短路，并防止电源线掉在地上造成短路使人员触电。

② 电源线因其他原因不能及时切断时，一方面派人去供电端拉闸，另一方面灭火时，人体的各部位与带电体应保持一定充分距离，必须穿戴绝缘用品。

③ 灭火时要用绝缘性能好的灭火剂，如干粉灭火机、二氧化碳灭火器、1211灭火器或干燥砂子。严禁使用导电灭火剂进行扑救。

实训9 施工现场临时用电组织设计

一、实训目的

通过对模拟施工现场进行临时用电组织设计，了解施工现场临时用电组织设计的重要性，熟知临时用电组织设计的具体内容、临时用电组织设计的具体步骤和要求，进一步规范施工现场临时用电，从而全面提高施工人员的安全施工意识。

二、实训器材

为某建筑工程进行施工现场临时用电组织设计。

提供原始资料：

（1）工程基本概况；

（2）施工现场平面布置图；

（3）当地电力部门供电基本情况；

（4）电气设备容量、数量、设置及工作情况。

三、实训步骤

（1）明确实训任务，全面熟知所提供的原始资料；

（2）根据负载分布情况和容量，初步确定变压器台数和设置位置；

（3）负荷计算，确定变压器容量；

（4）确定配线方式、路径及导线截面；

（5）绘制电气平面图及配电系统图；

（6）编制、完善施工现场临时用电组织设计方案。

四、注意事项

临时用电方案编制应严格遵循《施工现场临时用电安全技术规范》等国家相关规定，编制内容应与实际紧密结合，方案要体现真实性、适用性和可操作性，避免长篇理论阐述。

五、实训思考

（1）通过施工现场临时用电组织设计的编制，自己有了哪些提高和收获？

（2）方案编制过程中，碰到哪些问题？如何克服和解决？

（3）你的方案有哪些特点和不足？今后如何改进和提高？

知识梳理与总结

本任务主要介绍施工现场供电形式，临时用电管理要求和配电基本原则，三级配电二级保护配电结构，施工现场常用电气设备的种类、选择和安装使用要求，施工现场临时用电组织设计相关知识等。通过本任务的学习，使读者深切体会到施工现场安全用电管理工作的重要性和必要性。通过实例的分析、计算和阐述，使读者掌握施工现场临时用电管理的具体内容和要求。基本技能要求如下：

（1）能够运用施工现场负荷计算的方法正确选择相关导线和设备；

（2）能够进行施工现场变压器和配电箱等设备的正确选择及安装；

（3）能够初步完成施工现场临时用电组织设计。

练习题6

1. 选择题

（1）建筑施工现场的供电电源形式主要有（　　）种。

    A. 一　　　　　　B. 二　　　　　　C. 三　　　　　　D. 四

（2）施工现场临时用电组织设计及变更时，必须履行"编制、审核、批准"程序，由（　　）组织编制，经相关部门审核及经具有法人资格企业的技术负责人批准后实施。

    A. 电气工程技术人员　B. 项目经理　　　C. 施工员　　　　D. 总工程师

（3）建筑施工现场临时用电系统的基本结构采用（　　）系统。

    A. 二级配电、二级漏电保护　　　　　　B. 三级配电、二级漏电保护

    C. 三级配电、三级漏电保护　　　　　　D. 二级配电、三级漏电保护

（4）配电箱选择是以保证（　　）为原则。

    A. 三级配电两级保护及一机二闸一漏一箱

    B. 三级配电两级保护及一机一闸二漏一箱

    C. 三级配电两级保护及一机一闸一漏二箱

    D. 三级配电两级保护及一机一闸一漏一箱

（5）开关箱中的隔离开关只可直接控制照明电路和容量不大于（　　）的动力电路，但不应频繁操作。

    A. 1.0kW　　　　B. 2.0kW　　　　C. 3.0kW　　　　D. 4.0kW

（6）开关箱中漏电保护器的额定漏电动作电流不应大于（　　），额定漏电动作时间不应大于0.1s。

    A. 10mA　　　　B. 20mA　　　　C. 30mA　　　　D. 40mA

（7）我国国家标准GB3805—83《安全电压》中规定，安全电压值的等级有五种。同时还规定：当电气设备电压超过（　　）时，必须采取防直接接触带电体的保护措施。

    A. 42V　　　　　B. 36V　　　　　C. 50V　　　　　D. 24V

（8）总配电箱应设在靠近电源的区域，分配电箱应设在用电设备或负荷相对集中的区域，分配电箱与开关箱的距离不得超过（　　）m，开关箱与其控制的固定式用电设备的水平距离不宜超过（　　）m。

    A. 30、3　　　　B. 3、30　　　　C. 3、3　　　　　D. 30、30

（9）施工现场的配电箱、开关箱中导线的进线口和出线口应设在箱体（　　）面。

    A. 上底　　　　　B. 下底　　　　　C. 左侧　　　　　D. 右侧

（10）电缆在室外直接埋地敷设的深度应不小于（　　）m，并应在电缆上下左右均匀铺设不小于50mm厚的细砂，然后覆盖砖等硬质保护层。

    A. 0.4　　　　　B. 0.5　　　　　C. 0.6　　　　　D. 0.7

2. 思考题

（1）建筑施工现场供电形式有哪几种？各适合什么场合？

（2）施工现场负荷计算有何意义？通常采用什么方法？

（3）架空线配线和电缆配线各有何特点？

（4）施工现场箱式变电站适用于什么场合？安装有哪些规定？

（5）施工现场配电箱应实行几级配电？应采用几级漏电保护？

（6）施工现场临时用电应采用何种接零保护系统？为什么？

（7）施工现场 PE 线的颜色和截面有哪些规定？

（8）施工现场临时用电组织设计编制依据有哪些？

（9）施工现场临时用电应考虑哪些防护措施？

（10）施工现场临时用电应考虑哪些安全措施？

3. 计算题

某建筑公司的某小区工地高层住宅施工现场，在进行施工准备的组织设计时对用电设施进行设计。施工现场用电从附近 10kV 的供电系统引进电源，配电导线采用橡皮绝缘铝线。

根据施工总平面布置，主要用电设施如表 6.3 所示。

表 6.3　主要用电设施

序　号	设备名称	安装容量	数量	合计容量	备　注
1	卷扬机	11kW	2	22kW	$\cos\varphi = 0.7$
2	电焊机	11kW	1	11kW	$\cos\varphi = 0.45$，$\varepsilon = 50\%$
3	塔式起重机	21.2kW	2	42.4kW	$\cos\varphi = 0.7$，$\varepsilon = 40\%$
4	圆盘锯	3kW	2	6kW	$\cos\varphi = 0.7$
5	混凝土搅拌机	8kW	2	6kW	$\cos\varphi = 0.7$
6	钢筋弯曲机	1kW	1	1kW	$\cos\varphi = 0.7$
7	钢筋调直机	3kW	1	3kW	$\cos\varphi = 0.7$
8	钢筋切断机	6kW	1	6kW	$\cos\varphi = 0.7$
9	砂轮锯	2kW	1	2kW	$\cos\varphi = 0.7$
10	电刨子	4 kW	1	4 kW	$\cos\varphi = 0.7$

问题：

（1）计算用电量。

（2）现有 S9-63/10、S9-80/10、S9-100/10、S9-125/10 四种变压器可供选择，请选择合适的变压器，并说明理由。

学习情境 7

建筑弱电技术应用

教学导航

项目任务	任务 7-1　安全防范技术 任务 7-2　火灾自动报警及联动控制系统 任务 7-3　建筑通信技术		学时	6
教学载体	实训中心、教学课件及教材相关内容			
教学目标	知识方面	认识建筑弱电系统，了解各子系统的应用，掌握其在建筑工程中的作用及组成		
	技能方面	能够正确选用建筑弱电系统设备，解决实际工程应用问题		
过程设计	任务布置及知识引导——分组学习、讨论和收集资料——学生编写报告，制作 PPT，集中汇报——教师点评或总结			
教学方法	项目教学法			

任务 7-1　安全防范技术

知识分布网络

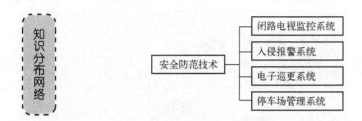

【任务背景】：随着人们生活水平的提高和居住环境的改善，人们对住宅小区和大厦安全性的要求也日益迫切，安全性成为现代建筑质量标准中非常重要的一个方面。加强建筑安全防范设施建设，提高住宅安全防范功能，是当前城市建设工作中的重要内容。因此对于从事建筑工程的技术人员来说，了解安全防范系统十分必要。

7.1.1　闭路电视监控系统

闭路电视监控系统是在闭路电视系统基础上发展起来的，所以又称闭路监控电视（CCTV）。现代智能建筑中人们总是设法将关键部位或重要场所实时、形象和不失真地显示出来，从而形成了闭路电视监控系统。目前闭路电视监控系统已成为现代生产、管理和生活中实施监视与控制的极为有效的工具，同时也成为安全防范的有效工具之一。

1. 系统组成

闭路电视监控系统一般由四部分组成：摄像/前端部分、传输部分、显示及记录部分、控制部分，如图 7.1 所示。

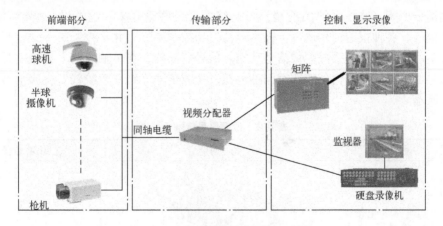

图 7.1　闭路电视监控系统结构示意图

1）摄像部分

摄像部分是闭路电视监控系统的前端部分，是系统的"眼睛"，是整个闭路电视监控系统的原始信号源。它布置在被监视场所的某一位置上（或几个位置上），使其视场角能覆盖整个被监视场所的各个部位。它的功能是通过监视区域摄像获取实时图像信息并将图像信息转换为电信号输出。摄像部分一般由摄像机、摄像机防护罩、摄像机支承设备三部分组成，其常见设备如表7.1所示。

表7.1　摄像部分常见设备

摄像部分组成	作　用	分　类	常　见　设　备
摄像机	把光（图像信息）信号转变为电信号	彩色、黑白	半球式监控报像机　　红外一体摄像机　　枪型摄像机
摄像机防护罩	确保摄像机正常工作，延长其使用寿命	室内型、室外型、特殊类型（防爆、防射线等）	室内型　　室内/室外型　　特殊类型
摄像机支承设备	固定和安装摄像机	三脚架、托架、云台	三脚架　　鹅颈管型托架　　电动云台

2）传输部分

传输部分用于将监控系统的前端设备与终端设备联系起来。前端设备所产生的图像信息、声音信号、各种报警信号通过传输系统传送到控制中心，并将控制中心的控制指令输送到前端设备。传输部分是系统图像信号和控制信号的通路，在传输线路上传输的是视频信号和控制信号。视频信号传输一般选用同轴电缆、微波传输光纤和双绞线。视频信号传输介质如表7.2所示。

表7.2　视频信号传输介质

传输介质	组　成	结　构　图	适　用　场　所
同轴电缆	内导体（电缆铜芯）、绝缘层、外导体（铜网和铝箔）和护套（外绝缘层）	电缆铜芯　绝缘层　铜网　外绝缘层	中短距离的中小型系统

续表

传输介质	组 成	结 构 图	适 用 场 所
光纤	中心高折射率玻璃芯，中间为低折射率硅玻璃包层，最外层是加强用的树脂涂层	树脂涂层 硅玻璃包层 玻璃芯	适用于远程传输
双绞线	裸铜导线、绝缘层、撕裂绳、护套	裸铜导线 绝缘层 撕裂绳 护套	近距离传输和远距离传输均可，但由于存在较大衰减，在远距离传输时，必须进行放大和补偿

3）显示及记录部分

显示及记录部分一般安装在控制室，主要有：监视器、录像机和一些视频处理设备。

（1）监视器可以选用黑白或彩色监视器，也可选用液晶显示器或用电视机替代。

（2）录像机在监控系统中作为记录和重放装置，根据需要可选用不同功能和录像时间的专用录像机，专用录像机提供 24～960h 的录像时间。

（3）要实现用少量监视器显示多个摄像机输出的视频信号，或在同一屏幕上显示多个监控视频信号及多个视频器显示同一视频信号等功能，控制室还需增加相应的设备。这些设备有：视频切换器、多画面分割器、视频分配器等。显示记录控制设备如表7.3所示。

表7.3 显示记录控制设备

设 备	功 能	实 物
视频矩阵切换器	多路视频信号要送到同一处监控，可以一路视频对应一台监视器，也可以送入一台监视器，依次观看。	
多画面分割器	可以在一台监视器上同时显示4、9、16个摄像机的图像，也可以送到录像机上记录	

续表

设 备	功 能	实 物
视频分配器	一台摄像机的图像送给多个管理者看，最好选择视频分配器	
硬盘录像机	集画面分割器、视频切换器、磁带录影机、控制器、远程传输器的全部功能于一体，本身可连接报警探头、警号，还可进行图像移动侦测，可通过解码器控制云台和镜头，可通过网路传输图像和控制信号	

4）控制部分

控制部分是整个系统的"心脏"和"大脑"，是指挥整个系统正常运行的中心。控制部分主要由总控制台（有些系统还设有副控制台）组成，电视监控系统控制台如图7.2所示。总控制台主要功能有：图像信号的校正与补偿、视频信号放大与分配、图像信号的切换与记录（包括声音信号）、摄像机及其辅助部件（如镜头、云台、防护罩等）的控制（遥控）等。

图7.2　电视监控系统控制台

2. 系统类型

闭路电视监控系统中一般把摄像机称为"头"，把监视器称为"尾"。为了某些特定目的，闭路电视系统可以有单头单尾、单头多尾、多头单尾、多头多尾四种类型。闭路电视监控系统类型如图7.3所示，图7.3（a），（b）所示为单头单尾类型，图7.3（c）所示为单头多尾类型，图7.3（d）所示为多头单尾类型，图7.3（e）所示为多头多尾类型。

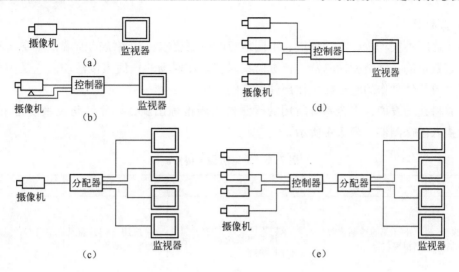

图 7.3 闭路电视监控系统类型

7.1.2 入侵报警系统

入侵报警系统是安全防范报警系统之一，它是利用传感器技术和电子信息技术探测并指示非法或试图非法进入设防区的行为，处理报警信息发出警报信号的电子系统或网络系统；是根据被防护对象的使用功能和安全防范管理要求，对设防区域的非法入侵、盗窃、破坏和抢劫等进行实时有效探测和报警的系统。按实际需要和报警功能不同，入侵报警系统可分为企事业单位用防盗防非法入侵报警系统、家居安全防范报警系统、周界报警系统、家居及周界综合联网报警系统等四种防盗防非法入侵报警系统。

1. 系统组成

入侵报警系统是在探测到防范现场有人侵入并发出报警信号的专用电子系统，一般由探测器、信号传输系统和报警控制器组成，其结构示意图如图 7.4 所示。探测器检测到意外情况就产生报警信号，通过传输系统送入报警控制器发出声、光或以其他方式报警。

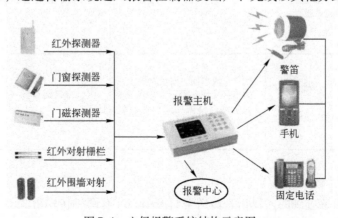

图 7.4 入侵报警系统结构示意图

1）探测器

为了适应不同场所、不同环境、不同地点的探测要求，在系统的前端，需要探测的现场安装一定数量的各种类型探测器，负责监视保护区域现场的任何入侵活动。它是用来探测入侵者移动或其他动作的电子或机械部件组成的装置。

随着科技的发展，安全系统所用的探测器不断推陈出新，可靠性与灵敏度也不断提高，常见防盗入侵探测器如表7.4所示。

表7.4　常见防盗入侵探测器

探 测 器	原 理	优 缺 点	适 用 场 合	实 物
开关报警探测器	由开关的通断来控制报警与否	优点：简单而经济有效； 缺点：需要更换电池，触电容易锈蚀导致接触不良	一般用于门、窗及点型警戒场所	
主动红外探测器	由收、发装置两部分组成，发射装置发送红外线由接收装置接收，当红外线被遮断时，发出报警信号	优点：防御界线非常明确，距离较远，入侵者难以发觉； 缺点：收发装置需要校直，安装较麻烦	室内、外及线型警戒场所	
被动红外探测器	依靠接收人发出的红外线辐射进行报警	优点：功耗小，安装简便； 缺点：受热源及光源影响，会产生误报	室内、空间及线型警戒场所	
微波探测器	利用微波，采用多普勒效应或阻挡方式报警	优点：具穿透能力，利于伪装，灵敏度高； 缺点：安装不当，室外活动物体易引起误报	室内、外及点、线、空间型警戒场所	
超声波探测器	与微波探测器类似，只使用超声波	优点：成本较低，无探测死角； 缺点：若安装不当，易受风和空气流动影响	室内及空间警戒场所	
振动入侵探测器	利用振动传感器检测门、窗振动或玻璃破碎时产生的信息	优点：成本低，安装简便； 缺点：易探测到行驶中的车辆或风吹动门窗振动产生的信息，产生误报	门、窗等面型警戒场所	

2）信号传输系统

它将探测器所感应到的入侵信息传送至监控中心。有两种传输方式：有线传输和无线传输，在选择传输方式时，应考虑下面三点。

（1）必须能快速准确地传输探测信号。

（2）根据警戒区域的分布、传输距离、环境条件、系统性能要求及信息容量来选择。

（3）优先选用有线传输，特别是专用线传输。当布线困难时，可用无线传输方式。在线路设计时，布线要尽量隐蔽、防破坏，根据传输路径的远近选择合适的线芯截面来满足系统前端对供电压降和系统容量的要求。

3）报警控制器

防盗报警控制器的作用是对探测器传来的信号进行分析、判断和处理。当入侵报警发生时，它将通过声、光报警信号震慑犯罪分子，避免其采取进一步的侵入破坏；显示入侵部位以通知保安值班人员去做紧急处理；自动关闭和封锁相应通道；启动电视监视系统中入侵部位和相关部位的摄像机对入侵现场监视并进行录像，以便事后进行备查与分析。防盗报警控制器按其容量可分为单路或多路报警控制器。多路报警控制器有 2、4、8、16、24、32、64 路等。防盗报警控制器可做成盒式、壁挂式或柜式。

2. 入侵报警系统分类

根据用户的管理机制以及对报警的要求，入侵报警系统可由相应的防盗报警控制器组成小型报警系统、区域互联互防的区域报警系统和大规模集中报警系统。

小型报警系统：对于一般的小用户，其防护的部位少，如银行的储蓄所，学校的财务室、档案室，较小的仓库等，可采用小型报警控制器组成小型报警系统。

区域报警系统：对于一些规模相对较大的工程系统，要求防范区域较大，设置的防盗报警探测器较多（如高层写字楼、高级住宅小区、大型仓库、货场等），这时应采用区域防盗报警控制器。区域报警控制器具有小型控制器的所有功能，只是输入、输出端口更多，通信能力更强。区域报警控制器与防盗报警探测器的接口一般采用总线制，即控制器采用串行通信方式访问每个探测器，所有的防盗报警探测器均根据安置的地点实行统一编制，控制器不停地巡检各探测器的工作状态。

集中报警系统：在大型和特大型的报警系统中，由集中入侵控制器把多个区域控制器联系在一起。集中入侵控制器能接收各个区域控制器送来的信息，同时也能向各区域控制器发送控制指令，直接监控各区域控制器的防范区域。集中入侵控制器可以直接切换出任何一个区域控制器送来的声音和图像信号，并根据需要用录像机记录下来。由于集中入侵控制器能和多台区域控制器联网，因此具有更大的存储容量和先进的联网功能。

7.1.3　电子巡更系统

电子巡更通过先进的移动自动识别技术，将巡逻人员在巡更巡检工作中的时间、地点及情况自动准确记录下来。它是一种对巡逻人员的巡更巡检工作进行科学化、规范化管理的全新产品；是治安管理中人防与技防一种有效、科学的整合管理方案。

电子巡更系统可以根据建筑物使用功能和安全防范管理要求，预先编制保安人员巡查程序，通过信息识读器或其他方式对保安人员巡逻的工作状态进行监督、记录，并能对意外情况及时报警。它有两种巡更方式：在线式巡更系统和离线式巡更系统。

1. 在线式巡更系统

在线式巡更系统指巡更人员正在进行的巡更路线，相应到达每个巡更点的时间，在中央监控室内能实时记录与显示。在线式巡更系统结构示意图如图7.5所示。巡更人员如配有对讲机，便可随时同中央监控室通话联系。在线式巡更系统的缺点是：需要布线，施工量很大，成本较高；在室外安装传输数据的线路容易遭到人为的破坏，需设专人值守监控计算机，系统维护费用高；已经装修好的建筑再配置在线式巡更系统更显困难。

2. 离线式巡更系统

离线式巡更系统无须布线，巡更人员只需手持数据采集器到每个巡更点采集信息即可。其安装简易，性能可靠，适用于任何需要保安巡逻式值班巡视的领域。离线式巡更系统的缺点：巡更员的工作情况不能随时反馈到中央监控室，但如果能够为巡更人员配备对讲机，就可以弥补它的不足。由于离线式巡更系统操作方便、费用较省，目前全国各地95%以上用户选择的是离线式电子巡更系统。它由四部分组成：巡更器（数据采集器）、巡更点（信息标识器）、通信座（数据下载转换器）、管理软件，离线式巡更系统结构示意图如图7.6所示。

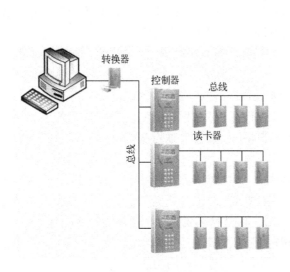

图7.5 在线式巡更系统结构示意图

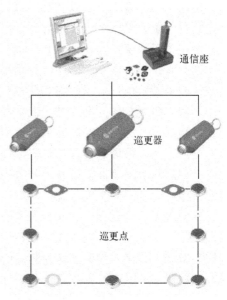

图7.6 离线式巡更系统结构示意图

图7.7 离线式巡更系统设备

（1）巡更器。巡更器是记录保安巡更的工具。离线式巡更系统设备如图7.7所示。在每个需要巡逻地点处安装信息钮，巡更时，巡更员将巡更棒靠近信息钮，并且按下巡更棒上的采集信息按钮，巡更棒便自动记录巡更员编号、时间、地点等信息。巡更棒有很大的存储容量，几个巡更周期后，管理人员将该巡更棒连接到计算机，就能将所有的巡更信息下载到计算机，由计算机进行统计分析。管理人员就能根据巡更数据知道各点巡更人员的巡逻情况，并

能清晰地了解所有巡更路线的运行状况,且所有巡更信息的历史记录都在计算机里储存,以备事后统计和查询。

(2)巡更点。巡更点是安放在巡逻线路的关键点,体积如硬币大小,内部是全球唯一的电子编号,安装后不需供电和布线,就好比在墙上安装了一个纽扣。

(3)通信座。通信座将巡更棒与计算机连接,可将巡更棒中的巡更记录上传到巡更软件中。

(4)管理软件。系统管理软件是巡更系统的核心,可根据不同路线编制不同巡更计划并准确定位巡更员每到一处巡更点的时间;能够方便查询近期记录与备份记录及巡更地点、巡更员、巡更棒、时间、事件等不同选项结果;添加和减少巡更员人数;具有多组加密数据密码以防止系统被非法操作等,从而更加有效地评估巡更人员的工作状况。完善的系统管理软件可以使管理部门制定出科学、合理、直观的工作计划,并为用户提供操作人员身份识别,提高其管理功能。

7.1.4 停车场管理系统

停车场管理系统是根据建筑物使用功能和安全防范管理要求,对停车场的车辆通行道口实施出入控制、监视、行车信号指示、停车管理和车辆防盗报警等功能的系统。停车场管理系统结构示意图如图 7.8 所示。

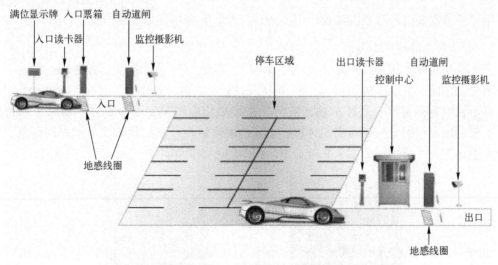

图 7.8   停车场管理系统结构示意图

停车场管理系统一般采用三重保密认证的非接触式智能 IC 卡作为通行凭证,并利用图像对比、人工识别技术以及强大的后台数据库管理技术,对停车场实现智能化管理;该系统可实时记录车辆进出情况,司机无须摇下车窗,通过非接触刷卡确认可直接通行,可以将每一出入口的读卡控制器联网,可实现管理中心对车辆进出资料、收费记录等信息的查询,还具有车场车位情况的显示、车辆到车位的引导指示。它集计算机网络技术、总线技术及非接触式 IC 卡技术于一体,可广泛应用在停车收费、智能化管理的地面或地下停车场,并可方便地与门禁、收费等系统组合,实现一卡通。

1. 系统组成

停车场管理系统通常分两种：一种为有人值守操作的半自动停车场管理系统，另一种为无人值守全部停车管理自动进行的停车场自动管理系统。停车场管理系统实质是一个分布式的集散控制系统，其组成一般分为三部分：车辆出入的检测与控制、车位和车满的显示与管理、计时收费管理。

1）车辆出入的检测与控制

为了检测出入车库的车辆，目前有两种典型的检测方式：红外线检测方式和环形线圈检测方式。

（1）红外线检测方式。在水平方向上相对设置两对红外线收、发装置，当车辆通过时，红外线被遮断，接收端发出检测信号。两对发射接收装置间隔应略小于出入最小汽车的一个车身长。这样汽车进入检测区同时阻断两条检测红外线，被检测器认定为有车辆通过，否则不认为有车辆通过，即使同一时间阻断了一条红外线。

（2）环形线圈检测方式。由埋在路面下的环形电磁感应线圈构成检测装置。当车辆在上面通过时（由于汽车有大量份额磁性物质）磁场会发生变化，检测系统确认有车辆通过。

环形线圈检测与红外线检测这两种方式各有所长，从检测的准确性来说，环形线圈方式更为人们所采用，尤其对于与计费系统相结合的场合，大多采用环形线圈方式。但注意，在积雪地区，若车道下设有融雪电热器，则不可使用环形线圈方式；当车道两侧没有墙壁时，虽可用竖杆来安装红外线收发装置，但不美观，此时宜采用环形线圈方式。

2）车位和车满的显示与管理

有些停车场在无停车位置时会显示"车满"，考虑比较周到的停车场则是一个区车满就打出那个区车满的显示。例如，"地下一层已占满"、"请开往第3区停放"等指示。目前，车满显示系统有两种：一是按车辆计数，二是按车位检测车辆是否存在。而对于车位的管理，一般利用车位引导控制器完成计算机指令的逻辑转换，驱动相应的显示屏和灯箱，完成车辆的引导工作。显示屏如图7.9所示。该控制器一般为单片PC，如图7.10所示。

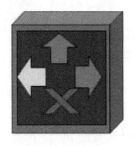

图7.9　显示屏　　　　　　　图7.10　单片PC

（1）按车辆计数方式。此方式利用车道上的检测器来加减进出的车辆数，或是利用入口开票处和出口付款处的进出车库信号加减车辆数。当计数达到某一设定值时，就自动显示车位已占满，"车满"灯亮。

（2）按车位检测车辆是否存在。此方式在每个车位设置探测器，探测器可采用地感探测器、红外线探测器、超声波探测器等。

3）计时收费管理

计时收费主要由计算机自动计费，并将计费结果自动显示在计算机屏幕及费用显示器上，驾车者根据费用显示器上显示的金额付费，付费后资料进入计算机，驾驶者驶离停车场。

2. 停车场管理系统主要设备

1）出入口读卡器

出入口读卡器根据其停车信息阅读方式不同，有条形码读写、磁卡读写和IC卡读写三类。无论哪种，其功能都类似，出入口读卡器如图7.11所示。

对于入口读卡器，驾驶人员将卡送入，读卡器根据卡上的信息，判断该卡是否有效。如卡有效，则将入库时间打入卡上，将该卡的类别、编号及允许停车位置等信息储存在读卡器中并输入管理中心，同时自动挡车道闸升起放行车辆。车辆驶过入口感应线圈后，栏杆放下，阻止下一辆车进场。如卡无效，则禁止车辆驶入，并发出报警信号，某些入口读卡器还兼有发售临时停车卡的功能。

对于出口读卡器，驾驶人员将卡送入读卡器，读卡器根据卡上信息，核对持卡人车辆与凭该卡驶入的车辆是否一致，并将出库时间打入卡内，同时计算停车费用。当合法持卡人支付结清停车费用后，自动挡车道闸升起放行。如果持卡人为非法者，则立即发出告警信号。有些出口读卡器兼有银行POS功能。

2）自动挡车道闸

自动挡车道闸由读卡器控制，如遇到冲撞，立即发出报警信号，自动挡车道闸如图7.12所示。自动挡车道闸一般为铝合金栏杆，也有橡胶栏杆。另外，在有些地下车库高度有限的地方，可以选用折线状或伸缩型自动挡车道闸，减小升起高度。

图7.11 出入口读卡器

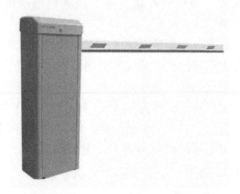

图7.12 自动挡车道闸

3）管理中心

管理中心主要由功能较强的计算机和打印机等外围设备组成。它可以作为服务器通过总线与外围设备连接，交换数据。管理中心的功能主要是对停车场的数据进行自动统计、档案保存，对停车收费账目进行管理等。另外，管理中心的CRT具有很强的图形显示功能，能把停车库平面图、泊车位的实时占用、出入口开闭状态以及通道封锁等情况在屏幕上显示出来，便于管理及调度。车库管理系统的车牌识别与泊位调度有不少是在管理中心的计算机上实现的。

任务 7-2　火灾自动报警及联动控制系统

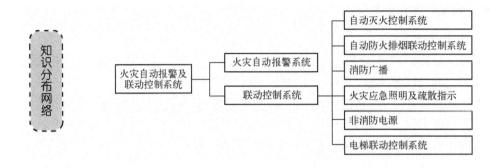

【任务背景】：随着现代化、智能化建筑的发展，建筑物层次的增多，火灾的危害性越来越大。由于高层建筑的特点，一旦发生火灾，火势蔓延迅速，人员疏散困难。如果仅靠消防人员人工灭火，则由于各种条件的限制，消防人员很难迅速靠近火区灭火。因此，在现代高层内部均要求设置火灾自动报警及联动控制系统。而消防系统的设置与土建行业有比较紧密的联系，所以对于建筑工程的技术人员来说了解该系统非常必要。

7.2.1　火灾自动报警系统

火灾自动报警系统是人们为了及早发现和通报火灾，并及时采取有效措施控制和扑灭火灾，而设置在建筑物中或其他场所的一种自动消防设施，是人们同火灾作斗争的有利工具。

火灾自动报警系统的工作原理是：火灾初期所产生的烟和少量的热被火灾探测器接收，将火灾信号传给区域报警控制器，发出声、光报警信号；区域（或集中）报警控制器的输出外控接点动作，自动向失火层和有关层发出报警及联动控制信号，并按程序对各消防联动设备完成启动、关停操作（也可由消防人员手动完成）。该系统能自动（手动）发现火情并及时报警，以控制火灾的发展，将火灾的损失降到最低限度。火灾自动报警系统主要由触发器件、火灾报警控制装置、火灾警报装置、电源、火灾联动控制装置构成，其结构示意图如图 7.13 所示。

1）触发器件

在火灾自动报警系统中，自动或手动产生火灾报警信号的器件称为触发器件，主要包括火灾探测器（如图 7.14 所示）和手动报警按钮（如图 7.15 所示）。火灾探测器是能对火灾参数（如烟、温、光、火焰辐射、气体浓度等）进行响应，并自动产生火灾报警信号的器件。按响应火灾参数的不同，火灾探测器分成感烟火灾探测器、感温火灾探测器、感光火灾探测器、可燃气体探测器和复合火灾探测器五种基本类型。不同类型的火灾探测器运用于不同类型的火灾和不同的场所。手动报警按钮是手动方式产生火灾报警信号的器件，也是火灾自动报警系统中不可缺少的组成部分之一。

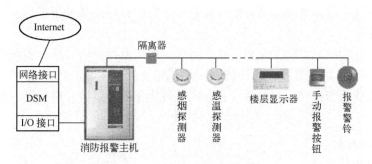

图 7.13　火灾自动报警系统结构示意图

图 7.14　火灾探测器

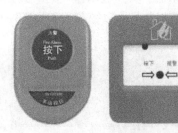

图 7.15　手动报警按钮

2）火灾报警控制装置

在火灾自动报警系统中，用以接收、显示和传递火灾报警信号，并能发出控制信号和具有其他辅助功能的控制指示设备称为火灾报警控制装置（火灾报警控制器）。火灾报警控制器类型如图 7.16 所示。火灾报警控制器为火灾探测器提供稳定的工作电源，监视探测器及系统自身的工作状态，接收、转换、处理火灾探测器输出的报警信号，进行声光报警，指示报警的具体部位及时间，同时执行相应的辅助控制等诸多任务，是火灾报警系统中的核心组成部分。

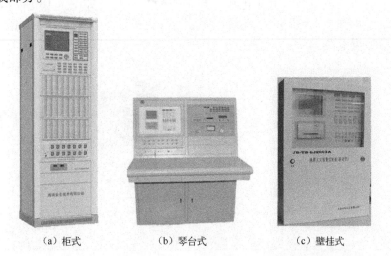

（a）柜式　　　　　（b）琴台式　　　　　（c）壁挂式　　　　　（d）火灾显示盘

图 7.16　火灾报警控制器类型

在火灾报警装置中，还有一些如中继器、区域显示器、火灾显示盘等功能不完整的报警装置，它们可视为火灾报警控制器的演变或补充。它们在特定条件下应用，与火灾报警控制器同属于火灾报警装置。

火灾报警控制器的基本功能主要有：主电源、备用电源自动转换；备用电源充电；电源故障检测；电源工作状态指示；为探测器回路供电；控制器或系统故障声、光报警；火灾声、光报警；火灾报警记忆；时钟单元；火灾报警优先故障报警；声报警、音响消音及再次声响报警。

3）火灾警报装置

在火灾自动报警系统中，用以发出区别于环境声、光的火灾警报信号的装置称为火灾警报装置，如图7.17所示。声光报警器就是一种最基本的火灾警报装置，通常与火灾报警控制器（如区域显示器、火灾显示盘、集中火灾报警控制器）组合在一起，以声、光方式向报警区域发出火灾警报信号，以提醒人们展开安全疏散、灭火救灾等行动。

图7.17　火灾警报装置

警铃、讯响器也是一种火灾警报装置。火灾时，它们接收由火灾报警装置通过控制模块、中间继电器发出的控制信号，发出有别于环境声音的音响，它们大多安装于建筑物的公共空间部分，如走廊、大厅等。

4）电源

火灾自动报警系统属于消防用电设备，其主电源应当采用消防电源（如图7.18所示）；备用电源一般采用蓄电池组（如图7.19所示）。系统电源除为火灾报警控制器供电外，还为与系统相关的消防控制设备等供电。

图7.18　消防电源　　　　　　　　　　　　图7.19　蓄电池组

5）火灾联动控制装置

在火灾自动报警系统中，当接收到来自触发器件的火灾信号后，能自动或手动启动相关消防设备并显示其工作状态的装置称为火灾联动控制装置。它主要包括：火灾报警联动一体机；自动灭火系统的控制装置；室内消火栓的控制装置；防排烟控制系统及空调通风系统的控制装置；常开防火门、防火卷帘的控制装置；电梯迫降控制装置；火灾应急广播、火灾警报装置、消防通信设备、火灾应急照明及疏散指示标志的控制装置等的部分或全部。控制装置一般设置在消防控制中心，以便于实行集中统一控制。如果控制装置位于被控消防设备所在现场，其动作信号则必须返回消防控制室，以便实行集中与分散相结合的控制方式。

也可将火灾报警系统的组成形式按火灾报警控制器、火灾探测器、按钮、模块、警报器、联动控制盘、楼层火灾显示盘等设备进行划分，其中火灾报警系统核心为火灾报警控制器，其主要外部设备为火灾探测器及模块。

7.2.2　联动控制系统

当火灾发生时能迅速地通知并引导人们安全撤离火灾现场，防止火势蔓延，排出有毒烟雾，开启自动灭火设备实施自动灭火等的所有设备称为消防联动设备，确保这些设备能在火灾发生时正常发挥效用的控制称为消防设备的联动控制。

消防系统可分为两大部分：一部分为感应机构，即火灾自动报警系统；另一部分为执行机构，即灭火及联动控制系统。

1. 组成

联动控制系统用于完成对消防系统中重要设备的可靠控制，如消防泵、喷淋泵、排烟机、送风机、防火卷帘门、电梯等。

一个完整的火灾报警系统应由三部分组成，即火灾探测、报警控制和联动控制，从而实现从火灾探测、报警至现场消防设备控制，实施防火灭火、防烟排烟和组织人员疏散、避难等完整的系统控制功能。同时还要求火灾报警控制器与现场消防控制设备能进行有效的联动控制。一般情况下，火灾报警控制器产品都具有一定的联动功能，但这远不能满足现代建筑物联动控制点数量和类型的需要，所以必须配置相应的联动控制器。

联动控制器与火灾报警控制器相配合，通过数据通信，接收并处理来自火灾报警控制器的报警点数据，然后对其配套执行器件发出控制信号，实现对各类消防设备的控制。联动控制器及其配套执行器件相当于整个火灾自动报警控制系统的"躯干和四肢"。

另外，联动控制系统中的火灾事故照明及疏散指示标志、消防专用通信系统及防排烟设施等，均是为了火灾现场人员较好地疏散、减少伤亡所设。联动控制系统作为火灾报警控制器的重要配套设备，是用来弥补火灾报警控制器监视和操作不够直观简便的缺点的。其接线形式有总线式和多线式两大类。总线联动控制盘是通过总线控制输出模块来控制现场设备的，属于间接控制；多线联动控制盘是通过硬线直接控制现场设备的，属于直接控制。这两种控制方式结合火灾报警控制器综合使用，有助于增加系统的可靠性。消防联动设备示意图如图7.20所示。

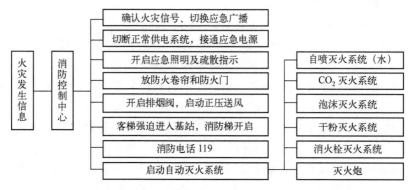

图 7.20　消防联动设备示意图

2. 自动灭火控制系统

自动灭火控制系统是智能建筑配备的早期灭火系统，当消防控制中心火灾报警控制器收到火灾报警信号并确认无误时，立即输出联动控制信号，实现自动灭火，达到减灾的目的。

如图 7.20 所示，自动灭火设备有自喷灭火系统（水）、CO_2 灭火系统、泡沫灭火系统、干粉灭火系统、消火栓灭火系统、灭火炮等。其中自喷灭火系统（水）和消火栓灭火系统最常用，适用面相对最广；对非常珍贵的特藏库、珍品库房及重要的音响制品库房宜设置 CO_2 灭火系统；泡沫灭火系统适用于非水溶性甲、乙、丙类液体可能泄漏的室内场所；大型体育馆等场所采用灭火炮。

自动喷淋灭火系统根据信号获得方式不同可分为湿式喷淋、干式喷淋和预作用喷淋三种形式。湿式喷淋灭火系统利用感温喷头探测环境温度变化，当环境温度达到或超过预设定温度时，感温喷头玻璃球膨胀破裂，喷头支承密封垫脱开，喷出压力水；消防水管网压力随之降低，当管网水压力降低到预设定值时，湿式报警阀上的压力开关动作，水压信号转换成电信号启动喷淋水泵运行；在喷淋灭火同时，水流通过装在主管道分支处的水流指示器输出电信号至消防控制中心报警。湿式喷淋灭火系统控制原理框图如图 7.21 所示。

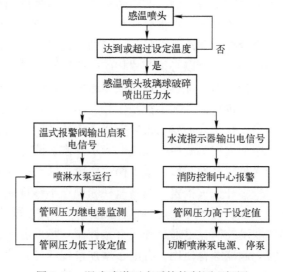

图 7.21　湿式喷淋灭火系统控制原理框图

3. 自动防火排烟联动控制系统

防火的目的是防止火灾的发生与蔓延，以及有利于扑灭火灾。而防烟、排烟的目的是将火灾产生的大量烟气及时予以排除，阻止烟气向防烟分区以外扩散，以确保建筑物内人员的顺利疏散、安全避难和为消防人员创造有利的扑救条件。因此，在高层建筑和地下建筑设计中设置防烟、排烟设施是十分必要的。

自动防火排烟系统设备有防火卷帘、防火门、防烟垂壁、排烟风机及正压送风机等。这些设备均能由火灾自动报警控制器的联动控制盘进行控制，也能进行手动直接控制；有的也可由自带传感探测器控制。当火灾发生时这些联动设备能迅速地将危害人生命的一氧化碳及燃烧物释放的有毒气体排出，确保人们疏散时的安全；同时能防止火灾蔓延，将火势限止在某一区域，降低火灾损失，为灭火提供方便。

1）自动防火联动控制系统

（1）防火门。电动防火门的作用在于防烟与防火，通常用在防火墙上、楼梯间出入口或管井开口部位，要求能隔烟、防火。防火门对防止烟、火的扩散和蔓延及减少火灾损失起重要作用。在建筑中防火门的状态是：正常（无火灾）时，防火门处于开启状态；火灾时受控关闭，关后仍可通行。防火门的控制是在火灾时控制其关闭，其控制方式可由现场感烟探测器控制，也可由消防控制中心控制，还可以手动控制。防火门的工作方式有两种：平时不通电，火灾时通电关闭；平时通电，火灾时断电关闭。

（2）防火卷帘。建筑物的敞开电梯厅以及一些公共建筑因面积过大，超过了防火分区最大允许面积的规定（如百货楼的营业厅、展览楼的展览厅等），考虑到使用上的需要，可采取较为灵活的防火处理方法。如设置防火墙或防火门有困难，则可设防火卷帘，如图 7.22 所示。

防火卷帘通常设置于建筑物中防火分区的通道口外，以形成门帘式防火分隔。火灾发生时，防火卷帘根据消防控制中心联动信号（或火灾探测器信号）指令，也可就地手动操作控制，使卷帘首先下降至预定点；经一定延时后，卷帘降至地面，从而达到人员紧急疏散、灾区隔烟、隔火、控制火势蔓延的目的。

图 7. 22　防火卷帘

2）自动防烟、排烟联动控制系统

防烟、排烟的设计理论就是对烟气控制的理论。从烟气控制的理论分析而言，对于一幢建筑物，当内部某个房间或部位发生火灾时，应迅速采取必要的防烟、排烟措施，对火灾区域实行排烟控制，使火灾产生的烟气和热量能迅速排除，以利于人员的疏散和扑救；对非火灾区域及疏散通道等应迅速采用机械加压送风防烟措施，使该区域的空气压力高于火灾区域的空气压力，阻止烟气的侵入，控制火势的蔓延。

防烟设施分为机械加压送风的防烟设施和可开启外窗的自然排烟设施。排烟设施分为机械排烟设施和可开启外窗的自然排烟设施。

防烟、排烟系统联动控制的设计，是在选定自然排烟、机械排烟、自然与机械排烟并用或机械加压送风方式以后进行的，其控制原理框图如图 7.23 所示。消防中心接到火警信号后，直接产生信号控制排烟阀门开启，排烟风机启动，空调、送风机、防火门等关闭，并接收各设备的返回信号和防火阀动作信号，监测各设备的运行状况。机械加压送风控制的原理与过程与排烟控制相似，只是控制对象变成正压送风机和正压送风阀门，其控制框图类似于图 7.23 所示框图。

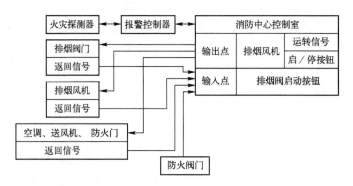

图 7.23　防烟、排烟系统联动控制原理框图

4. 消防广播、火灾应急照明和疏散指示联动控制

1）消防广播系统

在高层建筑物中，尤其是高层宾馆、饭店、办公楼、综合楼、医院等，一般人员都比较集中，发生火灾时影响面很大。为了便于发生火灾时统一指挥疏散，控制中心报警系统应设置火灾应急广播。在条件许可时，集中报警系统也应设置火灾应急广播，火灾应急广播扬声器如图 7.24 所示。

图 7.24　火灾应急广播扬声器

火灾应急广播扬声器应设置在走道和大厅等公共场所。扬声器的数量应能保证从本楼层的任何部位到最近一个扬声器的步行距离不超过 25m；在环境噪声大于 60dB 的场所设置的扬声器，在其播放范围内最远点的播放声压级应高于背景噪声 15dB，每个扬声器的额定功率不应小于 3W；客房内设置专用扬声器时，其功率不宜小于 1W；涉外单位的火灾应急广播应用两种以上的语言。

未设置火灾应急广播的火灾自动报警系统，应设置火灾警报装置。每个防火分区至少应安装一个火灾警报装置，其安装位置宜设在各楼层走道的靠近楼梯出口处，警报装置宜采用手动或自动控制方式。在环境噪声大于 60dB 的场所设置火灾警报装置时，其报警器的声压

级应高于背景噪声15dB。

2）火灾应急广播、警报装置的控制程序

消防控制室应设置火灾警报装置与应急广播的控制装置，其控制程序应符合下列要求。

（1）2 层及 2 层以上的楼层发生火灾，应先接通着火层及其相邻的上下层。

（2）首层发生火灾，应先接通本层、2 层及底下层。

（3）地下室发生火灾，应先接通地下各层及首层。

（4）含多个防火分区的中层建筑应先接通着火的防火分区及其相邻的防火分区。

3）火灾应急照明和疏散指示系统

建筑物发生火灾，在正常电源被切断时，如果没有火灾应急照明灯（如图 7.25 所示）和疏散指示标志（如图 7.26 所示），则受灾的人们往往因找不到安全出口而发生拥挤、碰撞、摔倒等；尤其是高层建筑、影剧院、礼堂、歌舞厅等人员集中的场所，发生火灾后，极易造成较大的伤亡事故；同时，也不利于消防队员进行灭火、抢救伤员和疏散物资等。因此，设置符合规定的火灾应急照明灯和疏散指示标志是十分重要的。

图 7.25　火灾应急照明灯　　　　　　　　　图 7.26　火灾疏散指示标志

5. 非消防电源、电梯联动控制系统

消防设备供电系统应能充分保证设备的工作性能，当发生火灾时能充分发挥消防设备的功能，将火灾损失降到最小。这就要求对电力负荷集中的高层建筑或一、二级电力负荷（消防负荷）一般采用单电源或双电源的双回路供电方式，用两个 10kV 的电源进线和两台变压器构成消防主供电电源，或者设置柴油发电机组作为应急电源向消防设备供电，与主供电电源互为备用，满足一级负荷的要求。

消防电梯是高居建筑特有的消防设施。高层建筑的非消防电梯在发生火灾时，常常因为断电和不防烟等原因而停止使用，这时楼梯则成为垂直疏散的主要设施。如不设置消防电梯，一旦高层建筑高处起火，消防队员若靠攀登楼梯进行补救，会因体力不支和运送困难而贻误战机；且消防队员经楼梯奔向起火部位进行扑救火灾工作，势必和向下疏散的人员产生"对撞"情况，也会延误战机；另外，未疏散出来的楼内受伤人员不能利用消防电梯进行及时的抢救，容易造成不应有的伤亡事故。因此，必须设置消防电梯，以控制火势蔓延和为补救赢得时间。

任务 7-3　建筑通信技术

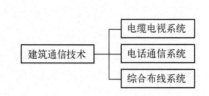

【任务背景】：随着计算机技术和通信技术的发展及信息社会的到来，现代建筑观念不断更新，人们对智能建筑的需求越来越迫切，而智能建筑的核心是系统集成，系统集成的基础则是智能建筑中的通信网络，也就是说智能建筑的通信系统成为建筑物的神经中枢。因此，要了解智能建筑必须了解建筑通信系统，对建筑工程技术人员来说，学习建筑通信系统存在必要性。

7.3.1　电缆电视系统

共用天线电视（Community Antenna Television）是一种新兴的电视接收、传输、分配系统。由于它利用电缆传送和分配电视信号，故又称为电缆电视系统或缩写为 CATV 系统。

CATV 系统是一套将天线接收到的电视信号进行放大、分配并通过电缆传送给众多用户电视机的专用设备，它是通过无源分配网络分配电视信号的有线分配系统。电缆电视系统结构示意图如图 7.27 所示，它主要由前端部分、干线部分、分配分支部分三部分组成，其主要设备如表 7.5 所示。

1. 前端部分

前端又可分为信号源和信号处理部分。

信号源部分主要用于接收信号。主要设备有：卫星电视信号接收天线、地面电视信号接收天线、微波接收天线、录像机、摄像机、导频信号发生器等。

信号处理部分主要对信号源提供的信号进行必要处理及控制，提高质量信号，并将各路处理好的信号用混合器混合成一路，以频分复用方式传输给干线部分。主要设备有：天线放大器、频道放大器、频道处理器、频道变换器、电视解调器、电视调制器、卫星电视接收机、微波接收机、混合器、宽频带放大器等。

前端信号处理部分是整个系统的核心，是保证系统具有高质量指标的关键，因此应尽可能选择高标准设备，进行精心设计和调试。

2. 干线部分

干线部分指连接前端和用户群的传输线路。它的作用是把前端送出的信号尽可能保质保量地传输给用户分配部分。干线传输介质（如图 7.28 所示）可以有光缆、同轴电缆和微波。根据传输介质不同，干线部分设备也不一样。若干线采用光缆，其主要设备为：光发送机、光分路器、光中继器、光接收机等；若干线采用同轴电缆，主要设备有：干线放大器、均衡器等；若采用微波，主要设备有：微波发射机、微波接收机等。

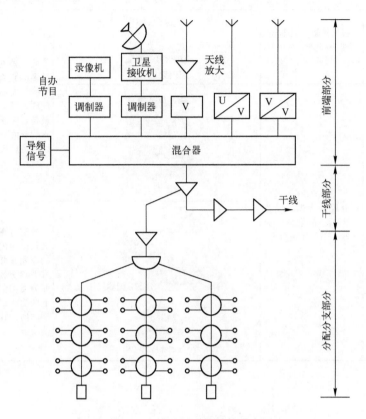

图 7.27 电缆电视系统结构示意图

表 7.5 电缆电视系统主要设备

系统组成	作用	主要设备	实物	说明
前端部分	信号源：接收信号	卫星电视信号接收天线、地面电视信号接收天线、微波接收天线、录像机、摄像机、导频信号发生器	八木天线　　抛物面天线	对 C 波段微波和卫星电视信号大多采用抛物面天线；对电视信号和调频信号大多采用引向天线（八木天线）
	信号处理部分：信号的处理及控制	天线放大器、频道放大器、频道处理器、频道变换器、电视解调器、电视调制器、卫星电视接收机、微波接收机、混合器、宽频带放大器等	电视调制器	它是目前前端用得最多的设备。作用是将视频信号和伴音信号调制成射频信号
			混合器	作用是将多路输入信号混合成一路输出，并保持多路信号的频谱仍然分开。也就是说，它能将多路信号以频分复用的方式送入一根电缆中传输

续表

系统组成	作用	主要设备	实物	说明
干线部分	信号传输	根据传输介质不同，干线部分设备也不一样	干线放大器	放大器是CATV系统中用得最多的设备，有天线放大器、干线放大器、线路放大器、分配放大器等。放大器都是有源设备，它通过能量转换，将输入的弱信号放大为强信号输出，以满足系统需要
分配分支部分	把干线传来的信号不失真地分送给各个用户	分配放大器、线路放大器、分配器、分支器、用户终端盒等	分配放大器 分支分配器 用户终端	分支分配器是CATV系统中大量使用的器件之一。分配器的作用是将输入端口的电视信号平均分配到各个输出端口。而分支器的作用是从电缆线路上取出一部分信号给分支输出端输出，其余信号仍沿原线路传输

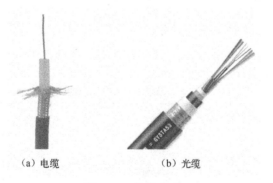

（a）电缆　　　　　　　（b）光缆

图 7.28　传输介质

3. 分配分支部分

作用是把干线传来的信号尽量不失真地分送给用户群的各个用户。主要设备有：分配放大器、线路放大器、分配器、分支器、用户终端盒等。

7.3.2　电话通信系统

现代社会已迈入信息时代，信息通信已成为智能建筑必备的功能之一，而电话通信网是实现这一功能的基本设施。运用电话通信已成为人们在日常生活、生产、办公和商业等活动

中进行联系和沟通必不可少的手段。

1. 系统组成

电话通信系统主要由电话交换设备、电话传输系统、用户终端设备三大部分组成，其结构示意图如图 7.29 所示。

图 7.29　电话通信系统结构示意图

1）电话交换设备

电话交换设备主要就是电话交换机，是接通电话用户之间通信线路的专用设备。正是借助于交换机，一台用户电话机能拨打其他任意一台用户电话机，使人们的信息交流能在很短的时间内完成。电话交换机发展很快，它从人工电话交换机（磁石式交换机、共电式交换机）发展到自动电话交换机，又从机电式自动电话交换机（步进制交换机、纵横制交换机）发展到电子式自动电话交换机，以至最先进的数字程控电话交换机。也就是说，电话交换机的发展经历了四大阶段，即人工制交换机、步进制交换机、纵横制交换机和存储程序控制交换机（简称程控交换机）。前三种交换机现已基本被淘汰。现代电信业务除常规电话业务外，其功能已实现多样化，电话交换设备功能如图 7.30 所示。

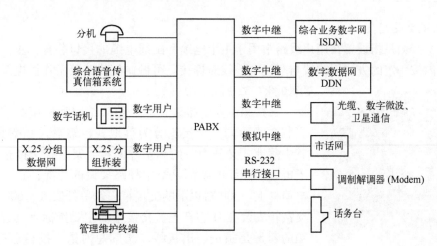

图 7.30　电话交换设备功能

2）电话传输系统

电话传输系统也就是电话通信线路，是指从进户管线一直到用户出线盒这一段线路，电话传输系统也有很大发展。传输系统按传输媒介分为有线传输（明线、电缆、光纤等）和无线传输（短波、微波中继、卫星通信等）。有线传输按传输信息工作方式又分为模拟传输和数字传输两种。模拟传输是将信息转换为与之相应大小的电流模拟量进行传输，例如普通电

建筑电气与施工用电（第2版）

话就是采用模拟语言信息传输。数字传输则是将信息按数字编码（PCM）方式转换成数字信号进行传输，它具有抗干扰能力强，保密性强，电路便于集成化（设备体积小）、适于开展新业务等许多优点，现在的程控电话交换就采用数字传输各种信息。

电话传输线路一般由进户电缆管路、交接设备、上升电缆管路、楼层电缆管路、配线设备这几部分组成，其构成如图7.31所示。其中配线设备有电缆接头箱、分线盒、用户出线盒等。

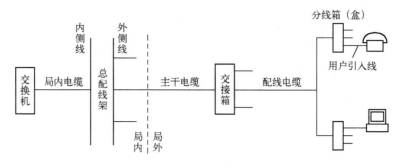

图7.31　电话传输线路构成

3）用户终端设备

用户终端设备，以前主要指电话机，随着通信技术的迅速发展，现在又增加了许多新设备、如传真机、计算机终端等。

2. 主要设备

1）电缆交接箱

电缆交接箱是指设置在用户线路中用于主干电缆和配线电缆的接口装置，主干电缆线对在交接箱内按一定的方式用跳线与配线电缆线对连接，可做调配线路等工作。电缆交接箱外形如图7.32所示。

交接箱主要出接线模块、箱架结构和机箱组装而成。按安装方式不同，交接箱分为落地式、架空式和壁龛式三种，其中落地式又分为室内和室外两种。架空式交接箱适用于主干电缆和配线电缆都是空中杆路架设的情况，它一般安装于电信杆上，300对以下的交接箱一般单杆安装，600对以上的交接箱安装在H型杆上。交接箱的主要指标是其容量，交接箱的容量是指进、出接线端子的总对数，按行业标准规定，交接箱的容量系列为300、600、900、1 200、2 400、3 000、3 600对等规格。

图7.32　电缆交接箱外形

2）电缆分线箱、分线盒

电缆分线箱与分线盒是电缆分线设备，一般用在配线电缆的分线点，配线电缆通过分线箱或分线盒与用户引入线相连。分线箱/盒外形如图7.33所示。分线箱与分线盒的主要区别在于分线箱带有保险装置，分线盒没有；分线盒内只装有接线板，分线箱内还有一块绝缘瓷板，瓷板上装有金属避雷器及熔丝管，每一回路线上各接两只，以防止雷电或其他高压电流进入用户引入线。因此，分线箱大多用在用户引入线为明线的情况，分线盒则主要用在不大可能有强电流流入电缆的情况，一般为室内。分线箱（盒）接线端对数有 20、30、50、60、100、200 等几种，安装方式有壁龛式、壁挂式等。

3）用户出线盒

用户出线盒是指用户引入线与电话机带的电话线的连接装置，其面板上有 RJ-45 插口。目前暗装于墙内，其底边离地面高度一般为 300mm 或 1 300mm。用户出线盒如图 7.34 所示。

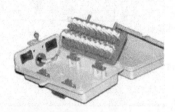

图 7.33　分线箱/盒外形　　　　　　图 7.34　用户出线盒

7.3.3　综合布线系统

综合布线系统是智能建筑的中枢神经系统，是建筑智能化必备的基础设施。从分散式布线到集中式综合布线，解决了过去建筑物各种布线互不兼容的问题。

通常情况下，建筑物内的各个弱电系统一般都由不同的设计单位设计，不同的施工单位安装，各个系统相互独立，互不兼容，这样的布线系统将给建筑物弱电系统的施工、管理和维护增加很多的困难和麻烦。所以，人们迫切希望建立一种能够支持各种弱电信号传输的布线网络，并能满足用户长期使用的需要。由此 1988 年国际电子工业协会（EIA）中的通信工业协会（TIA）制定了建筑物综合布线系统的标准，这些标准被简称为 EIA/TIA 标准。EIA/TIA 标准诞生后一直在不断发展和完善。

综合布线系统采用模块化结构，它不但可以把建筑物或建筑群内的所有语音设备、数据处理设备、视频设备以及传统的大楼管理系统都集成在一个布线系统中，还可以支持传输其他弱电信号，如空调自控、监控电视、防盗报警、消防报警、公共广播、传呼对讲等信号，成为建筑物的综合弱电平台。这样不但减少了安装空间，减少了变动、维修和管理费用，而且使设计和施工标准化、规范化、国际化，并满足弱电通信系统对传输线路结构的要求。综合布线是由线缆和相关连接件组成的信息传输通道，是一套标准、灵活、开放的传输系统。综合布线系统分为三个布线子系统及工作区子系统，布线子系统分别是建筑群子系统、干线子系统和配线子系统。综合布线系统各组成示意图如图 7.35 所示。

1. 建筑群子系统

建筑群子系统由连接多个建筑物之间的主干电缆和光缆、建筑群配线设备（CD）及设备缆线和跳线组成。

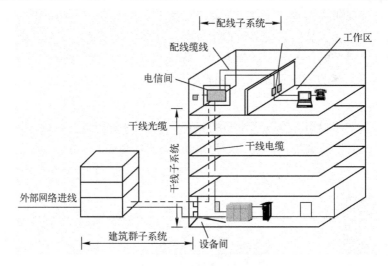

图 7.35　综合布线系统各组成示意图

2. 干线子系统

干线子系统由设备间至电信间的干线电缆和光缆，安装在设备间的建筑物配线设备（BD）及设备缆线和跳线组成。

设备间是在每幢建筑物的适当地点进行网络管理和信息交换的场地。对于综合布线系统工程设计，设备间主要安装建筑物配线设备。电话交换机、计算机主机设备及入口设施也可与配线设备安装在一起。

3. 配线子系统

配线子系统由工作区的信息插座模块、信息插座模块至电信间配线设备（FD）的配线电缆和光缆、电信间的配线设备及设备缆线和跳线等组成。

电信间（原管理间）主要是为楼层安装配线设备和楼层计算机网络设备（HUB 或 SW）的场地，并可考虑在该场地设置缆线竖井、等电位接地体、电源插座、UPS 配电箱等设施。在场地面积满足的情况下，也可设置建筑物诸如安防、消防、建筑设备监控系统、无线信号覆盖等系统的布缆线槽和功能模块的安装。如果综合布线系统与弱电系统设备合设于同一场地，从建筑功能的角度出发，称为弱电间。

4. 工作区子系统

一个独立的需要设置终端设备（TE）的区域宜划分为一个工作区。工作区由配线子系统的信息插座模块（TO）延伸到终端设备处的连接缆线及适配器组成。设备包括接插软线、连接器和适配器等，但不包括终端设备。终端设备可以是电话、计算机等。工作区布线随着应用系统终端设备的改变而改变，因此它是非永久性的，所以在工程设计和施工中一般不列在内。

EIA/TIA 标准的综合布线系统需要用到不少材料，综合布线系统主要材料表如表 7.6所示。

表 7.6　综合布线系统主要材料表

主要材料		用　途	分　类	实　物
双绞线		综合布线工程中最常用的传输介质	按绞线对数分：2 对、4 对、25 对；按双绞线带宽分：1～6 类	4 对双绞线　　25 对双绞线
连接器	RJ-45 模块	两者共同组成一个完整的连接单元，连接于导线之间，实现导线的电气连续性	4 类、5 类、超 5 类、6 类	
	RJ-45 插头（水晶头）			
	110 型连接模块	应用于系统的水平或设备的端接安装，实现导线的电气连续性	4 对、5 对	5 对连接模块　4 对连接模块
配线架	110 配线架	电缆进行端接和连接的装置	有腿型、无腿型	有腿型　　　无腿型
	24 口配线架		4 类、5 类、超 5 类、6 类	
机柜		应用系统工程的集中布线、安装固定等	标准型、非标准型	

实训 10　建筑弱电系统认识

一、实训目的

（1）通过参观讲解认识安全防范系统，了解系统组成，掌握系统工作原理；

（2）通过参观讲解认识火灾自动报警及联动控制系统，了解系统组成，掌握系统工作原理；

（3）通过参观讲解认识建筑通信系统，了解系统组成，掌握系统工作原理。

二、实训设备

（1）闭路电视监控及防盗报警系统成套设备；

（2）火灾自动报警及联动系统整套设备；

（3）电缆电视系统或综合布线系统设备。

三、实训步骤

1. 准备工作

进行"安全、规范、严格、有序"教育为主的实训动员，明确任务和要求。

2. 安全防范系统

（1）介绍闭路电视监控及防盗报警系统组成，让学生直观认识闭路电视监控及防盗报警系统各组成部分。

（2）启动闭路电视监控及防盗报警系统，演示系统工作过程，通过感性认识理解闭路电视监控及防盗报警系统是如何工作的。

3. 火灾自动报警及联动系统

（1）介绍火灾自动报警系统组成，直观认识火灾自动报警系统组成。

（2）介绍联动控制系统，直观认识消防系统联动控制部分设备。

（3）启动火灾自动报警及联动控制系统，演示系统工作过程，通过感性认识理解火灾自动报警及联动控制系统是如何工作的。

（4）具体介绍报警联动一体化控制器的使用，通过演示操作让学生对控制器有感性认识。

4. 电缆电视系统

（1）介绍电缆电视系统组成，让学生直观认识电缆电视系统各组成部分。

（2）启动电缆电视系统，演示工作过程，通过感性认识理解电缆电视工作过程。

四、注意事项

（1）注意参观过程中容许看、听、问，不允许乱窜走动和指手画脚，以免造成触电事故。

（2）注意多看、多听、多问，熟悉系统工作运行情况。

五、实训思考

（1）绘制实训中闭路电视监控结构示意图。

（2）绘制实训中火灾自动报警工作原理图。

（3）绘制实训中电缆电视系统结构示意图。

实训 11　建筑弱电系统施工图识读

一、实训目的

（1）认识建筑弱电系统设备图形符号；

（2）掌握建筑弱电系统施工图系统图识读；

（3）掌握建筑弱电系统施工图平面图识读。

二、实训材料

建筑弱电设计图纸。

三、实训步骤

1. 知识准备

1）理解建筑弱电系统工作原理

在识图前首先需要理解建筑弱电系统的工作原理，这样有助于理解施工图设计思路，从而读懂系统施工图。

2）掌握识图基本知识

（1）设计说明。设计说明主要用来阐述工程概况、设计依据、设计内容、要求及施工原则，识图首先看设计说明，了解工程总体概况及设计依据，并了解图纸中未能表达清楚或重点关注的有关事项。

（2）图形符号。在建筑电气施工图中，元件、设备、装置、线路及其安装方法等，都是借用图形符号、文字符号来表达的。分析建筑弱电系统施工图首先要了解和熟悉常用符号的形式、内容、含义，以及它们之间的相互关系。

（3）系统图。系统图是表现工程的供电方式、分配控制关系和设备运行情况的图纸，从系统图可以看出工程的概况。系统图只表示建筑弱电系统中各元件的连接关系，不表示元件的具体情况、具体安装位置和具体接线方法。

（4）平面图。建筑弱电系统平面图是表示设备、装置与线路平面布置的图纸，是进行设备安装的主要依据。它反映设备的安装位置、安装方式和导线的走向及敷设方法等。

2. 建筑弱电系统施工图实例

电气（弱电）设计说明如下。

电气（弱电）设计说明

1. 工程概况

7 号楼为某软件园区的综合服务楼，功能主要包括：办公、食堂、健身、住宿、停车五大部分。建筑平面呈 L 形布置，北侧南北朝向为五层，西侧东西朝向为十一层，面积 14 829m²，结构形式为框剪结构。

2. 设计依据

2.1 建设单位提供的设计要求及实地考察收集的现场资料。

2.2 建设单位认可的初步设计文件及设计要求。

2.3 建筑专业提供的作业图。

2.4 国家现行的有关规范、标准、行业的标准规定，如：

《低压配电设计规范》GB 50054—95；

《建筑物防雷设计规范》GB 50057—94（2000 年版）；

《汽车库、修车库、停车场设计防火规范》GB 50067—97；

《人民防空工程设计防火规范》GB 50098—98（2001 年版）；

《火灾自动报警系统设计规范》GB 50116—2008；

《电力工程电缆设计规范》GB 50217—2007；

《高层民用建筑设计防火规范》GB 50045—95（2005 年版）；

《建筑与建筑群综合布线系统工程设计规范》GB 50311—2007；

《智能建筑设计标准》GB 50314—2006；

《安全防范工程技术规范》GB 50348—2004；

《有线电视系统工程技术规范》GB50200—94；

《消防安全疏散标志设置标准》DBJ01－611—2002。

2.5 其他有关国家、北京市现行规程、规范。

3. 设计范围

3.1 本设计包括红线内的以下内容：

（1）火灾自动报警及消防联动控制系统；

（2）综合布线系统（电话、信息网络，不涉及网络设备）；

（3）有线电视系统；

（4）有线广播系统；

（5）视频安防监控系统。

3.2 与其他专业设计分工：

（1）有工艺设备的场所（如电梯、弱电机房等），本设计仅预留配电箱，注明用电量，深化设计由专业设计负责。

（2）电源分界点：电源分界点为地下一层高压进线柜内进线开关的进线端，本设计提供 10kV 线路进入本工程红线范围内的路径，但不负责此线路的设计。

（3）弱电各系统（含火灾自动报警及联动控制系统、安全防范系统、建筑设备监控系统），主机或信号源设在 5 号楼各弱电机房内，本工程不再设置相关机房。本工程在地下一层夹层弱电机房内设置综合布线总配线架及有线电视前端箱，进线由 5 号楼引来。

4. 火灾自动报警及消防联动控制系统

4.1 本工程为一类防火建筑，火灾自动报警系统的保护等级按一级设置。

4.2 系统组成：

（1）火灾自动报警系统；

（2）消防联动控制系统；

（3）应急广播系统；

（4）消防直通对讲电话系统；

（5）电梯监视控制系统；

（6）应急照明控制系统。

4.3 消防控制室：

（1）消防总控室设在 5 号楼，在本工程一层值班室设区域报警控制器，与 5 号楼主机联网。消防控制设备，如联动控制台、火灾报警控制主机、CRT 显示器、打印机、应急广播设备、消防直通对讲电话设备、电梯监控盘和电源设备等均与 5 号楼合用。

（2）消防总控室与本楼的关系：

本楼的火灾自动报警信号同时送至区域报警控制器并在总控室可显示。火灾应急广播机柜、消防直通对讲电话主机均设在总控室，根据本楼需要直接引来相关线路。总控室根据火灾情况控制本楼的应急广播，指挥疏散。

消防联动控制台设在总控室，消防人员通过联动控制台对本楼的消防设备进行手动控制并接收返回信号。通过本楼的消火栓按钮及总控室均能启动消火栓。

4.4 火灾自动报警系统：

（1）本工程采用区域报警控制系统并与 5 号楼消防系统联网。消防自动报警系统按两总线环路设计，任一点断线不应影响报警。

（2）探测器：煤气表间、厨房等处设置可燃气体浓度探测器，汽车库、厨房、开水间设置感温探测器，一般场所设置感烟探测器。

（3）在本楼适当位置设手动报警按钮及消防对讲电话插孔。手动报警按钮及消防对讲电话插孔底距地 1.4m。对讲电话按层划分区域，每层一对线。

（4）在消火栓箱内设消火栓报警按钮。接线盒设在消火栓的顶部，底距地 1.9m。消火栓按钮的接线：地上各楼座根据楼层数量的多少分成 1～3 个区将按钮并接，地下各层按每 2～4 个防火分区为一个区将按钮并接后接至消防水泵房，消火栓按钮的配线为：NHBV－4×2.5 SC20。

（5）在各层疏散楼梯间及疏散楼梯前室，设置火灾声光报警显示装置。安装高度为门框上 0.1m（有安全出口指示灯时，安装在安全出口指示灯右侧）。

（6）消防控制室可接收感烟探测器的火灾报警信号，水流指示器、检修阀、压力报警阀、手动报警按钮、消火栓报警按钮的动作信号。

（7）探测器与灯具的水平净距应大于 0.2m；与出风口的净距应大于 1.5m；与嵌入式扬声器的净距应大于 0.1m；与自动喷淋头的净距应大于 0.3m；与多孔送风顶棚孔口或条形出风口的净距应大于 0.5m；与墙或其他遮挡物的距离应大于 0.5m。探测器的具体定位，以建筑吊顶综合图为准。

4.5 消防联动控制系统：

本工程联动控制台设置在5号楼，控制方式分自动控制、手动硬线直接控制。通过联动控制柜，可实现对防排烟系统、加压送风系统的监视和控制，火灾发生时手动/自动切断空调机组、通风机及一般照明等非消防电源。

（1）自动喷洒泵的控制：

本工程在地上部分采用自动喷洒湿式系统，地下室部分采用自动喷洒预作用系统。预作用阀组为地下室服务。预作用喷水系统与湿式喷水系统合用一组自动喷洒泵。

① 湿式系统：平时由气压罐及压力开关自动控制增压泵维持管网压力，管网压力过低时，直接启动主泵。

② 预作用系统：平时为空管，发生火灾时，火灾探测器动作，联动打开报警阀处的压力开关自动启动喷洒泵向管网充水。

③ 喷头爆破后，报警阀处压力开关自动启动喷洒泵向管网供水，消防控制室能接收其反馈信号。

④ 喷头喷水，水流指示器动作向消防控制室报警，同时，报警阀动作，击响水力警铃。

⑤ 5号楼消防控制室可通过控制模块编程，自动启动喷洒泵，并接收其反馈信号。

⑥ 在5号楼消防控制室联动控制台上，可通过硬线手动控制喷洒泵，并接收其反馈信号。

⑦ 5号楼消防控制室应显示喷洒泵电源状况。

⑧ 消防泵房可手动启动喷洒泵。

（2）专用排烟风机的控制：

当火灾发生时，消防控制室根据火灾情况控制相关层的排烟阀（平时关闭），同时连锁启动相应的排烟风机和消防补风机；当火灾温度超过280℃时，风机入口处的排烟阀熔丝熔断，关闭阀门，联动停止相应的排烟风机。排烟阀的动作信号返回至消防控制室。

（3）排风兼排烟风机的控制：

本工程设排风兼排烟风机，正常情况下为通风换气使用，火灾时则作为排烟风机使用。正常时为就地手动控制及DDC控制，当火灾发生时，由消防控制室控制打开相关的排烟阀（平时关闭），关闭通风用电动阀，消防控制室具有控制优先权，其控制方式与专用排烟风机相同。

（4）正压送风机的控制：

当火灾发生时，由消防控制室自动控制其启停，同时连锁开启其相关的正压送风阀或火灾层及邻层的正压送风口。

（5）消防补风机的控制：

消防补风机与其相对应的排烟风机连锁控制，连锁关系详见空调专业图纸。

（6）消防控制室可对正压送风机、排烟风机、消防补风机等通过模块进行自动、手动控制，还可在联动控制台上通过硬线手动控制，并接收其反馈信号。所有排烟阀、排烟口、280℃防火阀、70℃防火阀、正压送风阀、正压送风口的状态信号送至区域报警控制器及消防总控室显示。

（7）电源管理：

本工程部分低压出线回路及各层主开关均设分励脱扣器，当火灾发生时消防区域控制器可根据火灾情况自动切断空调机组、回风机、排风机及火灾区域的正常照明等非消防电源。

（8）与燃气有关的如燃气紧急切断阀等的控制，须与燃气公司配合。

燃气管道敷设完成后，在燃气阀门处、管道分支处、拐弯处、直线段每 7 ～ 8m 左右，设置可燃气体探测器；此部分内容在燃气设计完成后由深化设计配合，本套图纸中相关内容仅为示意。燃气管与电气设备的距离应大于 0.3m。可燃气体探测器报警后，自动开启事故排风机，关断燃气紧急切断阀。

4.6　火灾应急广播系统：

（1）在消防总控室设置火灾应急广播（与音响广播合用）机柜，机组采用定压式输出。火灾应急广播按建筑层或防火分区分路，每层或每一防火分区一路。当发生火灾时，消防总控室值班人员可根据火灾发生的区域，自动或手动将音响广播切换至应急广播状态并进行火灾广播，及时指挥、疏导人员撤离火灾现场。

（2）首层着火时，启动首层、二层及地下各层火灾应急广播；地下层着火时，启动首层及地下各层火灾应急广播；二层以上着火时，启动本层及相邻上、下层火灾应急广播。

（3）应急广播扬声器均为 3W，按图中所示为壁装时，底边距地 2.5m。

（4）系统应具备隔离功能，某一个回路扬声器发生短路时，应自动从主机上断开，以保证功放及控制设备的安全。

（5）系统主机应为标准的模块化配置，并提供标准接口及相关软件通信协议，以便系统集成。

（6）系统采用 100V 定压输出方式。要求从功放设备的输出端至线路上最远的用户扬声器的线路衰耗不大于 1dB（1 000Hz）。

（7）系统所有器件、设备均由承包商负责成套供货、安装、调试。

（8）系统的深化设计由承包商负责，设计院负责审核及与其他系统的接口的协调事宜。

4.7　消防直通对讲电话系统：

在消防总控室内设置消防直通对讲电话总机并引至本楼，除在各层的手动报警按钮处设置消防直通对讲电话插孔外，在配电室、水泵房、电梯轿厢、网络机房、防排烟机房、管理值班室等处设置消防直通对讲电话分机。直通对讲电话分机底距地 1.4m。

4.8　电梯监视控制系统：

（1）在消防总控室设置电梯监控盘，除显示各电梯运行状态、层数显示外，还应设置正常故障、开门、关门等状态显示。

（2）火灾发生时，根据火灾情况及场所，由消防总控室电梯控制盘发出指令，指挥电梯按消防程序运行：对全部或任意一台电梯进行对讲，说明改变运行程序的原因，电梯均强制返回一层并开门。

（3）火灾指令开关采用钥匙型开关，由消防控制室负责火灾时的电梯控制。

4.9　应急照明系统：

（1）所有楼梯间及其前室、疏散走廊、配电室、防排烟机房、弱电机房等的照明全部为应急照明；公共场所应急照明一般按正常照明的 10% ～ 30% 设置。

（2）在大空间用房、疏散走廊、楼梯间及其前室、主要出入口等场所设置疏散照明。

（3）应急照明及疏散照明均采用双电源供电并在末端互投，部分应急照明及全部疏散照明采用区域集中式供电（EPS）应急照明系统，要求持续供电时间大于 30min。

（4）应急照明及疏散照明线路均选用 NHBV－750V 聚氯乙烯绝缘耐火型导线穿管暗敷于

结构楼板内或保护层厚度大于 30mm 的墙内。

（5）应急照明平时采用就地控制，火灾时由消防控制室自动控制点亮全部应急照明灯。

4.10　消防系统线路敷设要求：

（1）平面图中所有未标注的火灾自动报警线路，控制线、信号线均采用 NHBV – 2 × 1.0 SC15，其余配管为：3 ～ 4 根 SC20，6 ～ 8 根 SC25，10 ～ 12 根 SC32。联动控制线采用 NH-KVV – 1.5，配管详见图中标注。电源线采用 NHBV – 2 × 1.5 SC15。应急广播线路采用 NHRVS – 2 × 1.5 SC15。电话电缆采用 NHHYV – 2 × 0.5，桥架敷设。电话分支线采用 NHRVB – 2 × 0.5 1 ～ 2 对，SC15；3 ～ 4 对，SC20。线路暗敷设时，应敷设在不燃烧体结构内，且保护层厚度不小于 30mm。由顶板接线盒至消防设备一段线路穿金属耐火波纹管。其所用线槽均为防火桥架，耐火等级不低于 1.00h。明敷管线应做防火处理。除图中注明外穿线管径均为 SC20。

（2）火灾自动报警系统的每回路地址编码总数应留 15% ～ 20% 的余量。

（3）地下室及没有吊顶的部位的就地模块箱底距地 2.5m，挂墙明装，有吊顶的部位在吊顶上 0.1m 安装，此处吊顶需预留检修口。

（4）弱电间内消防模块及接线箱底距地 1.5m，挂墙明装。

（5）所有平面图所表示的竖井内的消防模块箱及接线箱的位置仅为示意，具体位置均以竖井放大图中位置为准。

4.11　电源及接地：

（1）本工程采用 380/220V 低压电源作为正常供电电源。所有消防用电设备均采用双电源供电并在末端设自动切换装置。消防控制室设备还要求设置自备直流电源，此电源由承包商负责成套供货。

（2）消防系统接地与本楼综合接地装置合用，设专用接地线。专用接地线采用两根 BV – 1 × 25 穿 PC40。要求其接地电阻小于 0.5Ω。

4.12　系统的成套设备，包括报警控制器、联动控制台、CRT 显示器、打印机、应急广播、消防专用电话总机、对讲录音电话及电源设备等均由该承包商成套供货，并负责安装、调试。

5. 综合布线系统（电话、信息网络）

5.1　本工程按甲级智能建筑标准设置一套综合布线系统。综合布线是信息化、网络化、自动化的基础设施，将楼内的业务、办公、通信等设计统一规划布线。弱电机房设置在地下一层夹层。

5.2　本工程的电话及信息网络外线由 5 号楼弱电机房引来，在弱电机房内设置综合布线网络设备。

5.3　综合布线系统：

（1）综合布线是信息化、网络化、自动化的基础设施，将楼内的办公、通信等设计统一规划布线。综合布线系统满足楼内信息处理和通信（包括数据、语音、图像及各种多媒体信息等），并保持用户与外界因特网及通信的联系，达到信息资源共享。综合布线系统具有完整性和灵活性，以适应网络高速、宽带的需要，满足未来发展的需求。

（2）配线子系统：配线设备至各工作区信息插座采用六类 4 对 8 芯非屏蔽双绞线，线路长度不超过 90m。综合布线线路在走道内穿金属线槽，自金属线槽至各房间综合布线插座部

分穿管暗敷在楼板或墙壁内。

（3）工作区子系统：办公室按每 $10m^2$ 设置一个语音及一个信息插座，其他部位则根据实际需要设置。

（4）用户分支线（六类 4 对 8 芯非屏蔽双绞线）穿金属线槽敷设或穿 SC 钢管暗敷于楼板或墙壁内，穿管管径为 1 条 SC15、2 条 SC20、3 或 4 条 SC25。综合布线信息插座采用底边距地 0.3m 暗装。

5.4　本系统所有网络设备、主干线缆型号规格由深化设计根据业主要求确定。

5.5　本系统所有器件成套供货，系统的深化设计、安装、调试由承包商负责。

6. 有线电视系统

6.1　有线电视信号由 5 号楼引至本工程夹层弱电机房，接入有线电视前端设备。

6.2　本工程有线电视系统根据用户情况采用"分配 – 分支"方式，楼内主干线选用 SYWV – 75 – 9 型穿 SC25 钢管明敷在吊顶内或暗敷在墙壁内；用户点分支线选用 SYWV – 75 – 5 型均穿钢管暗敷，穿管管径为 1 条 SC20、2 条 SC25。有线电视用户插孔暗装，底边距地 0.3m。

6.3　弱电机房内有线电视前端箱设备底边距地 1.5m 明装。电气竖井内分支器箱底边距地 0.4m 明装。

6.4　本工程的有线电视系统采用 860MHz 邻频传输，用户电平要求（64 ±4）dB，图像清晰度应在四级以上。

6.5　有线电视系统设备成套供货，系统的深化设计、安装、调试由承包商负责。

7. 有线广播系统

7.1　本工程设置广播（背景音乐）系统，并兼做火灾应急广播。在 5 号楼消防控制室内设置广播机柜及背景音乐音源设备。

7.2　火灾应急广播地上部分按建筑自然层分路，每层及每个防火分区一路。话筒音源可对每个区域或单独或编程或全部播出。当发生火灾时，消防控制室值班人员可根据火灾发生的区域，自动或手动切断背景音乐（应急广播切换在消防控制室内完成）进行火灾广播，及时指挥、疏导人员撤离火灾现场。

首层着火时，启动首层、二层及地下各层火灾应急广播；

地下层着火时，启动首层及地下层火灾应急广播；

二层以上着火时，启动本层及相邻上、下层火灾应急广播。

7.3　应急广播扬声器均为 3W，吸顶安装。

7.4　主机应能对系统主机及扬声器回路的状态进行不间断监测及自检。

7.5　火灾应急广播系统设置备用扩音机，且其容量为同时火灾应急广播容量的 1.5 倍。

7.6　系统应具备隔离功能，某一个回路扬声器发生短路时，应自动从主机上断开，以保证功放及控制设备的安全。

7.7　系统采用 100V 定压输出方式。要求从功放设备的输出端至线路上最远的用户扬声器的线路衰耗不大于 1dB（1 000Hz）时。应急广播兼背景音乐系统频响为 70 ～ 120kHz，谐波小于 0.1%，信噪比不低于 65dB。

7.8　系统所有器件、设备均由承包商负责成套供货、安装、调试。

8. 安全防范系统（保安监视、巡更、停车场）

本工程安全防范系统为集成式，包括以下子系统：视频安防监控系统、电子巡查系统、门禁系统及停车场管理系统。本工程安防监控室设在5号楼（与消防控制室合用）。

8.1 视频安防监控系统：

（1）本工程各出入口、地下汽车库、电梯前室、电梯轿厢内设保安监视摄像机。

（2）所有摄像机的电源由主机供给。主机自带UPS电源，工作时间不少于20min。

（3）系统控制方式为编码控制。

（4）中心主机系统采用全矩阵系统，所有视频信号可手动及自动切换。

（5）所有摄像点应同时录像，录像选用数字硬盘录像系统，内置高速硬盘，容量不低于动态录像储存一个月的空间，并可随时提供调阅及快速检索，图像应包含摄像机机位、日期、时间等。图像分辨率不低于640×480像素，配光盘刻录机。

（6）按系统图所示做时序切换。切换时间1～30s可调，同时可手动选择某一摄像机进行跟踪、录像。监视器应为专用监视器。

（7）监视器的图像质量按五级损伤制评定，图像质量不应低于4分。

（8）监视器图像水平清晰度：黑白监视器不应低于600、500、400线，彩色监视器不应低于400、270线。

（9）监视器图像画面的灰度不应低于8级。

（10）每个普通监视点设2SC20钢管，带云台监视点设3SC20钢管，暗敷在楼板或墙内。

（11）系统各路视频信号，在监视器输入端的电平值应为1Vp－p±3dB VBS。

（12）系统各部分信噪比指标分配应符合：摄像部分40dB；传输部分50dB；显示部分45dB。

（13）系统所有器件均由承包商负责成套供货、安装、调试，并协助甲方通过北京安防办的验收。

（14）系统的深化设计由承包商负责，设计院负责审核及与其他系统的接口的协调事宜。

8.2 电子巡查系统

（1）本工程在主要通道及安防巡逻路由处设置巡更点。

（2）采用无线巡更系统。

（3）系统可对巡更线路、巡更站、巡更人员及巡更时间进行设定和记录。系统管理员可随时调整、更换所设定的巡更线路、巡更站、巡更到位时间。

（4）系统应显示每次巡更的日期、时间、地点、保安人员姓名等数据。

（5）系统的深化设计由承包商负责，设计院负责审核及与其他系统的接口的协调事宜。

（6）系统所有器件均由承包商负责成套供货、安装、调试。

8.3 停车场管理系统

本工程在地下车库设一套停车场管理系统。采用影像全鉴别系统，对进出的内部车辆采用车辆影像对比方式，防止盗车；外部车辆采用临时出票机方式。

系统应具备：

（1）出、入口影像鉴别；

（2）出、入口票据核实，自动区分月票、临时票据等，自动计费；

（3）自动计费、收费显示，出票机有中文提示，自动打印收据；

（4）出入栅门自动控制；

（5）入口处设空车位数量显示；

（6）使用过期票据报警；

（7）非本停车场票据报警；

（8）物体堵塞验卡机入口报警；

（9）非法打开收款机钱箱报警；

（10）出票机内票据不足报警。

收费亭主机至道闸，入口空车位数量显示器，进、出口摄像机，进、出口验票机预留 2SC25 热镀锌钢管；道闸至地感线圈预留 SC25 热镀锌钢管。

总的深化设计由承包商负责，设计院负责审核及与其他系统的接口的协调事宜。所有器件均由承包商负责成套供货、安装、调试。

9. 电气施工及其他

9.1　除施工图中所注明的电气施工安装要求外，其他均请参照《建筑电气通用图集》92DQ、《建筑电气安装工程图集》及相关电气施工规程、规范进行施工，或与设计院协商解决。

9.2　电气施工中，应及时与土建配合预留电气管线及各种设备的固定构件等，电气管、线槽等遇建筑伸缩沉降缝时，按伸缩沉降缝施工法处理。在电缆线槽安装时，应与其他专业密切配合，当与其他专业相撞时，应及时现场调整，避免造成经济损失，不同性质导线共槽时，应采用金属分隔。

9.3　对于配电竖井内供电缆贯穿的预留洞，在设备安装完毕后，需用耐火材料将洞口做密封处理，在电缆桥架穿过防火分区处，应采用耐火材料做封堵处理，以满足防火的要求。

9.4　对于隐蔽工程，施工完毕后，施工单位应和有关部门共同检查验收，并做好隐蔽工程记录。在施工中，若遇到问题，应及时和设计及有关部门共同协商解决。

9.5　本工程所选设备、材料，必须具有国家级检测中心的检测合格证书，需经强制性认证的，必须具备 3C 认证；必须满足与产品相关的国家标准；供电产品、消防产品应具有入网许可证。

9.6　施工单位必须按照工程设计图纸和施工技术标准施工，不得擅自修改工程设计。施工单位在施工过程中发现设计文件和图纸有差错的，应当及时提出意见和建议。

9.7　建设工程竣工验收时，必须具备设计单位签署的质量合格文件。

9.8　图中各弱电系统需经弱电专业公司深化设计后方可进行施工。

9.9　电气施工单位在施工中：

（1）所有上岗人员，必须具有相关岗位的上岗证。

（2）应按照《施工现场临时用电安全技术规范》JGJ46—88、《建筑施工安全检查评分标准》施工。

（3）电气施工应防止漏电危害及电火花引燃可燃物。

（4）施工单位应仔细阅读设计文件，按照《建设工程安全生产管理条例》的要求，在工程施工中对所有涉及施工安全的部位进行全面、严格的防护，并严格按安全操作规程施工，以保证现场人员的安全。

建筑弱电系统施工图具体见图 7.36 ～图 7.40。

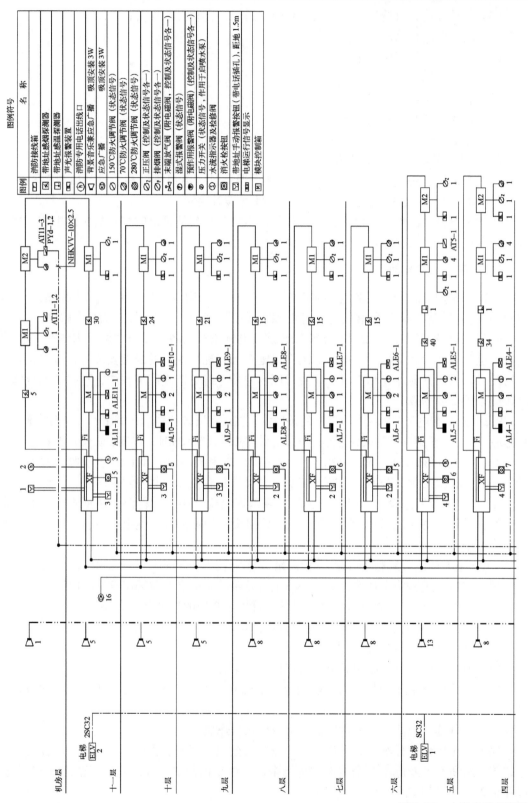

图例	名 称
▭	消防接线箱
⊠	带地址感烟探测器
⊡	带地址感温探测器
⊞	声光报警装置
Ⓐ	消防专用电话出线口
	背景音乐兼应急广播 吸顶安装3W
⊘	应急广播 吸顶安装3W
⊘	150℃防火调节阀（状态信号）
⊘	70℃防火调节阀（状态信号）
⊘₂	280℃防火调节阀（状态信号）
⊘₂	正压阀（控制及状态信号各一）
⊠	排烟阀（附电磁阀，控制及状态信号各一）
⊘	末端试验阀（控制及状态信号）
⊕	湿式报警阀（状态信号）
⊘	预作用报警阀（附电磁阀，作用于喷水系）
⊘	压力开关（状态信号，作用于启喷水系）
①	水流指示器及检修阀
⊚	消火栓按钮
⊠	带地址手动报警按钮（带电话插孔），距地1.5m
⊠	电梯运行信号显示
⊠	模块控制箱

图7.36 火灾自动报警及

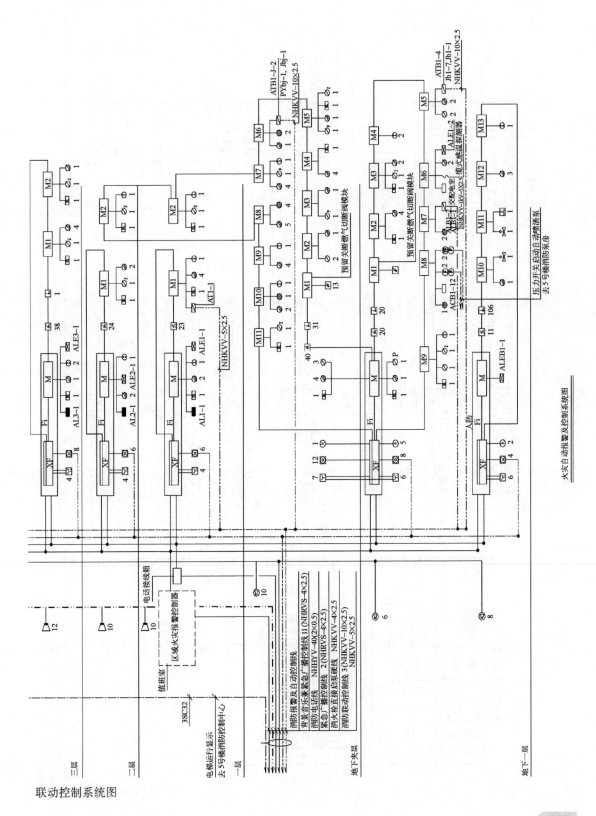

火灾自动报警及控制系统图

联动控制系统图

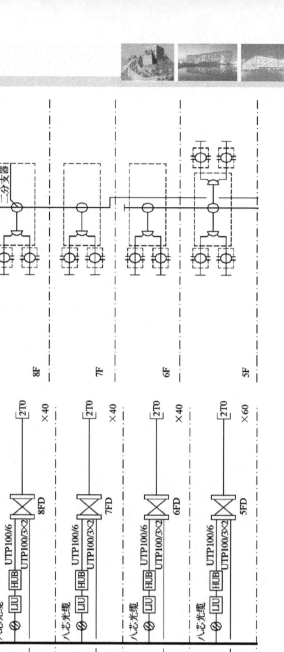

序号	图例及文字	名　称	规格	数量
1	FD	综合布线配线架		
2	⊥TO	综合布线信息座	双口	
3	⊥TO	综合布线信息插座	单口	
4	─⊘──	光缆		
5	LIU	光纤互连装置		
6	HUB	集线器		
7	UTP24/6	6类4对线芯非屏蔽双绞线		
8	IDF	中间配线架		
9	FD	层配线架		
10	⊥TV	电视插孔		
11				
12				

图例符号及文字说明

图 7.37　建筑通信系统图

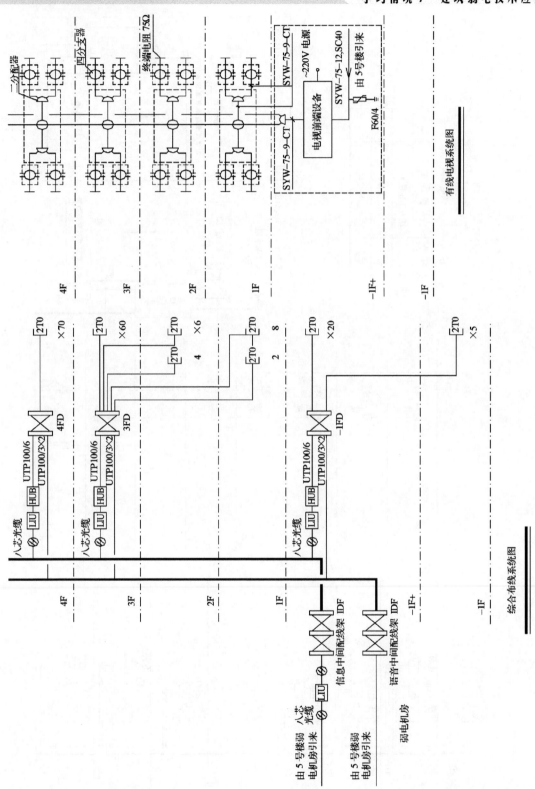

（综合布线系统、有线电视系统）

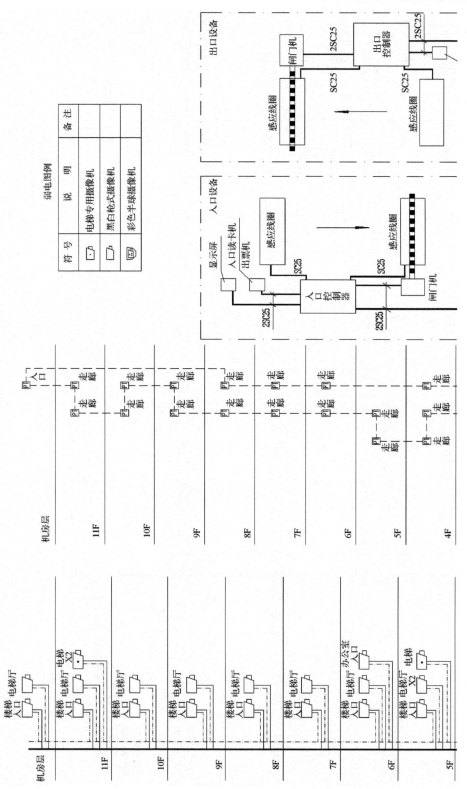

图7.38　视频安防监控系统图

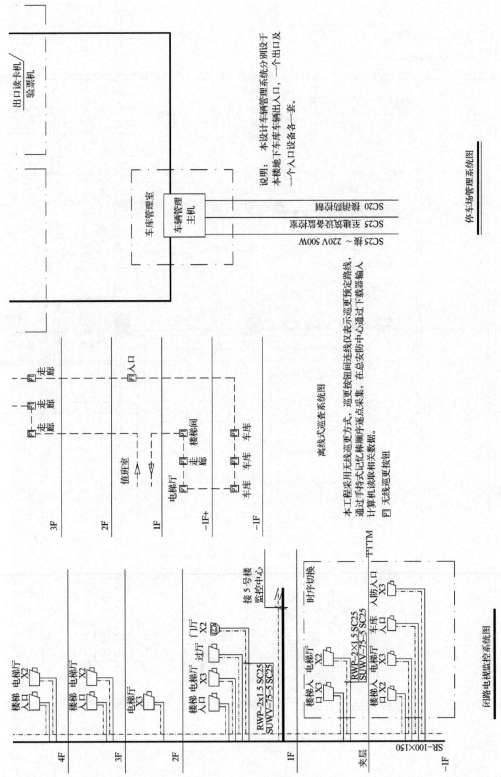

（闭路电视监控系统、巡更系统、停车场管理系统）

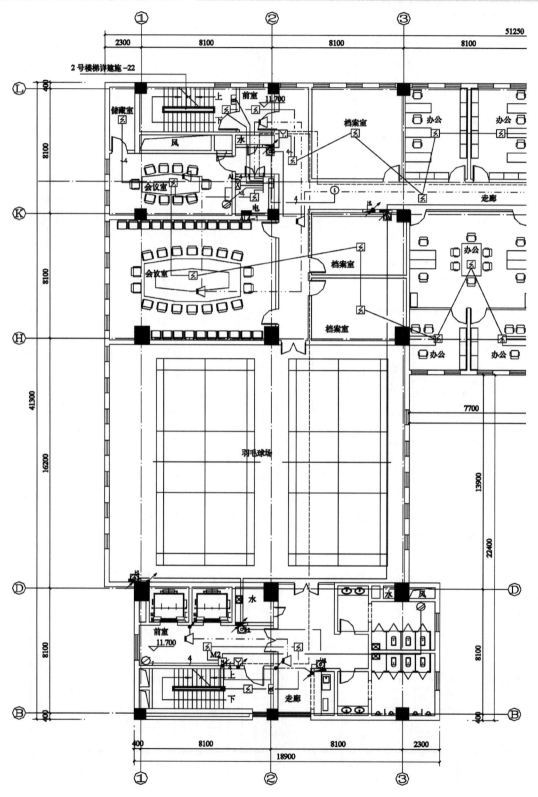

图 7.39　四层火灾自动

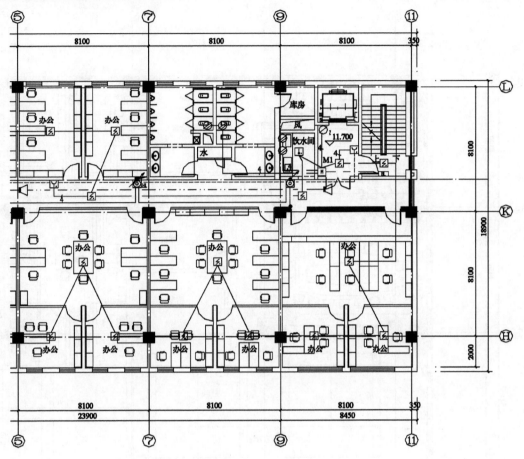

四层火灾自动报警平面图 1:100

报警平面图

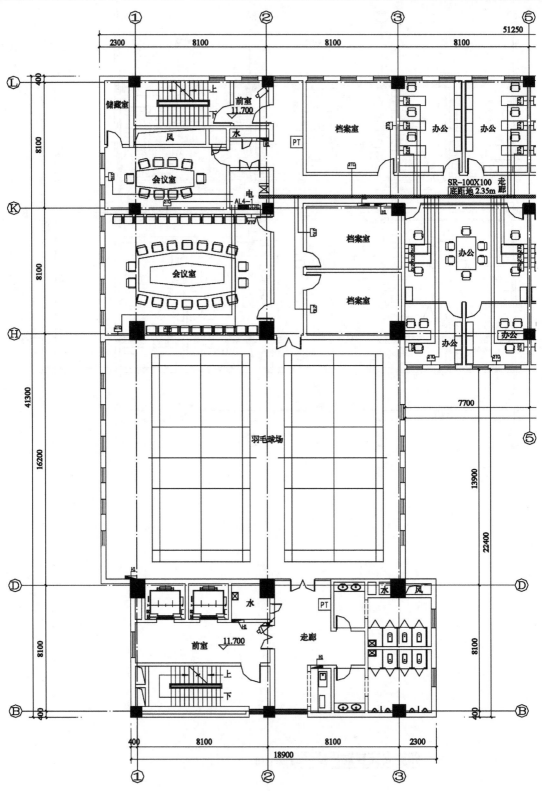

图7.40　四层弱

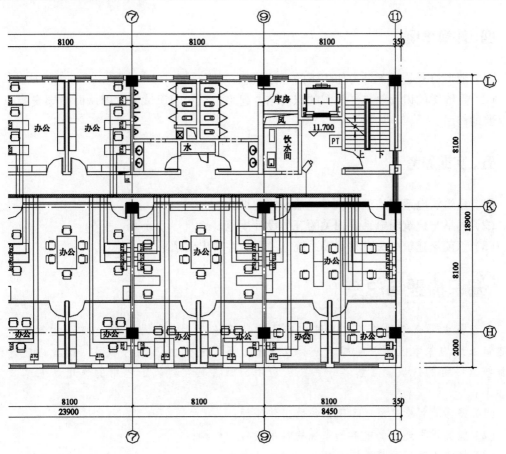

四层弱电平面图 1:100

电平面图

四、注意事项

（1）图形符号是指无外力作用下的原始状态。

（2）系统图的识读要与平面图的识读结合起来，它对于识读施工图从而指导安装施工有着重要的作用。

五、实训思考

（1）建筑弱电系统施工图主要包括哪些图纸？

（2）列举与建筑弱电系统相关的五个设计规范。

（3）识读该建筑火灾自动报警系统施工图，并写出读图报告。

知识梳理与总结

本任务主要介绍建筑弱电系统中安全防范系统、火灾自动报警及联动控制系统、建筑通信系统的基本概念、组成、分类及常用设备。通过本任务的学习，读者应对建筑弱电系统有一定的认识，了解各子系统的应用，掌握其在建筑工程中的作用。基本技能要求如下：

（1）能够理解建筑弱电各子系统的工作原理；

（2）能够识别建筑弱电各子系统的常用设备和材料；

（3）能够正确理解建筑弱电施工图的表达含义。

练习题7

1. 选择题

（1）下列不属于闭路电视系统的设备有（　　　）。

    A. 摄像机　　　　　　　　　　B. 硬盘录像机

    C. 视频信号分配器　　　　　　D. 数字交换机

（2）下列不属于闭路电视系统的结构形式的是（　　　）。

    A. 单头单尾系统　　　　　　　B. 单头多尾系统

    C. 多头多尾系统　　　　　　　D. 单头双尾系统

（3）防盗入侵报警系统中结构简单、成本低廉、使用方便的探测器为（　　　）。

    A. 微波探测器　　　　　　　　B. 主动红外探测器

    C. 被动红外探测器　　　　　　D. 开关式探测器

（4）防盗报警系统中具有主动式和被动式的探测器是（　　　）。

    A. 微波探测器　　　　　　　　B. 红外入侵探测器

    C. 震动入侵探测器　　　　　　D. 超声波探测器

 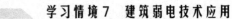
（5）下列不属于离线式巡更系统特点的是（　　）。

A. 无须布线、施工方便　　　　B. 非实时

C. 实时性好　　　　　　　　　D. 经济节约

（6）下列不属于停车库管理系统三个子系统的是（　　）。

A. 车辆出入检测系统　　　　　B. 出入信号灯控制系统

C. 计算机管理系统　　　　　　D. 车位显示系统

（7）火灾自动报警系统中，根据响应火灾参数的不同，火灾探测器有不同分类，以下（　　）为最常用探测器。

A. 差温探测器　　　　　　　　B. 感烟探测器

C. 感光探测器　　　　　　　　D. 定温探测器

（8）火灾联动控制系统主要用于完成对消防系统中重要设备的可靠控制，以下不包括的设备为（　　）。

A. 消防泵　　　　　　　　　　B. 非消防电源

C. 防火卷帘　　　　　　　　　D. 喷头

（9）下列不属于电缆电视系统设备的是（　　）。

A. 分配器　　　　　　　　　　B. 视频信号切换器

C. 电源供给器　　　　　　　　D. 分支器

（10）综合布线系统分不同的子系统，其中电信间属于以下（　　）子系统。

A. 建筑群子系统　　　　　　　B. 干线子系统

C. 配线子系统　　　　　　　　D. 工作区子系统

2. 思考题

（1）什么是 CCTV？CCTV 由哪几个基本部分组成？

（2）闭路电视监控系统主要有哪些设备？常见的摄像机支承设备有哪几种？

（3）目前防盗入侵报警系统有哪几种？一般由哪几部分组成？

（4）防盗报警系统中常用的探测器有哪些类型？分别阐述其优缺点及适用场合。

（5）简述电子巡更系统的作用及分类。

（6）停车场管理系统工作流程如何？

（7）阐述火灾自动报警系统的工作原理。

（8）消防系统中联动控制系统的工作原理如何？

（9）阐述自动防火排烟控制系统的目的及主要设备。

（10）电缆电视系统主要是由哪几部分组成的？各部分的作用是什么？

（11）电话通信系统主要由哪几部分组成？试述电缆交接箱、分线箱和分线盒三者之间的区别。

（12）综合布线系统中用到的主要材料有哪些？试述其作用。

附 录 A

1. 部分灯具的利用系数表

具体见表 A.1～表 A.5。

表 A.1　裸单管荧光灯利用系数

P_t	70			50			30	
P_q	50	30	10	50	30	10	30	10
i	利用系数 K_u%							
0.6	27	22	18	26	21	18	20	17
0.8	34	29	25	32	28	24	26	23
1.0	38	33	29	36	31	28	31	27
1.25	42	37	33	39	35	31	33	30
1.5	46	41	34	42	38	34	36	33
2.0	51	46	41	47	42	39	40	37
2.5	55	50	45	51	47	43	44	41
3.0	58	53	48	57	49	45	46	43
4.0	63	57	53	57	53	50	50	45
5.0	65	60	56	60	55	52	52	50

表 A.2　带反射罩式多管荧光灯利用系数

P_t	70		50	30
P_q	50		30	10
P_d	30	10	30	10
i	利用系数 K_u%			
0.6	36	34	29	25
0.7	40	38	33	29
0.8	44	42	36	33
0.9	47	45	39	35
1.0	50	47	42	38
1.1	53	50	44	40
1.25	57	53	48	43
1.5	61	57	52	47
1.75	65	60	54	51
2.0	68	62	57	54
2.25	70	64	59	56
2.5	72	65	60	57
3.0	75	67	63	60
3.5	78	69	65	62
4.0	80	70	66	64
5.0	82	72	69	66

表 A.3 乳白玻璃半圆球灯利用系数

P_t	50				70			
P_q	30		50		30		50	
P_d	10	30	10	30	10	30	10	30
i	白炽灯 100W、200W、300W，K_u%							
0.6	13	14	16	17	14	15	18	19
0.7	16	17	20	20	18	19	22	23
0.8	18	19	22	22	21	22	24	25
0.9	20	21	24	24	22	23	26	28
1.0	21	22	25	26	24	25	27	29
1.1	22	23	26	27	25	27	29	31
1.25	24	25	28	29	27	29	30	33
1.50	26	28	30	31	29	31	33	35
1.75	28	30	32	33	31	33	34	38
2.0	29	31	33	35	32	35	36	39
2.25	31	32	34	36	33	37	37	41
2.5	32	34	35	37	35	38	38	42
3.0	33	36	37	39	37	41	40	44
3.5	35	37	38	40	38	42	42	46
4.0	36	39	39	41	40	44	43	48
5.0	38	41	41	44	42	47	44	50

表 A.4 花灯照明灯具的光通利用系数

P_t	50				70			
P_q	30		50		30		50	
P_d	10	30	10	30	10	30	10	30
i	白炽灯 100W 、200W、300W，K_u%							
0.3	9	9	14	14	9	10	14	15
0.4	12	12	18	19	12	14	19	21
0.5	14	15	21	22	17	18	24	26
0.6	18	18	24	26	21	21	28	31
0.7	22	22	28	29	24	24	31	35
0.8	23	24	30	32	27	27	35	37
0.9	23	27	33	35	29	30	39	41
1.0	28	29	37	38	31	33	42	44
1.25	33	35	42	44	37	40	47	51
1.50	38	40	46	49	43	46	52	57
1.75	43	45	50	53	48	52	57	62
2.0	46	49	53	56	52	57	60	66
3.0	55	60	60	65	65	70	70	77
4.0	61	64	64	69	71	78	74	85
5.0	64	70	67	73	73	82	78	88

表 A.5　花灯灯具本身的利用系数 K_u %

灯具配光特性	灯具组装结构简单，组装数量在 3 个以下时	灯具组装结构一般，组装数量在 4～9 个时	灯具组装结构复杂，组装数量在 10 个以上时	吸顶组装灯具	
				组装数量在 9 个以下时	组装数量在 10 个以上时
漫射配光灯具	95	85	65	—	—
半反射配光灯具	90	80	50	—	—
反射配光灯具	80	70	40	80	70

注：（1）漫射配光灯具——用乳白玻璃制成的包合式灯具。

（2）半反射配光灯具——用乳白或磨砂玻璃制成的向上开口的灯具。

（3）反射配光灯具——用不透光材料制成的向上开口的灯具。

2. 部分灯具单位面积安装功率

具体见表 A.6～表 A.9。

表 A.6　深照型工厂灯单位面积安装功率（W/m²）

计算高度/m	房间面积 m²	白炽灯照度/lx					
		5	10	15	20	30	40
6～8	25～35	4.2	7.2	10	12.8	18	23
	35～50	3.5	6.0	8.4	10.8	15	19
	50～65	3.0	5.0	7.0	9.1	13	16.7
	65～90	2.6	4.4	6.2	8.0	11.5	14.7
	90～135	2.2	3.8	5.3	6.8	10	12.5
	135～250	1.9	3.3	4.6	5.8	8.2	10.3
	250～500	1.7	2.8	3.9	5.1	7.2	9.1
	500 以上	1.4	2.5	3.4	4.4	6.2	7.8
8～12	50～70	3.7	6.3	8.9	11.5	17	22.1
	70～100	3.0	5.3	7.5	9.7	15	19
	100～130	2.5	4.4	6.2	8.0	12	15.5
	130～200	2.1	3.8	5.3	6.9	10	13
	200～300	1.8	3.2	4.5	5.8	8.2	10.6
	300～600	1.6	2.8	3.9	5.0	7	9.0
	600～1 500	1.4	2.4	3.3	4.3	6	7.7
	1 500 以上	1.2	2.2	3.0	3	5.2	6.8

表 A.7　带反射罩荧光灯单位面积安装功率（W/m²）

计算高度/m	房间面积/m²	荧光灯照度/lx					
		30	50	75	100	150	200
2～3	10～15	3.2	5.2	7.8	10.4	15.6	21
	15～25	2.7	4.5	6.7	8.9	13.4	18
	25～50	2.4	3.9	5.8	7.7	11.6	15.4
	50～150	2.1	3.4	5.1	6.8	10.2	13.6
	150～300	1.9	3.2	4.7	6.3	9.4	12.5
	300 以上	1.8	3.0	4.5	5.9	8.9	11.8
3～4	10～15	4.5	7.5	11.3	15	23	30
	15～20	3.8	6.2	9.3	12.4	19	25
	20～30	3.2	5.3	8.0	10.6	15.9	21.1
	30～50	2.7	4.5	6.8	9	13.6	18.1
	50～120	2.4	3.9	5.8	7.7	11.6	15.4
	120～300	2.1	3.4	5.1	6.8	10.2	13.5
	300 以上	1.9	3.2	4.8	6.3	9.5	12.5

表 A.8　配照型工厂灯单位面积安装功率（W/m²）

计算高度/m	房间面积/m²	白炽灯照度/lx					
		5	10	15	20	30	40
2～3	10～15	3.3	6.2	8.4	10.5	14.3	17.9
	15～25	2.7	5.0	6.8	8.6	11.4	14.3
	25～50	2.3	4.3	5.9	7.3	9.5	11.9
	50～150	2.0	3.8	5.3	6.8	8.6	10
	150～300	1.8	3.4	4.7	6.0	7.8	9.5
	300 以上	1.7	3.2	4.5	5.5	7.3	9.0
3～4	10～15	4.3	7.3	9.6	12.1	16.2	20
	15～20	3.7	6.4	8.5	10.5	13.8	17.6
	20～30	3.1	5.5	7.2	8.9	12.4	15.2
	30～50	2.5	4.5	6.0	7.3	10	12.4
	50～120	2.1	3.8	5.1	6.3	8.3	10.3
	120～300	1.8	3.3	4.4	5.5	7.3	9.3
	300 以上	1.7	2.9	4.0	5.0	6.8	8.6
4～6	10～17	5.2	8.6	11.4	14.3	20	25.6
	17～25	4.1	6.8	9.0	11.4	15.7	20.7
	25～35	3.4	5.8	7.7	9.5	13.3	17.4
	35～50	3.0	5.0	6.8	8.3	11.4	14.7
	50～80	2.4	4.1	5.6	6.8	9.5	11.9
	80～150	2.0	3.3	4.6	5.8	8.3	10.0
	150～400	1.7	2.8	3.9	5.0	6.8	8.6
	400 以上	1.5	2.5	3.5	4.5	6.3	8.0
6～8	25～35	4.3	6.9	9.1	11.7	16.6	21.7
	35～50	3.4	5.7	7.9	10.0	14.7	18.4
	50～65	2.9	4.9	6.8	8.7	12.4	15.7
	65～90	2.5	4.3	6.2	7.8	10.9	13.8
	90～135	2.2	3.7	5.1	6.5	8.6	11.2
	135～250	1.8	3.0	4.2	5.4	7.3	9.3
	250～500	1.5	2.6	3.6	4.6	6.5	8.3
	500 以上	1.4	2.4	3.2	4.0	5.5	7.3

表 A.9　伞型灯单位面积安装功率（W/m²）
（搪瓷罩或玻璃罩软线吊灯）

计算高度/m	房间面积/m²	白炽灯照度/lx				
		5	10	15	20	40
2～3	10～15	2.6	4.6	6.4	7.7	13.5
	15～25	2.2	3.8	5.5	6.7	11.2
	25～50	1.8	3.2	4.6	5.8	9.5
	50～150	1.5	2.7	4.0	4.8	8.2
	150～300	1.4	2.4	3.4	4.2	7.0
	300 以上	1.3	2.2	3.2	4.0	6.5
3～4	10～15	2.8	5.1	6.9	8.6	15
	15～20	2.5	4.5	6.1	7.7	13.1
	20～30	2.2	3.8	5.3	6.7	11.2
	30～50	1.8	3.4	4.6	5.7	9.4
	50～120	1.5	2.8	3.9	4.8	7.8
	120～300	1.3	2.3	3.3	4.1	6.5
	300 以上	1.2	2.1	2.9	3.6	5.8

续表

计算高度 /m	房间面积 /m²	白炽灯照度/lx				
		5	10	15	20	40
4～6	10～17	3.4	5.9	7.9	9.5	19.3
	17～25	2.7	4.8	6.5	7.8	15.4
	25～35	2.3	4.1	5.6	7.0	13
	35～50	2.1	3.6	4.9	6.2	10.8
	50～80	1.8	3.1	4.3	5.4	9.1
	80～150	1.5	2.6	3.6	4.3	7.4
	150～400	1.3	2.2	3.0	3.6	6.2
	400 以上	1.1	1.8	2.5	2.9	5.6

3. 电缆电线载流量

具体见表 A.10～表 A.17。

表 A.10　聚氯乙烯绝缘电线穿钢管敷设的载流量（A）

截面积 /mm²		两根单芯				管径 /mm		三根单芯				管径 /mm		四根单芯				管径 /mm	
		25℃	30℃	35℃	40℃	G	DG	25℃	30℃	35℃	40℃	G	DG	25℃	30℃	35℃	40℃	G	DG
BLV 铝 芯	2.5	20	18	17	15	15	15	18	16	15	14	15	15	15	14	12	11	15	15
	4	27	25	23	21	15	15	24	22	20	18	15	15	22	20	19	17	15	20
	6	35	32	30	27	15	20	32	29	27	25	15	20	28	26	24	22	20	25
	10	49	45	42	38	20	25	44	41	38	34	20	25	38	35	32	30	25	25
	16	63	58	54	49	25	25	56	52	48	44	25	32	50	46	43	39	25	32
	25	80	74	69	63	25	32	70	65	60	55	32	32	65	60	55	51	32	40
	35	100	93	86	79	32	40	90	84	77	71	32	40	80	74	69	63	32	(50)
	50	125	116	108	98	32	50	110	102	95	87	40	(50)	100	93	86	79	50	(50)
	70	155	144	134	122	50	50	143	133	123	113	50	(50)	127	118	109	100	50	
	95	190	177	164	150	50	(50)	170	15	147	134	50		152	142	131	120	70	
	120	220	205	190	174	50	(50)	195	182	168	154	50		172	160	148	136	70	
	150	250	233	216	197	70	(50)	225	210	194	117	70		200	187	173	158	70	
	185	285	266	246	225	70		225	238	220	201	70		230	215	198	181	80	
BV 铜 芯	1.0	14	13	12	11	15	15	13	12	11	10	15	15	11	10	9	8	15	15
	1.5	19	17	16	15	15	15	17	15	14	13	15	15	16	14	13	12	15	15
	2.5	26	24	22	20	15	15	24	22	20	18	15	15	22	20	19	17	15	15
	4	35	32	30	27	15	15	31	28	26	24	15	15	28	26	24	22	15	20
	6	47	43	40	37	15	20	41	38	35	32	15	20	37	34	32	29	20	25
	10	65	60	56	51	20	25	57	53	49	45	20	25	50	46	43	39	25	25
	16	82	76	70	64	25	25	73	68	63	57	25	32	65	60	56	51	25	32
	25	107	100	92	84	25	32	95	88	82	75	32	32	85	79	73	67	32	40
	35	133	124	115	105	32	40	115	107	99	90	32	40	105	98	90	83	32	(50)
	50	165	154	142	130	32	(50)	146	136	126	115	40	(50)	130	121	112	102	50	(50)
	70	205	191	177	162	50	(50)	183	171	158	144	50	(50)	165	154	142	130	50	
	95	250	233	216	197	50	(50)	225	210	194	177	50		200	187	173	158	70	
	120	290	271	250	229	50	(50)	260	243	224	205	50		230	215	198	181	70	
	150	330	308	285	261	70	(50)	300	280	259	237	70		265	247	229	209	70	
	185	380	355	328	300	70		340	317	294	268	70		300	280	259	237	80	

表 A. 11　聚氯乙烯绝缘电线穿阻燃硬塑料管敷设的载流量（A）

截面积/mm²		两根单芯				管径/mm	三根单芯				管径/mm	四根单芯				管径/mm
		25℃	30℃	35℃	40℃		25℃	30℃	35℃	40℃		25℃	30℃	35℃	40℃	
BLV 铝芯	2.5	18	16	15	14	16	16	14	13	12	16	14	13	12	11	20
	4	24	22	20	18	20	22	20	19	17	20	19	17	16	15	20
	6	31	28	26	24	20	27	25	23	21	20	25	23	21	19	25
	10	42	39	36	33	25	38	35	32	30	25	33	30	28	26	32
	16	55	51	47	43	32	49	45	42	38	32	44	41	38	34	32
	25	73	68	63	57	32	65	60	56	51	40	57	53	49	45	40
	35	90	84	77	71	40	80	74	69	63	40	70	65	60	55	50
	50	114	106	98	90	50	102	95	88	80	50	90	84	77	71	63
	70	145	135	125	114	50	130	121	112	102	50	115	107	99	90	63
	95	175	163	151	138	63	158	147	136	124	63	140	130	121	110	
	120	200	187	173	158	63	180	168	155	142	63	160	149	138	126	
	150	230	215	198	171		207	193	179	163		185	172	160	146	
	185	265	247	229	209		235	219	203	185		212	198	183	167	
BV 铜芯	1.0	12	11	10	9	16	11	10	9	8	16	10	9	8	7	16
	1.5	16	14	13	12	16	15	14	12	11	16	13	12	11	10	16
	2.5	24	22	20	18	16	21	19	18	16	16	19	17	16	15	20
	4	31	28	26	24	20	28	26	24	22	20	25	23	21	18	20
	6	41	38	35	32	20	36	33	31	28	20	32	29	27	25	25
	10	56	52	48	44	25	49	45	42	38	25	44	41	38	34	32
	16	72	67	62	56	32	65	60	56	51	32	57	53	49	45	32
	25	95	88	82	75	32	85	79	73	67	40	75	70	64	59	40
	35	120	112	103	94	40	105	98	90	83	40	93	86	80	73	50
	50	150	140	129	118	50	132	123	114	104	50	117	109	101	92	63
	70	185	172	160	146	50	167	156	144	130	50	148	138	128	117	63
	95	230	215	198	181	63	205	191	177	162	63	185	172	160	146	
	120	270	252	233	213	63	240	224	207	189	63	215	201	185	172	
	150	305	285	263	241		275	257	237	217		250	233	216	197	
	185	355	331	307	280		310	289	268	245		280	261	242	221	

注：硬塑料管规格根据鸿雁电器公司生产规格，目前最大外径为63mm，表中均指外径。

表 A. 12　橡皮绝缘电线穿钢管敷设的载流量（A）

截面积/mm²		两根单芯				管径/mm		三根单芯				管径/mm		四根单芯				管径/mm	
		25℃	30℃	35℃	40℃	G	DG	25℃	30℃	35℃	40℃	G	DG	25℃	30℃	35℃	40℃	G	DG
BLX BLXF 铝芯	2.5	21	19	18	16	15	20	19	17	16	15	15	20	16	14	13	12	20	25
	4	28	26	24	22	20	25	25	23	21	19	20	25	23	21	19	18	20	25
	6	37	34	32	29	20	25	34	31	29	26	20	25	30	28	25	23	20	25
	10	52	48	44	41	25	32	46	43	39	36	25	32	40	37	34	31	25	32
	16	66	61	57	52	25	32	59	55	51	46	32	32	52	48	44	41	32	40
	25	86	80	74	68	32	40	76	71	65	60	32	40	68	63	58	53	40	(50)
	35	106	99	91	83	32	40	94	87	81	74	32	(50)	83	77	71	65	40	(50)
	50	133	124	115	105	40	(50)	118	110	102	93	50	(50)	105	98	90	83	50	
	70	165	154	142	130	50	(50)	150	140	129	118	50	(50)	133	124	115	105	70	
	95	200	187	173	158	70		180	169	155	142	70		160	149	138	126	70	
	120	230	215	198	181	70		210	196	181	166	70		190	177	164	150	70	
	150	260	243	224	205	70		240	224	207	189	70		220	205	190	174	80	
	185	295	275	255	233	80		270	252	233	213	80		250	233	216	197	80	

续表

截面积/mm²		两根单芯				管径/mm		三根单芯				管径/mm		四根单芯				管径/mm	
		25℃	30℃	35℃	40℃	G	DG	25℃	30℃	35℃	40℃	G	DG	25℃	30℃	35℃	40℃	G	DG
BX BXF 铜芯	1.0	15	14	12	11	15	20	14	13	12	11	15	20	12	11	10	9	15	20
	1.5	20	18	17	15	15	20	18	16	15	14	15	20	17	15	14	13	20	25
	2.5	28	26	24	22	15	20	25	23	21	19	15	20	23	21	19	18	20	25
	4	37	34	32	29	20	25	33	30	28	25	20	25	30	28	25	23	20	25
	6	49	45	42	38	20	25	43	40	37	34	20	25	39	36	33	30	20	25
	10	68	63	58	53	25	32	60	58	51	47	25	32	53	49	45	41	25	32
	16	85	80	74	68	25	40	77	71	66	60	32	32	69	64	59	54	32	40
	25	113	105	97	89	32	(50)	100	93	86	79	32	40	90	84	77	71	40	(50)
	35	140	130	121	110	32	(50)	122	114	105	96	50	(50)	110	102	95	87	40	(50)
	50	175	163	151	138	40		154	143	133	121	50	(50)	137	128	118	108	50	
	70	215	201	185	170	50		193	180	166	152	70	(50)	173	161	149	136	70	
	95	260	243	224	205	70		235	219	203	185	70		210	196	181	166	70	
	120	300	280	259	237	70		270	252	233	213	70		245	229	211	193	70	
	150	340	217	294	268	70		310	289	268	245	80		280	261	242	221	80	
	185	385	359	333	304	80		355	331	307	280			320	299	276	253	80	

注：（1）目前 BXF 铜芯只生产 ≤95mm² 规格。

（2）表中代号 G 为焊接管（又称水煤气管），管径指内径；DG 为电线管，管径指外径，下同。

（3）括号中管径为 50mm 的电线管一般不用，因为管壁太薄，弯管时容易破裂，下同。

表 A.13 橡皮绝缘电线穿阻燃硬塑料管敷设的载流量（A）

截面积/mm²		两根单芯				管径/mm	三根单芯				管径/mm	四根单芯				管径/mm
		25℃	30℃	35℃	40℃		25℃	30℃	35℃	40℃		25℃	30℃	35℃	40℃	
BLX BLXF 铝芯	2.5	19	17	16	15	16	17	15	14	13	16	15	14	12	11	20
	4	25	23	21	19	20	23	21	19	18	20	20	18	17	15	20
	6	33	30	28	26	20	29	27	25	22	20	26	24	22	20	25
	10	44	41	38	34	25	40	37	34	31	25	35	32	30	27	32
	16	58	54	50	45	32	52	48	44	41	32	46	43	39	36	32
	25	77	71	66	60	32	68	63	58	53	32	60	56	51	47	40
	35	95	88	82	75	40	84	78	72	66	40	74	69	64	58	40
	50	120	112	103	94	40	108	100	93	85	50	95	88	82	75	50
	70	153	143	132	121	50	135	126	116	106	50	120	112	103	94	50
	95	184	172	159	145	50	165	154	142	130	63	150	140	129	118	63
	120	210	196	181	166	63	190	177	164	150	63	170	158	147	134	
	150	250	233	216	197	63	227	212	196	179	63	205	191	177	162	
	185	282	263	243	223		255	233	220	201		232	216	200	183	
BX BXF 铜芯	1.0	13	12	11	10	16	12	11	10	9	16	11	10	9	8	16
	1.5	17	15	14	13	16	16	14	13	12	16	14	13	12	11	20
	2.5	25	23	21	19	16	22	20	19	17	16	20	18	17	15	20
	4	33	30	28	26	20	30	28	25	23	20	26	24	22	20	20
	6	43	40	37	34	20	38	35	32	30	20	34	31	29	26	25
	10	59	55	51	46	25	52	48	44	41	25	45	43	39	36	32
	16	76	71	65	60	32	68	63	58	53	32	60	56	51	47	32
	25	100	93	86	79	32	90	84	77	71	32	80	74	69	63	40
	35	125	116	108	98	40	110	102	95	87	40	98	91	84	77	40
	50	160	149	138	126	40	140	130	121	110	50	123	115	106	97	50
	70	195	182	168	154	50	175	163	151	138	50	155	144	134	122	50
	95	240	224	207	189	50	215	201	185	170		195	182	168	154	
	120	278	259	240	219	63	250	233	216	197		227	212	196	179	
	150	320	299	276	253		290	271	250	229		265	247	229	209	
	185	360	336	311	284		330	308	285	261		300	280	259	237	

注：（1）目前 BXF 铜芯只生产 ≤95mm² 规格。

（2）硬塑料管规格根据鸿雁电器公司生产规格，目前最大外径为 63mm，表中均指外径。

表A.14 聚氯乙烯绝缘电线明敷设的载流量（A）

截面积 /mm²	BLV 铝芯				BV、BVR 铜芯			
	25℃	30℃	35℃	40℃	25℃	30℃	35℃	40℃
1.0					19	17	16	15
1.5	18	16	15	14	24	22	20	18
2.5	25	23	21	19	32	29	27	25
4	32	29	27	25	42	39	36	33
6	42	39	36	33	55	51	47	43
10	59	55	51	46	75	70	64	59
16	80	74	69	63	105	98	90	83
25	105	98	90	83	138	129	119	109
35	130	121	112	102	170	158	147	134
50	165	154	142	130	215	201	185	170
70	205	191	177	162	265	247	229	209
95	250	233	216	194	325	303	281	257
120	285	266	246	225	375	350	324	296
150	325	303	281	257	430	402	371	340

表A.15 橡皮绝缘电线明敷设的载流量（A）

截面积 /mm²	BLX、BLXF 铝芯				BX、BXF 铜芯			
	25℃	30℃	35℃	40℃	25℃	30℃	35℃	40℃
1					21	19	18	16
1.5					27	25	23	21
2.5	27	25	23	21	35	32	30	27
4	35	32	30	27	45	42	38	35
6	45	42	38	35	58	54	50	45
10	65	60	56	51	85	79	73	67
16	85	79	73	67	110	102	95	87
25	110	102	95	87	145	135	125	114
35	138	129	119	109	180	168	155	142
50	175	163	151	138	230	215	198	181
70	220	206	190	174	285	266	246	225
95	265	247	229	209	345	322	298	272
120	310	289	268	245	400	374	346	316
150	360	336	311	284	470	439	406	371
185	420	392	363	332	540	504	467	427
240	510	476	441	403	660	617	570	522

表A.16 聚氯乙烯绝缘电力电缆在空气中敷设的载流量（A）

主线芯截面积 /mm²	中性线截面积 /mm²	1kV（四芯）				6kV（三芯）			
		25℃	30℃	35℃	40℃	25℃	30℃	35℃	40℃
铁芯	4	2.5	23	21	19	18				
	6	4	30	28	25	23				
	10	6	40	37	34	31	43	40	37	34
	16	6	54	50	46	42	56	52	48	44
	25	10	73	68	63	57	73	68	63	57
	35	10	92	86	79	72	90	84	77	71
	50	16	115	107	99	90	114	106	98	90

续表

主线芯截面积 /mm²	中性线截面积 /mm²	1kV（四芯）				6kV（三芯）			
		25℃	30℃	35℃	40℃	25℃	30℃	35℃	40℃
铝芯	70	25	141	131	121	111	143	133	123	113
	95	35	174	162	150	137	168	157	145	132
	120	35	201	187	173	158	194	181	167	153
	150	50	231	215	199	182	223	208	192	176
	185	50	266	248	230	210	256	239	221	202
	240						301	281	260	238
	4	2.5	30	28	25	23				
	6	4	39	36	33	30				
	10	6	52	48	44	41	56	52	48	44
	16	6	70	67	60	55	73	68	63	57
	25	10	94	87	81	74	95	88	82	75
	35	10	119	111	102	94	118	110	96	93
	50	16	149	139	128	117	148	138	128	117
	70	25	184	172	159	145	181	169	156	143
	95	35	226	211	195	178	218	203	188	172
	120	35	260	243	224	205	251	234	217	198
	150	50	301	281	260	238	290	271	250	229
	185	50	345	322	298	272	333	311	288	263
	240						391	365	338	309

表 A.17 计算线路电压损失公式中系数 c 值（25℃）

线路额定电压/V	线路系数及电流种类	系数 c 值	
		铜线	铝线
380/220	三相四线	77	46.3
380/220	二相三线	34	20.5
220		12.8	7.75
110		3.2	1.9
36	单相或直流	0.34	0.21
24		0.153	0.092
12		0.038	0.023

参 考 文 献

[1] 王兆奇．电工基础．北京：机械工业出版社，2000.
[2] 杨光臣．建筑电气工程施工．重庆：重庆大学出版社，2001.
[3] 刘震，佘伯山．室内配线与照明．北京：中国电力出版社，2003.
[4] 李英姿．建筑电气施工技术．北京：机械工业出版社，2003.
[5] 汪永华．建筑电气．北京：机械工业出版社，2004.
[6] 杜茂安，等．现代建筑设备工程．黑龙江：黑龙江科学技术出版社，1997.
[7] 关光福．建筑应用电工．武汉：武汉理工大学出版社，2003.
[8] 李世林，等．电气装置和电气设备的电击防护技术．北京：中国标准出版社，2004.
[9] 芮静康．建筑防雷与电气安全技术．北京：中国建筑工业出版社，2003.
[10] 张小青．建筑防雷与接地技术．北京：中国电力出版社，2003.
[11] 杨岳．电气安全．北京：机械工业出版社，2003.
[12] 李有安．建筑电气实训指导．北京：科学出版社，2003.
[13] 郑李明，徐鹤生．建筑安全防范系统．北京：高等教育出版社，2008.
[14] 喻建华，陈旭平．建筑弱电应用技术．武汉：武汉理工大学出版社，2009.
[15] 刘健．智能建筑弱电系统．重庆：重庆大学出版社，2002.
[16] 杨连武．火灾报警及联动控制系统施工．北京：电子工业出版社，2007.
[17] 孙景芝，韩永学．电气消防．北京：中国建筑工业出版社，2006.
[18] 孙景芝．电气消防技术．北京：中国建筑工业出版社，2005.
[19] 黎连业．安全防范工程设计与施工技术．北京：中国电力出版社，2008.
[20] 赵宏家．电气工程识图与施工工艺．重庆：重庆大学出版社，2006.
[21] 孙成群．建筑电气设计实例图册．北京：中国建筑工业出版社，2003.
[22] 刘玲．建筑电气［M］．北京：中国建筑工业出版社，2005.
[23] 谢社初．电气施工技术［M］．武汉：武汉理工大学出版社，2008.

反侵权盗版声明

电子工业出版社依法对本作品享有专有出版权。任何未经权利人书面许可，复制、销售或通过信息网络传播本作品的行为；歪曲、篡改、剽窃本作品的行为，均违反《中华人民共和国著作权法》，其行为人应承担相应的民事责任和行政责任，构成犯罪的，将被依法追究刑事责任。

为了维护市场秩序，保护权利人的合法权益，我社将依法查处和打击侵权盗版的单位和个人。欢迎社会各界人士积极举报侵权盗版行为，本社将奖励举报有功人员，并保证举报人的信息不被泄露。

举报电话：(010) 88254396；88258888

传　　真：(010) 88254397

E-mail：dbqq@phei.com.cn

通信地址：北京市海淀区万寿路 173 信箱

　　　　　电子工业出版社总编办公室

邮　　编：100036